ZHONGCAO YANGYANG
SHIYONG JISHU

种草养羊实用技术

王玉琴　吴秋珏　李元晓　编

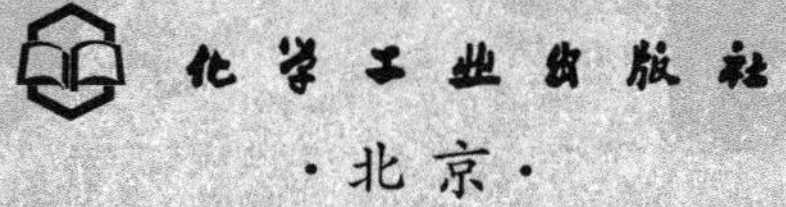

·北京·

本书较详细地介绍了种草养羊生产中遇到的各个环节，内容翔实、实用性强，适合养羊场（户）学习使用，也可供农业院校相关专业师生阅读与参考。书中主要内容包括种草养羊的意义及国内外种草养羊现状、羊的生物学特性、适合发展养羊的牧草（含饲料作物）及其栽培技术、栽培牧草的加工调制与贮藏、种草养羊适宜选择的绵羊和山羊品种、养羊生产实用技术、羊的主要疾病防治技术和种草养羊经济效益分析等。

图书在版编目（CIP）数据

种草养羊实用技术/王玉琴，吴秋珏，李元晓编．北京：化学工业出版社，2015.3（2020.5重印）
ISBN 978-7-122-22873-4

Ⅰ.①种…　Ⅱ.①王…②吴…③李…　Ⅲ.①牧草-栽培技术②羊-饲养管理　Ⅳ.①S54②S826

中国版本图书馆CIP数据核字（2015）第018649号

责任编辑：漆艳萍　　装帧设计：孙远博
责任校对：王素芹

出版发行：化学工业出版社（北京市东城区青年湖南街13号　邮政编码100011）
印　　装：北京虎彩文化传播有限公司
850mm×1168mm　1/32　印张10　字数276千字
2020年5月北京第1版第4次印刷

购书咨询：010-64518888　　售后服务：010-64518899
网　　址：http://www.cip.com.cn
凡购买本书，如有缺损质量问题，本社销售中心负责调换。

定　　价：32.00元

前 言 FOREWORD

随着国家对环境友好型畜牧业发展的重视和支持，生态、高效、节粮型畜禽养殖业越来越成为人们从事本行业首要定位的目标。养羊业是近十年来，在我国发展较快的一个产业，在不少农、牧区，养羊业已成为支柱产业，成为建设社会主义新农村新的经济增长点，对繁荣产区经济，增加农、牧民收入，起到了积极的推动作用。我国地域辽阔，不仅有着丰富的天然草地资源，还有大量的草山草坡、河谷滩涂等地，这些都是发展养羊业良好的物质基础。羊食百草，以食草为生，种草养羊是在我国广大牧区、农区或是山区充分利用草地资源、节约养殖成本、提高养殖效益的一个重要途径。目前，我国种草养羊还没有完全普及，有些配套技术还没有完全应用到实际生产中，部分种草养羊地区处于试验、示范阶段。为了适应当前种草养羊业的发展形势和发展需求，我们编写了本书。

本书共分八章，第一章论述了种草养羊的意义及国内外种草养羊现状（王玉琴编写），第二章介绍了羊的生物学特性（王玉琴、吴秋珏编写）、第三章适合发展养羊的牧草（含饲料作物）及其栽培技术（李元晓编写）、第四章介绍了栽培牧草的加工调制与贮藏（李元晓、吴秋珏编写）、第五章论述了种草养羊适宜选择的绵羊和山羊品种（王玉琴、吴秋珏编写）、第六章讲解了养羊生产实用技术（王玉琴、吴秋珏编写）、第七章介绍了羊的主要疾病防治技术（王玉琴、吴秋珏编写）、第八章介绍了种草养羊经济效益分析（王玉琴编写）。

在编写过程中，作者遵循科学性、系统性、操作性和实用性等编写原则，力求内容新颖全面、技术简明实用、语言通俗易懂，并能充分反映国家有关的法规政策及国内外最新研究进展，具有理论指导和实用价值。可供从事肉羊养殖生产的技术人员、养殖企业或专业户、畜牧兽医工作者使用，也适合农业院校畜牧、兽医和食品加工专业师生参阅。

在编写过程中，全国著名养羊专家赵有璋教授提供了大量的羊品种图片，同时参阅和引用了国家法规标准和有关行业标准以及许多学者论文、论著的相关内容，在此谨向这些专家、出版单位和作者深表谢意！

由于种草养羊许多生产技术仍在不断的研究探讨与完善之中，加之编者水平所限，疏漏之处在所难免，恳请专家、读者批评指正。

编者

2014 年 8 月

目录 CONTENTS

第一章
概　　述

第一节　种草养羊的意义

一、有助于实现生态效益和经济效益有机结合

养羊能积肥，用羊粪施田，能提高农作物产量。羊粪尿中的氮、磷、钾的含量比其他各种家畜粪尿中的含量高，是一种很好的有机肥料，土地施用羊粪尿，不仅可以明显地提高农作物的单位面积产量，而且对改善土壤团粒结构，防止板结，特别是对改良盐碱土和黏土，提高土壤肥力效果显著。一只羊全年的净排粪量 750～1000 千克，总含氮量 8～9 千克，相当于一般的硫酸铵 35～40 千克。我国广大劳动人民长期以来因地制宜地积累了许多养羊积肥的经验，如有的地区往远地、高山送粪是结合放羊，轮流到各地块露宿一段时间，轮流排粪，这种把放羊、积肥、送肥相结合的方法，称为“卧羊”。又如，由于上海市各级政府和业务主管部门的推动、农牧业生产环境治理力度加大和有机农业迅速发展，上海永辉羊业有限责任公司以羊粪尿为基础生产有机肥，生产工艺流程一般是：原料［羊粪 30％＋猪粪 40％＋辅料（秸秆粉＋蘑菇渣等）20％］＋两次发酵（加好氧菌）＋后熟＋粉碎＋筛分＋成品包装（粉状或颗粒）等。2008 年该公司生产有机肥 7500 吨，出售给上海种植业等单位使用，每吨有机肥售价 400 元（购买单位每吨出 200 元，政府补助 200 元），供不应求，效益不菲。这样种草养羊，羊粪肥地，循环往复，充分利用，既促进了有机农业发展，降低了生产成本，又提高了产品品质，同时保护了环境和水体资源不受污染，改善了农牧业生产的生态环境，结果是良性循环、相得益彰，实现了生态效益和经济效益的良性结合，显著地增加了养羊业的经济收入。当

然，积肥只是养羊的副产品，不是养羊的目的。在我国一些干旱河谷地区开展人工种草，促进了生态建设的协调发展，因为牧草根系多是集中分布在10～30厘米的表土层中，因而防止水土流失的能力明显高于灌丛和森林，生长2年的草地就可以拦蓄地表径流的54%，比林地高20个百分点，保水能力则大于1000倍。林间套草，可有效调节局部小气候，草能吸收太阳能的辐射热，有效降低温度，增加相对湿度，故夏天温度比裸地高10%～20%，冬天气温则比裸地高0.8～4℃。因此，人工种草、林草间作的树苗成活率可提高15%～40%，实现种草养羊与生态建设的和谐发展。

二、有利于促进节粮型畜牧业发展

在我国畜牧业生产中，猪、鸡等耗粮型家畜占绝对优势，牛、羊等草食性家畜所占比例较低。随着工业化、城镇化步伐的加快，人口数量将继续增长，耕地面积将不断减少，粮食增产难度越来越大，保持粮食供求长期平衡任务艰巨。而我国作为人均耕地面积只有1.2亩（1亩≈667米^2）、人均占有粮食不足400千克，并拥有13亿人口的大国，要从有限的粮食产量中挤出大量饲料用粮，其潜力十分有限。况且，改革开放30多年来，我国饲料用粮占粮食总产量的比重不断提高，用量逐年增加，饲料原料短缺的局面将成为我国畜牧业可持续发展的最大瓶颈。不过，如果合理发展草食畜牧业，每年将会节省大量粮食。因为，我国现有可利用草原总面积3.3亿公顷（1公顷＝10000米^2），人工种草面积2500万公顷，退耕还草面积550万公顷，农作物秸秆6亿多吨，十分适宜发展草食畜牧业。大力发展肉羊等节粮型草食家畜，是充分利用自然资源、缓解粮食安全压力、促进我国居民食物消费结构升级的有效途径。

三、有助于促进农民较快增收

随着国家各项农村经济政策的贯彻落实，我国的养羊业生产已从集体经营为主转变为以家庭经营为主，这对调动城乡广大农民、牧民、养殖单位养羊的生产积极性，推动养羊业生产发展创造了有利条件。现在在我国不少农、牧区，养羊业已成为支柱产业，成为建设社会主义新农村新的经济增长点，对繁荣产区经济，增加农、牧民收入，起到了积极的推动作用。如地处甘肃省河西走廊农业区的永昌县六坝乡七坝村农民范千元，一家四口人，2005 年养羊 80 只，其中繁殖母羊 60 只，分别是波德代羊与小尾寒羊杂交一代杂种羊 40 只、二代杂种羊 20 只，另外，饲养波德代、无角陶赛特纯种公羊各一只。由于该农户实现了养羊良种化，加上管理精细，经营理念新，市场意识强，2005 年出售各类杂种羔羊 56 只，加上其他羊业收入，总收入 32000 元，扣除成本 8000 元，全年盈利 24000 元，仅羊业一项全家人均纯收入 6000 元，经济效益十分显著。

四、有助于充分利用农作物秸秆资源

我国拥有为养羊业的发展提供丰富的农副产品，特别是农作物秸秆和饼粕等资源，是发展我国农区养羊业发展的重要物质基础。根据农业部畜牧业司的资料，2007 年全国青贮秸秆已经超过 1.8 亿吨（鲜重），折合干秸秆 4500 万吨，氨化（含微贮）秸秆 5300 万吨，加上未经处理直接饲用的秸秆，被畜牧业利用的秸秆资源约为 2.2 亿吨，占全国秸秆资源总量的 1/3；另外，还有很多农田饲料生产基地，每年生产数量可观的优质饲草饲料；其他农副产品经过加工处理，用其养羊，潜力十分巨大。比如，南方是中国重要的粮食生产基地，年产农作物秸秆 3 亿吨左右，但是仅 25%～30% 秸秆用作饲料。研究结果表明，秸秆中蛋白质含量为 1.2%～13.5%，纤维素含量 30%左右，而且还含有一定量的钙、磷等矿物质。据估算，1 吨普通秸秆的营养价值相当于 0.25 吨粮食的营养价值。如果将南方年产的农作物秸秆全部用作饲料，相当 0.75 亿吨的粮食产量。经过一定的加工处理，秸秆的营养价值还可大幅度提高。大力推行草田轮作和三元种植结构，增加饲草料供应。以广东和四川的水稻——黑麦草系统为例，推行在 11 月～翌年 3 月的水田冬闲期种植一年生黑麦草，鲜草产量可达 7.5 吨/公顷，牧草粗蛋白含量高达 22%～26%，有助于解决南方饲草短缺问题和提高土地利用效率。

五、有利于充分利用我国草地资源

根据农业部的资料，2008 年全国草原面积近 4 亿公顷，约占国土面积的41.7%。我国天然草原主要分布在北方干旱半干旱区和青藏高原。全国天然草原鲜草总产量2008年达94725.5万吨，折合干草约29626.8万吨，其中内蒙古、西藏、四川、新疆、青海、甘肃六大牧区天然草原干草产量16438.4万吨，约占全国天然草原干草产量的55.5%。载畜能力约23178万个羊单位。近年来，国家在北京、河北、山西、内蒙古、四川、贵州、云南、西藏、甘肃、青海、宁夏、新疆12个省（区、市）和新疆建设兵团的230个县（旗、团场）陆续实施了退牧还草、京津风沙源治理和西南岩溶地区草地治理试点等工程项目，采取了草原围栏、补播改良、人工种草等工程措施，工程区内植被逐步恢复，草原生产力和可食鲜草产量显著提高，生态环境明显改善。另外，截至2007年底，全国累计人工种草保留面积2867万公顷，围栏面积5467万公顷，禁牧休牧轮牧草原面积9000万公顷。这些辽阔的草地资源，是我国牧区和半农半牧区发展养羊业的宝贵的资源。

第二节　国内、国外种草养羊现状

一、中国种草养羊现状

1. 中国的草地资源

中国属世界草地资源大国，拥有草地面积近4亿公顷，其中北方草原约3.13亿公顷，南方草山草坡0.73亿公顷，江河与沿海滩涂草地0.13亿公顷。草地总面积占国土面积的41.7%，是耕地面积的4倍、林地面积的3倍。中国草地资源分布广阔，遍布全国31个省、市、区，跨越热带、亚热带、暖温带、中温带和寒温带5个气候热量带，从海拔－100米到8000米、从年降水量50毫米以下到2000毫米均有分布，南北纵跨31个纬度，东西横跨61个经度。我国草地的自然生产力、草产量与国外同类草地总面积比较，不相上下。另外，我国年产秸秆、糟渣7亿多吨，其中约29.9%可用作饲料。目前，我国草地整体生产力水平偏低，平均1公顷草地仅生产7个畜产品单位，仅相当于澳大利亚的1/10、美国的

1/20、新西兰的1/50。因为中国地域辽阔、自然条件复杂多样和人为因素的影响，致使中国草地类型繁多，生产力水平差异大。中国草地植物种类组成复杂，饲用价值高，生物多样性高，中国有7000多种牧草。中国多数草地植物具有较好的适口性和较高的饲用价值。一般来说，禾本科植物蛋白质含量为8%～16%，豆科植物粗蛋白质含量为15%～26%，且草地中有毒有害植物数量少，适宜用于家畜放牧。中国的人工草地类型多，北方有灌溉的人工草地、青藏高原有建植的旱作人工草地，南方岩溶地区有云贵高原的禾本科—豆科人工草地，广西桂北建立温带豆科—禾本科人工、半人工草地，广东和四川的水稻—黑麦草系统等。据统计，2011年年末人工草地面积为2.9亿亩，占天然草地面积的5.0%，其中主要分布在内蒙古、甘肃、四川、新疆、黑龙江等，分列全国前五位。内蒙古累计种草保留面积431.18万公顷、甘肃264.42万公顷、四川182.27万公顷、新疆139.44万公顷、黑龙江137.57万公顷，五省共占中国累计种草保留面积的59.19%。这些丰富的草地资源是我国发展养羊业的重要物质基础。

2. 中国养羊现状

全国现有绵羊品种98个，其中地方品种44个、培育品种21个、引入品种33个；山羊品种70个，其中地方品种56个、培育品种9个、引入品种5个。另外，值得提出的是，近几年来，辽宁省畜牧科学研究院培育出全年长绒型绒山羊新品系羊；在云南兰坪白族普米族自治县通甸乡，发现了具有乌骨乌肉特征的乌骨绵羊群体等新的种质资源。这些绵羊、山羊品种分别适宜于不同的生态经济地区，是我国家养动物物种生物多样性的重要组成部分，是持续发展我国养羊业生产和改善人民生活的重要生产资料和生活资料。

20世纪60年代以来，国际养羊业的主导方向发生了变化，出现了由毛用转向肉毛兼用直至肉用为主的发展趋势。在这一大背景下，我国肉羊产业发展方兴未艾，尽管生产兴起时间较短，但发展的速度很快。自20世纪90年代以来，我国绵羊和山羊的存栏量、出栏量、羊肉产量均居世界第一位，肉羊产业产值占畜牧业的比重也在不断提高。据农业部的统计，截至2011年底，我国肉羊存栏量和出栏量分别为2.82亿只和2.67亿只。在全国34个省、市、自治区中，32个省有羊的分布。在2010年全国存栏的绵羊、山羊总数中，年存栏量在1000万只以上的省、区有内蒙古、新疆、山东、河南、甘肃、四川、西藏、青海和河北。饲养绵羊最多的省、区有内蒙古、新疆和甘肃，饲养山羊最多的省、区有河南、山东和内蒙古。

二、国外种草养羊现状

国外养羊业发达国家，非常注重对草场改良的投入和人工草场建设，因为人工草场是他们进行优质肉羊生产最重要的物质基础。通过建设人工草场，进行围栏放牧，实现主要生产环节机械化，对原有的可利用的草场同时运用科学方法进行大范围的改良工作，以提高单位面积的载畜量和牧草质量。在缺少草场资源或草场资源匮乏的地区建立人工草地，以解决或缓解牧草短缺与饲养之间的矛盾，推动畜牧业的发展，这些都已成为肉羊饲养业发达国家的普遍做法。

1. 新西兰

新西兰位于太平洋西南部，由南岛、北岛和斯图尔特岛及其附近一些小岛组成，面积27.05万平方千米，人口384万，主要集中于奥克兰、惠灵顿、克赖斯特彻奇等几个大城市。新西兰的畜牧业发展有100多年的历史，以饲养羊、牛为主，是世界上草地畜牧业最发达的国家。农场以家庭农场为主，全国现有牧场5.4万个，占地900多万公顷，2010年，新西兰绵羊存栏3256.2万只，山羊存栏9.53万只，羊肉产量47.21万吨，占世界总产量的3.44%，原毛产量16.60万吨。

新西兰畜牧业重视草场的改良和建设，实行分区围栏放牧，无棚圈、不补饲谷物，成本相对比较低，改良面积占草场面积的94%。全国围栏总长度80.5万千米，围栏面积占草场总面积90%以上。

新西兰政府根据不同地区、不同条件设计方案，然后由国家投资进行毁林烧荒，消灭杂草，建设围栏、人畜用水设施、牧道、草棚、机械库、剪毛棚等，并出售给个人经营。牧场对人工草地的建设，每公顷一次性投入约1200新元，建成后可连续利用8年。人工草场播种的牧草主要是黑麦草和三叶草。黑麦草又分黑麦草、多年生黑麦草和多花黑麦草品种，有春季生长旺盛的品种，有秋季生长占优势的品种。三叶草又分白三叶草和红三叶草，白三叶草也有分别在春季生长占优势和在秋季生长占优势的草种。新西兰的草场都用围栏围了起来，围栏有铁丝网围栏、电围栏和生物围栏三种。为了确保围栏的完好性，每公顷每年投入50新元作为围栏的维修费。在新西兰草地畜牧业的生产成本中，草地建设占40%，劳动工资支出占26%～28%。在新西兰，草地生产系统的基本原则是："以栏管畜，以畜管草，以草定畜，草畜平衡"，并实行划区轮牧。每个轮牧分区的大小，根据地形、草生状况、畜牧场的经营方针等因素决定，从数公顷到数十公顷大小不等。划区轮牧，是合理利用人工草场的重要措施。在新西兰，轮牧周期在不同地区长短不一，在温暖地区和温暖季节采取短期轮牧，在寒冷地区或寒冷季节，则采取长期轮牧。根据新西兰多年的研究和实践，牧草的高度长到5～8厘米时最有利于绵羊的放牧采食，当牧草高度高于10厘米时，此时则把牛放进围栏分区中，让牛将10厘米以上高度的牧草吃掉，这种用牛、羊混合放牧来调节牧草高度和草生长状况，使以经营绵羊业为主的牧场的草场牧草高度始终处于有利于绵羊采食的状态。

新西兰是世界上草地畜牧业最发达的国家，为确保其畜牧业生产的高效持续发展，新西兰对畜牧科学研究非常重视，如在人工草地研究方面，新西兰国家农业研究中心的专家们，当前着重研究土壤—草场—家畜生产系统，期望找出三者结合的最佳方式，以获得最大的经济效益。

2. 澳大利亚

澳大利亚位于南半球，地处太平洋西南部和印度洋之间，国土总面积768万千米^2，农用土地占国土面积的60%，其中小麦和其他农作物播种面积约1800万公顷，人工草地面积3000万公顷，天然草地面积4.12亿公顷。

澳大利亚地广人稀，国土的主要利用方式是草地畜牧业。澳大利亚是世界养羊大国和第一牛肉出口大国，有“骑在羊背上的国家”之称。而以放牧为主的草地畜牧业是农业支柱产业，在国民经济和人民生活中占有十分重要的地位。2010年，绵羊存栏6808.5万只，山羊存栏450.0万只，羊肉产量为58.06万吨，占世界总产量的4.23%，原毛产量38.20万吨。根据各地的降水量、牧场特点，澳大利亚可以分为三个养羊带。

（1）多雨量带　位于东南部沿海山地内侧高原和西部沿海台地，年降水量500～750毫米，牧场以种植牧草为主，人工草地主要由黑麦草和三叶草组成，集约化程度较高，牧场规模小，但单位面积生产力水平较高。以饲养细型及超细型美利奴羊和从事肥羔生产为主，数量占全国的30%。

（2）小麦—绵羊地带　位于多雨量带的内侧，年降水量250～500毫米，这里拥有完善的灌溉系统，盛行小麦与牧草轮作，80%以上区域是牧场，以饲养中毛型和强毛型美利奴为主，兼营生产肥羔，数量占全国的40%。

（3）放牧带　位于小麦—绵羊地带内侧，一直向大陆内部延伸。年降水量低于250毫米，牧场面积辽阔，主要依靠未经改良的天然牧场放牧，经营粗放，生产很不稳定，主要饲养强毛型美利奴羊，数量占全国的30%。

澳大利亚有农场18万个，共有土地5亿公顷，占全部国土面积的2/3，农牧场面积平均为3000公顷。绵羊中75%都是纯种澳洲美利奴细毛羊。

3. 美国养羊业

美国位于北美洲中部，领土还包括北美洲西北部的阿拉斯加和太平洋中部的夏威夷群岛；北与加拿大接壤，南靠墨西哥和墨西哥湾，西临太平洋，东濒大西洋，面积937.26万千米^2。美国约有64%的国土面积为农业经营，其中2/3的面积为草地。牧草生产大致可分为永久性牧草地（供放牧用）和播种收割牧草地两种。常年牧草播种面积为2400万公顷左右，其中苜蓿和苜蓿混合型牧草面积约占40%。目前，草场放牧和牧草生产主要集中在得克萨斯州、加利福尼亚州、明尼苏达州、南达科他州和威斯康星州等地。

美国养羊业生产在整个畜牧业生产中所占比例不大，主要分布在西部大草原和落基山脉，尤以得克萨斯州、怀俄明州和南达科他州饲养量最多，但其产值不到畜牧业产值的1%。2010年，美国绵羊存栏562.0万只，山羊存栏303.8万只，羊肉产量7.63万吨，占世界总产量的0.56%，原毛产量1.38万吨。另外，美国的卡拉库尔羔皮出口量也非常大。

4. 英国养羊业

英国位于欧洲西部，由大不列颠岛（包括英格兰、苏格兰、威尔士）、爱尔兰岛东北部和一些小岛组成，国土面积24.36万千米^2。2010年，英国绵羊存栏3108.4万只，山羊存栏8.45万只，羊肉产量27.7万吨，占世界总产量的2.02%，原毛产量6.7万吨。

英国国土面积不大，但境内各地区间的自然条件却有明显差异。为充分发挥各地优势，政府根据各地特点，配置养羊业生产。英国在肉羊业生产中坚持地区自然分工措施，实行养羊业区域化。这种生产方式在英国有较长的历史，但现在仍然有强大的生命力。依据地域特点，主要采用三种以下不同的生产体系。

（1）山地生产体系　指海拔高于500米的地方，占英国国土面积25%以上。主要出售各种羔羊、供高原地区繁殖的母羊、输往低地的待育肥公羔，少数条件较好的农场也自行生产肥羔。每公顷饲养1只左右母羊，条件好的可饲养4只母羊，关键因素是降水量和草地的肥沃程度。繁殖3～4胎后的淘汰母羊销往低地和高原（少量）继续作繁殖用。

（2）高原生产体系　指海拔300～500米的地方，主要饲养长毛羊品种。将从山地买来的淘汰母羊与长毛羊品种杂交，生产杂种母羊卖到低地农场，杂种公羊直接育肥或卖到低地农户育肥供冬天屠宰。绵羊一般个体较大，每公顷饲养5～7只母羊。在较好的饲养条件下，可保证产羔率在125%左右。

（3）低地生产体系　指海拔小于300米的地方。本地繁殖的羔羊和购入的待育肥羔羊大部分在人工草地上放牧育肥后出售，以肥羔为主要生产方向，80%的肥羔是这里生产的。主要饲养一些终端父本品种，如特克塞尔羊、萨福克羊和夏洛来羊。从高原买来母羊，与这些品种杂交，产羔率 160%～170%。一些降水量高、管理好的人工草场，产草量高，营养均衡，每公顷可饲养 10～15 只母羊。

英国养羊业的特点是饲养规模大，机械化水平高，集约化经营，专业化和社会化程度高。大型的羊肉加工厂也不断涌现。羊肉加工厂一般集供料、供水、通风、清粪、屠宰、加工、包装于一体，全部实行机械化、自动化作业。

5. 阿根廷养羊业

阿根廷共和国位于南美洲东南部，全国地势西高东低，西部是以安第斯山为主体的山脉，东部和中部的潘帕斯草原是著名的农牧业区，北部查科平原多沼泽、森林，南部为巴塔哥尼亚高原。全国大部分地区土壤肥沃、气候温和，适合于农牧业的发展。

畜牧业是阿根廷的一个重要经济产业，农业和畜产品出口占该国外汇收入的绝大部分，因此，农牧业在阿根廷占有重要的经济地位。2010 年，阿根廷绵羊存栏 1580.0 万只，山羊存栏 425.0 万只，羊肉产量 5.54 万吨，占世界总产量的 0.40%，原毛产量 5.4 万吨。阿根廷目前主要有 5 个绵羊品种，即考力代羊、澳洲美利奴羊、林肯羊、罗姆尼羊和当地土种羊。此外，还有少量的波尔华斯羊、卡拉库尔羊、汉普郡丘原羊以及阿根廷美利奴羊。

巴塔哥尼亚地区西部的安第斯山脉南麓东部台地，夏雨较多，牧草丰富，是阿根廷最大的养羊区，主要饲养毛肉兼用羊和毛用美利奴羊，养羊数量和羊毛产量占全国的 50%左右。东部台地中的瓦尔德斯半岛和卡马罗内斯地区所产羊毛质地优良，在国际市场上享有盛名。阿根廷的另外一个主要养羊区域是潘帕斯草原区，该草原是举世闻名的大草原之一。境内地下水资源丰富，优越的自然条件使这里的牧草和各种温带作物生长旺盛，是理想的农牧业基地。该地区常把养羊和养牛、种植谷物结合在一起。传统上以生产林肯毛为主，但目前已逐渐被考力代羊取代，主要是由价格和管理两方面的原因促成了这种变化。

6. 乌拉圭养羊业

乌拉圭位于南美洲东南部乌拉圭河东岸，东北与巴西接壤，西南和阿根廷为邻，东南濒临大西洋，乌拉圭的国土面积为17.6万千米^2，是南美洲最小的国家，人口仅317万。乌拉圭地处温带，全境地势比较平坦，气候温和，雨量充沛。乌拉圭南部为平原，北部和东部为丘陵，西南部地区土地肥沃，是主要农牧业产区，东南部为潘帕草原的延伸，是畜牧业主产区。乌拉圭经济是以农牧渔业为主的农业经济。全国可耕地面积占全国面积的90%，其中85%为牧场。

乌拉圭牧场面积辽阔，全国有大面积的天然草场和人工改良草场。畜牧业在国民经济中占有重要地位，是国家经济的支柱产业之一。牛肉、羊肉、羊毛、皮革制品是乌拉圭的传统出口产品。2010年，乌拉圭绵羊存栏771.0万只，山羊存栏1.67万只，羊肉产量3.16万吨，占世界总产量的0.23%，原毛产量3.47万吨。乌拉圭目前约有3.6万个牧场经营养羊业，乌拉圭被列为世界第四羊毛出口国和世界第二毛条出口国。乌拉圭政府在税收政策上鼓励羊毛加工成毛条后出口。羊毛和毛条出口值合计相当于该国出口总值的1/2。乌拉圭大多牧场采用牛羊混牧，充分利用牧草。该国的牧场经营管理已近于半集约式。牧场采用栅栏围栏，分区放牧，并不断加以改良绵羊的品种。牧场的经营目的大多偏重于生产羊毛。

第二章 羊的生物学特性

第一节 羊的生物学特性

一、羊的生物学特性

1. 合群性强

羊的群居行为很强，主要通过视、听、嗅、触等感官活动，来传递和接受各种信息，以保持和调整群体成员之间的活动。这种现象在放牧羊群中，表现得十分明显，放牧时，一群羊中，总会出现头羊，即走在最前面、起带头作用的羊。头羊和群体内的优胜序列有助于维系此结构，在羊群中，通常是熟悉的羊只形成小群体，小群体再构成大群体。在自然群体中，头羊多由年龄较大、子孙较多的母羊来担任。

一般粗毛羊的合群性好于细毛羊和肉用羊，国外引入的肉用羊最差；夏、秋季牧草丰盛时，羊只的合群性好于冬、春季牧草较差时。经常掉队的羊，往往不是因病就是因老弱跟不上群。利用合群性，就可以大群放牧，节省劳力。在羊群出圈、入圈、过河、过桥、饮水、换草场、运羊等活动时，只要有头羊先行，其他羊只即跟随头羊前进并发出保持联系的叫声。但合群性有好的一面，也有不好的一面。比如有少数羊混了群，其他羊也随之而来，或少数羊受了惊，其他羊也跟上狂奔，故在管理上应避免混群和“炸群”。在生产中，对发病羊只进行隔离时，如不是非常严重的传播病，最好同时放另一只羊做伴，否则羊会不安、大叫、不思饮食，影响健康。

2. 采食能力强，食谱性广

绵羊的颜面细长，嘴尖，唇薄齿利，上唇中央有一中央纵沟，运动灵活，下颚门齿向外有一定的倾斜度，故对采食地面的低草、小草、花蕾和灌木枝叶很有利，对草籽的咀嚼也很充分。因为羊只善于啃食很短的牧草，只要不过牧，可以进行牛羊混牧，或不能放牧马、牛的短草牧场也可牧羊。

绵羊可利用的植物种类很广泛，天然牧草、灌木、农副产品，都可作为饲料。据试验，在半荒漠草场上，有66%的植物种类为牛所不能利用，而绵羊、山羊则仅38%不能利用。在对600多种植物的采食试验中，山羊能食用其中的88%、绵羊为80%，而牛、马、猪则分别为73%、64%和46%，说明羊的食物谱较广，也表明羊对过分单调的饲草料最易感到厌腻。

粗毛羊和细毛羊比较，爱吃“走草”，即爱挑草尖和草叶，边走边吃，移动较勤，游走较快，能扒雪吃草，对当地毒草有较高的识别能力；而细毛羊及其杂种，则吃的是“盘草”（站立吃草），游走较慢，常落在后面，扒雪吃草和识别毒草的能力也较差。

山羊比绵羊利用饲料的范围更广泛。山羊喜吃短草、树叶和嫩枝，在不过牧的情况下，山羊比绵羊能更好地利用灌木丛林、短草草地以及荒漠草场。甚至在不适于饲养绵羊的地方，山羊也能很好地生长。

山羊和绵羊的采食特点有明显不同：山羊后肢能站立，有助于采食高处的灌木或乔木的嫩幼枝叶，而绵羊只能采食地面上或低处的杂草与枝叶；绵羊与山羊合群放牧时，山羊总是走在前面抢食，而绵羊则慢慢跟随后边低头啃食；山羊舌上的苦味感受器发达，对各种苦味植物较乐意采食。

3. 喜欢干燥，怕湿热

羊汗腺不发达，散热机能差。养羊的牧地、圈舍和休息场，都以干燥为宜。如长期饲养在泥泞潮湿的地方，羊只患寄生虫病和腐蹄病的概率增加，甚至毛质降低，脱毛加重。不同的绵羊品种对气候的适应性不同，如细毛羊喜欢温暖、干旱、半干旱的气候，而肉用羊和肉毛兼用羊则喜欢温暖、湿润、全年温差较小的气候，但长毛肉用种的罗姆尼羊，较能耐湿热气候和适应沼泽地区，对腐蹄病有较强的抵抗力。

图 2-1 放牧中的山羊群

根据羊对于湿度的适应性，一般相对湿度高于 85%时为高湿环境，低于 50%时为低湿环境。我国北方很多地区相对湿度平均在 40%～60%（仅冬、春两季有时可高达 75%），故适于养绵羊特别是养细毛羊。相比而言，山羊较绵羊耐湿，在南方的高湿高热地区，则较适于山羊饲养。

4. 嗅觉灵敏

羊的嗅觉比视觉和听觉灵敏，羔羊出生后与母羊接触几分钟，母羊就能通过嗅觉鉴别出自己的羔羊。羔羊吮乳时，母羊总要先嗅一嗅其臀尾部，以辨别是不是自己的羔（图 2-2）。羊靠嗅觉辨别植物种类或枝叶，在采食时，能依据植物的气味和外表细致地区别出各种植物或同一植物的不同品种（系），选择含蛋白质多、粗纤维少、没有异味的牧草采食。另外，羊还靠嗅觉辨别饮水的清洁度。利用羊的嗅觉特性在生产中寄养羔羊，即在羔羊出生后尽可能短的时间内在被寄养的孤羔和多胎羔身上涂抹保姆羊的羊水或尿液，掩盖羔羊自身气味，母羊通过嗅闻，认为是自己的羔羊，寄养就会成功。

5. 善于游走

游走有助于增加放牧羊只的采食空间，特别是牧区的羊终年以放牧为主，需长途跋涉才能吃饱喝好，故常常一日往返里程达到 6～10 千米。不同品种的羊在不同牧草状况、牧场条件下，其游走能力有很大区别。例如，兰布列羊每日游走的距离比汉普夏羊多

图 2-2 母羊嗅闻羔羊

25%，雪维特羊在山地牧场上和平原草场上每日游走的距离分别为8千米和9.8千米，而同是长毛种的罗姆尼羊则分别为5.1千米和8.1千米。在接近配种季节、牧草质量差时，羊只的游走距离加大，游走距离常伴随放牧时间而增加。

山羊的性情比绵羊活泼，行动敏捷。尤其是山羊，活泼爱动喜登高，山羊具有平衡步伐的良好机制，喜登高，善跳跃。在羊栏内，小羊喜欢跳到墙头上甚至跑到屋顶上游动。在放牧时，山羊喜欢游走，善于登高。在山区的陡坡和悬崖上，绵羊不能攀登的地方，山羊能够行动自如，可直上直下60°的陡坡，而绵羊则需斜向作“之”字形游走。因此，山羊采食范围可达崇山峻岭、悬崖峭壁。

6. 爱清洁

绵羊采食干净的饲草，喜欢饮用清洁的流水、泉水或井水。凡经践踏污染的草不愿再采食，不吃混入粪尿泥土的精料，而对污水、脏水等拒绝饮用。有时宁肯饿着，也不吃不喝。

7. 绵羊性情温顺，胆小易惊；山羊勇敢顽强易训练

绵羊性情温顺，胆小易惊，反应迟钝，易受惊吓，是最胆小的家畜。绵羊可以从暗处到明处，而不愿从明处到暗处。遇有物体折光、反光或闪光（如药浴池和水坑的水面、门窗栅条的折射光线、

板缝和洞眼的透光等)，常表现畏惧不前。这时，指挥带头羊先入或关进几头羊，能带动全群移动。突然的惊吓，容易出现“炸群”。当遇兽害时，绵羊无自卫能力，四散逃避，不会联合抵抗。山羊能主动大呼求救，并且有一定的抗御能力。山羊喜角斗，角斗形式有正向互相顶撞和跳起斜向相撞两种；绵羊则只有正向相撞一种。因此，有“精山羊，疲绵羊”之说。

8. 适应能力

适应性是由许多性状构成的一个复合性状，主要包括耐粗、耐渴、耐热、耐寒、抗病、抗灾度荒等方面的表现。这些能力的强弱，不仅直接关系到羊生产力的发挥，同时也决定着各品种的生存进化命运。例如，在干旱贫瘠的山区、荒漠地区和一些高温高湿地区，绵羊往往难以生存。

(1) 耐粗性　绵羊在极端恶劣的条件下，具有令人难以置信的生存能力，能依靠粗劣的秸秆、树叶维持生活。与绵羊相比，山羊更能耐粗，除能采食各种杂草外，还能啃食一定数量的草根树皮，比绵羊对粗纤维的消化率要高出 3.7%。

(2) 耐渴性　绵羊的耐渴性较强，尤其是当夏、秋季缺水时，能在黎明时分，沿牧场快速移动，用唇和舌接触牧草，以便更多地搜集叶上凝结的露珠。在野葱、野韭、野百合、大叶棘豆等牧草分布较多的牧场放牧，可几天乃至十几天不饮水。与绵羊比较，山羊更能耐渴，山羊每千克体重代谢需水 188 毫升，绵羊则需水 197 毫升。

(3) 耐热性　羊的汗腺不发达，蒸发散热主要靠喘气，其耐热性较差。当夏季中午炎热时，常有停食、喘气和“扎窝子”等表现。粗毛羊与细毛羊比较，前者较能耐热，只有当中午气温高于 26℃时才开始扎窝子；而后者则在 22℃左右即有此种表现。山羊较耐热，当夏季中午炎热时，绵羊常有停食、喘气和“扎窝子”等表现，而山羊对扎窝子却从不参加，照常东游西窜，气温 37.8℃时仍能继续采食。

(4) 耐寒性　绵羊由于有厚密的被毛和较多的皮下脂肪，以减少体热散发，故较耐寒。细毛羊及其杂种的被毛虽厚，但皮板较薄，故其耐寒能力不如粗毛羊；长毛肉用羊原产于英国的温暖地区，皮薄毛稀，引入气候严寒之地后，为了增强抗寒能力，皮肤常会增厚，被毛有变密变短的倾向。山羊没有厚密的被毛和较多的皮下脂肪，体热散发快，故其耐寒性低于绵羊。

（5）抗病力　放牧条件下的各种羊，只要能吃饱饮足，一般全年发病较少，在夏秋膘肥时期，更是体壮少病。舍饲条件下，羊的发病概率大大增加。膘好时，对疾病的耐受能力较强，一般不表现出症状，有的临死还勉强吃草跟群。为做到早治，必须深入观察，才能及时发现病羊。粗毛羊的抗病能力比细毛羊及其杂种强。山羊抗病能力强于绵羊，感染内寄生虫和腐蹄病的也较少。正是由于抗病力强，往往在发病初期不易被发觉，没有经验的牧工发现病羊时，多半病情已很严重。

（6）抗灾度荒能力　指羊只对恶劣饲料条件的忍耐力，其强弱除与放牧采食能力有关外，还决定于脂肪沉积能力和代谢强度。不同品种绵羊的抗灾能力不同，故因灾死亡的比例相差很大。例如，细毛羊因羊毛生长需要大量的营养，而又因被毛的负荷较重，故易乏瘦，其损失比例明显较粗毛羊大；公羊因强悍好斗，异化作用强，配种时期体力消耗大，如无补饲条件，则其损失比例要比母羊大，特别是育成公羊。山羊因食量较小，食性较杂，抗灾度荒能力强于绵羊。

二、特殊用途的羊

因为山羊机警灵敏、记忆力强、易于训练、牧工常在羊群中选择体大灵活的山羊去势后训练为头羊，头羊能够按照牧工的指令，带领羊群前进、停止或向某一方向移动。羊群中有好的头羊，在放牧中能使牧工更好地掌握羊群。我国驯兽者也利用这一特性，训练羊成为娱乐工具，如绵羊斗羊、山羊走钢丝等。

第二节　羊的消化器官及对饲料的利用特点

一、羊的消化器官

羊属于典型的反刍家畜，没有上切齿和犬齿，主要依赖上齿垫和下切齿、唇和舌头采食。羊具有复胃结构，分为瘤胃、网胃、瓣胃和皱胃四个室。其中，前三个胃室称为前胃，胃壁黏膜无胃腺，犹如单胃的无腺区；皱胃称为真胃，胃壁黏膜有腺体，其功能与单胃动物相同。各胃室容积占胃总容积比例明显不同（表 2-1）。

表 2-1 羊各胃室容积占胃总容积比例

羊别	瘤胃/%	网胃/%	瓣胃/%	皱胃/%
绵羊	78.7	8.6	1.7	11.0
山羊	86.7	3.6	1.2	8.6

据测定，绵羊的胃总容积约为 30 升，山羊为 16 升左右。瘤胃容积最大，其功能是贮藏在较短时间采食的未经充分咀嚼而咽下的大量饲草，等休息时反刍。瘤网胃内有大量的能够分解消化食物的微生物，构成一个有多种微生物的厌氧系统。

羔羊出生时，瘤网胃不具有功能，第四胃相对来说是最大的，此时很类似非反刍动物。瘤网胃的发育过程需要建立微生物区系，这一过程与是否摄入干饲料有关，瘤网胃内微生物区系的建立是通过饲料和个体间的接触产生的。因此，瘤胃只是在羔羊开始吃食干饲料时才逐渐发育，等到完全转为反刍型消化系统，自然哺乳羔羊需要 1.5～2 个月，而早期断奶羔羊（如在人工哺乳或自然哺乳阶段实行早期补饲时）仅需要 4～5 周。

瓣胃是一个小而致密的椭圆形器官，其黏膜形成新月状的瓣页，对食物起机械压榨作用。瓣胃的作用犹如一过滤器，分出液体和消化细粒，输送入皱胃。其次，进入瓣胃的水分有 30%～60% 被吸收，同时也有相当数量（40%～70%）的挥发性脂肪酸、钠、磷等物质被吸收。这一作用总的效果，显著减少进入皱胃的食糜体积。

皱胃黏膜腺体分泌胃液，主要是盐酸和胃蛋白酶，对食物进行化学性消化。

正在哺乳的羔羊，乳汁通过食管沟直接进入第四胃被消化、吸收。食管沟是由两片肥厚的肉唇构成的一个半关闭的沟。它起自贲门，经网胃伸展到网胃瓣胃孔。羔羊在吸吮乳汁或饮料时，能反射性地引起食管沟肉唇蜷缩，闭合成管。因而乳汁和饮料不落入前胃内，而直接从食管沟到达网胃瓣胃孔，经瓣胃管进入皱胃。

羊的小肠细长曲折，长约为25米，相当于体长的26～27倍。胃内容物进入小肠后，经各种消化液（胰液和肠液等）进行化学性消化，分解的营养物质被小肠吸收。未被消化吸收的食物，随小肠的蠕动而进入大肠。

大肠的直径比小肠大，长度比小肠短，约为8.5米。大肠的主要功能是吸收水分和形成粪便。在小肠未被消化的食物进入大肠，也可在大肠微生物和由小肠带入大肠的各种酶的作用下继续消化吸收，余下部分排出体外。

二、羊的消化特点

羊具有复胃，其与单胃动物消化的主要区别在于前胃具有独特的反刍、嗳气、食管沟的作用、瘤网胃运动及微生物作用等特点。

1. 瘤胃的作用

瘤胃虽不能分泌消化液，但胃壁强大的纵形肌能够强有力地收缩和松弛，进行节律性的蠕动，以搅拌食物。胃黏膜上有许多乳头状突起，有助于食物的揉磨。瘤胃具有大量贮积、加工和发酵食物，提供各种营养物质的功能。

在进化过程的严酷生存条件制约下，反刍动物获得的前胃发酵与食团咀嚼功能，使他们成为哺乳动物中最有效的饲料消化者。羊的前胃，特别是庞大的瘤胃内，栖居着种类繁多、数量巨大的微生物。每毫升瘤胃内容物含有细菌10^{10}～10^{11}个，原虫10^{5}～10^{6}个。原虫中主要是纤毛虫，其体积大，是细菌的1000倍。瘤胃环境适宜于瘤胃微生物的栖息繁殖。这些微生物与宿主间、各种微生物之间（细菌与原虫、一细菌与另一细菌）形成一个复杂的生态系统，羊采食大量的草料并将其转化为畜产品，主要靠瘤胃（包括网胃）内复杂的消化代谢过程。瘤胃微生物在其生存过程中，把相当一部分饲料营养物质改造、同化为自身体组织，并将其代谢终产物排入瘤网胃。微生物体及其代谢产物同未被它们分解的饲料营养物质一起，最终被宿主消化吸收和利用，从而使瘤胃成为活体内的一个庞大的、高度自动化的“饲料发酵罐”。

2. 产生气体

在瘤胃的发酵过程中，不断地产生大量气体，主要是二氧化碳和甲烷，还含有少量的氮和微量的氢、氧和硫化氢，其中二氧化碳占50%～70%、甲烷占30%～40%。瘤胃内发酵的产气量和速度及气体组成，随饲料种类、饲喂后的时间而有显著差异。正常时瘤胃内二氧化碳量比甲烷量多，但饥饿或气胀时甲烷量大大超过二氧化碳量。二氧化碳大部分由糖发酵和氨基酸脱羧所产生，一部分由唾液中的重碳酸盐中和脂肪酸时产生，或脂肪酸吸收时透过瘤胃上皮交换的结果。瘤胃甲烷主要是在产甲烷的细菌作用下还原二氧化碳生成的。在这一反应中，氢、甲酸和琥珀酸是氢的供给者。研究表明，瘤胃内的甲烷也能由乙酸的甲基产生。

3. 前胃运动

前胃三个部分的运动有着密切的联系，最先为网胃收缩。网胃接连收缩二次，第一次只收缩一半即舒张，接着就进行第二次几乎完全的收缩。在网胃的第二次收缩之后紧接着发生瘤胃的收缩。瘤胃收缩有两种方式：第一种方式（即A波）是先由瘤胃前庭开始，沿背囊由前向后，然后转入腹囊，接着又沿腹囊由后向前，同时食物在瘤胃内也顺着收缩的次序和方向移动与混合。在收缩之后，有时还可发生一次单独的附加收缩（第二次收缩或称B波）。第二种收缩是瘤胃本身产生的，收缩波通常开始于后腹盲囊，行进到后背囊及前背囊，最后达主腹囊。它与嗳气有关，而与网胃收缩没有直接关系。

瓣胃运动比较缓慢而有力，它的收缩与网胃相配合。当网胃收缩时，网瓣胃孔开放，瓣胃舒张，压力降低，于是一部分食糜由网胃移入瓣胃，其中液体部分可通过瓣胃管直接进入皱胃。

4. 反刍

反刍是指反刍动物在食物消化前把食团吐出经过再咀嚼和再咽

下的活动。其机制是饲料刺激网胃、瘤胃前庭和食管的黏膜引起的反射性逆呕。反刍是羊的重要消化生理特点，反刍停止是疾病征兆，不反刍会引起瘤胃臌气。

一般情况下，羔羊出生后，约40天开始出现反刍行为。羔羊在哺乳期，早期补饲容易消化的植物性饲料，能刺激前胃的发育，可提早出现反刍行为。

采食后，食物经初步咀嚼，混以大量碱性唾液（pH值为8.2左右）形成食团，吞咽入瘤胃内浸泡和软化。反刍包括逆呕、再咀嚼、再混合唾液再吞咽四个过程。反刍多发生在吃草之后。吃草之后，稍作休息，一般在30～60分钟后便开始反刍。反刍中也可随时转入吃草。反刍是食欲的反映，有了反刍活动，可以保证羊在单位时间内采食最大量的食物，保证在比较安全的环境中和较适合的时间内完成大量食入食物的消化过程。反刍时食团逆出后的再咀嚼很有规律，咀嚼速度1分钟在83～99次，而一般进食时的咀嚼则无规律。绵羊一日内共反刍8～15次，相隔时间不定，总反刍时间约8小时。白天或夜间都有反刍，午夜到中午期间反刍的再咀嚼速率较慢。每次反刍所需时间受饲料品质和气候状况影响。牧草含水量大，反刍时间短。粗纤维含量高，反刍时间长。干草粉碎后的反刍活动快于长干草。同量饲料多次分批喂给时，反刍时逆呕食团的速率快于一次全量喂给。正常情况下，反刍时间与放牧采食时间的比值为0.8∶1，与舍饲采食时间的比值为1.6∶1。当然不同品种、不同的饲养条件、不同季节等因素均影响羊的反刍行为，表2-2是波德代羊不同季节条件下的反刍情况。

表2-2　波德代羊不同季节条件下的反刍情况

项目	时间	冬春季		夏季		秋季	
		公	母	公	母	公	母
反刍次数/次	昼夜	18.83±1.35	19.00±1.58	16.34±1.84	14.59±1.59	20.24±2.73	17.02±2.28
	昼	7.41±0.82	8.56±0.81	9.00±1.13	8.17±0.67	3.25±0.91	3.78±1.32
	夜	11.42±0.53	10.44±0.77	7.34±0.71	6.42±0.82	17.17±1.82	13.24±0.96

续表

项目	时间	冬春季		夏季		秋季	
		公	母	公	母	公	母
每个食团反刍时间/秒		53.45±9.21	47.66±10.82	46.23±7.26	39.04±12.16	55.26±11.15	48.12±7.61
每个食团反刍次数/次		64.22±11.49	60.07±13.94	56.82±10.26	48.26±9.23	65.01±9.28	63.85±13.58

反刍停止的时间过长，由于瘤胃内食进的饲料滞塞引起局部炎症，常使反刍难以恢复。有些外界因素常能使反刍活动暂停。疾病、突发性声响、饥饿、恐惧、外伤等均能影响反刍行为。母羊发情、妊娠最后阶段和产后舐羔时，反刍活动或减弱或暂停。幼龄羔羊胆小，稍有干扰，反刍即刻停止。为保证绵羊有正常的反刍，必须提供安静的环境。由于有反刍，绵羊不表现马、狗、猫等非反刍动物的睡眠状态。反刍姿势多为侧卧式，少数为站立，要求躯体轮廓保持垂直姿势躺卧，以保证瘤胃和网胃的功能。胸部前倾、头垂于两前肢间卧姿，不是绵羊应有的正常姿势。

5. 嗳气

由于瘤胃内的饲料发酵和唾液流入的影响，羊消化道产生的气体比非反刍动物多得多。如果这些气体不能及时排除，就会导致臌气。这些气体主要通过嗳气排出体外，少量由瘤胃壁吸收进入血液后由肺脏排出。嗳气是一种反射性动作。由于瘤胃的气体增多，使胃壁的张力增加，就兴奋了集中于瘤胃背盲囊和贲门括约肌处的牵张感受器，经过迷走神经传到延髓嗳气中枢。中枢兴奋就引起背盲囊收缩，开始了瘤胃第二次收缩，由后向前推进，压迫气体移向瘤胃前庭，同时瘤胃前庭与瘤胃网胃肉褶收缩，阻挡液状食糜前涌，贲门区的液面下降，贲门口舒张，于是气体即被驱入食管。初春放牧时，常因啃食大量幼嫩青草而发生瘤胃臌气。

6．食管沟的作用

由于食管沟的作用，羔羊在吸吮乳汁或饮料时，乳汁和饮料不落入前胃内，而直接从食管沟达到网胃瓣胃孔，经瓣胃管进入皱胃。食管沟闭合程度与饮乳方式有密切关系，若用桶喂乳时，食管沟闭合不完全，致使部分乳汁漏入发育不完善的网胃、瘤胃内，引起发酵而产生乳酸，造成腹泻。正常情况下，食管沟闭合反射随动物年龄的增长而减弱。硫酸铜溶液能引起绵羊食管沟闭合反射。利用这一特点，在医疗实践中将药物直接送入皱胃以达到治疗的目的。

三、对饲料利用特点

1．对粗纤维的利用

瘤胃内的微生物可以分解纤维素，羊可利用粗饲料作为主要的能量来源。粗纤维还可以起到促进反刍、胃肠蠕动和填充的作用。羊的日粮中必须有一定比例的粗纤维，否则瘤胃中会出现乳酸发酵抑制纤维、淀粉分解菌的活动，表现为食欲丧失、前胃迟缓、拉稀、生产性能下降，严重时可能造成死亡。因此，羊的日粮组成离不开粗饲料。

2．对非蛋白氮的利用

瘤胃微生物可利用饲料中的非蛋白氮合成微生物蛋白质，可利用部分非蛋白氮（尿素、铵盐等）作为补充饲料代替部分植物性蛋白质。尿素是常用来代替日粮中蛋白质的非蛋白含氮物，但因其在脲酶的作用下产氨的速度约为微生物利用速度的4倍，故须降低尿素的分解速度并同时供给易消化的糖类以保证获得充分的能量，才能提高其利用率和安全性。

3．对维生素的利用

瘤胃微生物可合成B族维生素和维生素K。瘤胃微生物能合成某些B族维生素（主要包括维生素B_1、维生素B_2、维生素B_6、维生素B_{12}、泛酸和尼克酸等）及维生素K，供宿主利用。这些维生素合成后，一部分在瘤胃中被吸收，其余在肠道中被吸收、利用。当瘤胃开始发酵后，即使饲料中缺乏这类维生素，一般不会影响健康。饲料中维生素C进入瘤胃后，被瘤胃微生物分解失效，羊所需维生素C由其自身合成。配制饲粮时一般不考虑瘤胃能合成B族维生素和维生素K以及羊能合成的维生素C。

4. 特别需要维持瘤胃的环境和饲料养分供应

瘤胃消化是为宿主动物提供能量和养分的主要环节，微生物帮助宿主消化自身不能消化的植物物质，为宿主提供能量和必需养分；宿主为微生物提供生长环境，瘤胃中植物性饲料和代谢物为微生物提供生长所需的能量和各种养分。生产实践中，为了满足高产羊的需要，必须供给其富含蛋白质、能量的精饲料和富含胡萝卜素的鲜嫩多汁饲料。

5. 饲料转化效率相对低

瘤胃微生物发酵产生甲烷和氢，其所含的能量被浪费掉，微生物的生长繁殖也要消耗掉一部分能量。所以，羊的饲料转化效率一般低于单胃动物。同时，瘤胃微生物的发酵，将一些高品质的饲料，分解为挥发性脂肪酸和氨等，造成营养上的浪费。生产上为了弥补这方面的副作用，可利用大量廉价饲草饲料以保证瘤胃微生物最大生长繁殖的营养需要。也可采用一些现代饲养技术将高品质的饲料保护起来，躲过瘤胃发酵而直接到真胃和小肠消化吸收，是提高饲草饲料利用率极为有效的方法。

6. 饲料利用方式与牛不同

羊的口唇薄而灵活，虽无上切齿，但下切齿锋利，采食时不像牛那样用舌将牧草卷入口中，而是用口唇将牧草纳入口中，用上颌板压住下切齿，头向前抬切断牧草，所以，羊能够采食接近地面的短小牧草使牧草留茬较低。羊对饲料及牧草的选择性比牛强，不易食入铁钉等异物。羊能将整粒谷物饲料嚼碎，故有些饲料可不粉碎。绵羊以选择禾本科牧草为主，山羊喜欢采食杂草和灌木枝叶。羊的食性造成其特有的胃结构。食大容积粗饲料的牛，其瓣胃大于网胃，便于在瓣胃中更进一步研磨、过滤和压榨由网胃进入的草料；而羊的瓣胃小于网胃，瓣胃容积平均为0.9升，网胃容积约为2.0升，故对高粗纤维粗饲料的消化能力较牛差，饲粮粗纤维增加到25%或以上，对其消化产生不利的影响。与其他反刍动物相似，羊饲粮中也应含适当数量的易消化碳水化合物，这对提高瘤胃微生物发酵效率，保证羊体健康、提高营养物质的消化率、利用率及生产水平都是十分必要的。研究还表明，相同饲粮蛋白质在绵羊瘤胃中的降解率高于牛，大约在绵羊饲粮粗蛋白质水平较牛低 2 个百分点时，牛、羊瘤胃氨浓度相等。因此，在羊饲粮中添加非蛋白氮化合物的效果低于牛。

第三章 适合发展养羊的牧草（含饲料作物）及其栽培技术

可以用来饲喂家畜的牧草种类很多，包括草本、藤本、小灌木、半灌木和灌木等各种类型栽培或野生的植物。通常我们所说的牧草主要指豆科牧草和禾本科牧草，还有藜科、菊科等各种杂草，也包括可以用来做饲草的豆科和禾本科饲料农作物。

第一节　豆科类牧草

一、紫花苜蓿

紫花苜蓿为多年生豆科牧草，原产于小亚细亚、伊朗、外高加索一带，至今有2000多年的栽培历史，是世界上栽培最早、种植面积最大、种植国家最多的优良牧草，被誉为“牧草之王”。目前全国各地都有栽培，尤以北方种植较为广泛。它的主要优点是：①适应性广，全世界各地几乎都能生长；②产量高并且稳定，亩产青草3000～4000千克，高者达5000千克；③饲料价值高，干草粗蛋白含量高达23%，可代替部分精料；④能改良土壤，培肥地力。

紫花苜蓿为多年生草本植物，根系发达，主根长，多分枝，入土深达2～6米，甚至更长。根上着生有根瘤，且以侧根居多，能够固氮和促进土壤肥力，有利于土壤的改良。茎直立或斜生，光滑或稍有毛，具棱，略呈方形，多分枝，高60～120厘米，高者可达150厘米。羽状三出复叶，小叶倒卵形或长椭圆形，叶缘上1/3处有锯齿，中下部没有这样的叶缘。短总状花序，腋生，花冠蝶形，有花20～30朵，紫色或深紫色（图3-1）。荚果螺旋形，无刺；种子1～8颗，肾形，黄褐色，有光泽，千粒重1.4～2.3克。

图3-1　紫花苜蓿

紫花苜蓿喜温暖半干燥气候，生长最适温度20～25℃，超过30℃光合效率开始下降。抗寒能力强，幼苗能耐－4℃的低温，在我国北方冬季－30℃的低温条件下，一般都能越冬。苜蓿抗旱力强，但苜蓿又是需水较多的牧草，特别是在孕蕾至初花期，需水量比禾草多2倍。苜蓿对土壤要求不严，最为适宜的是沙壤土或壤土。适宜的pH值范围为7～8，在盐碱地上种植，有降低土壤盐分的功能。苜蓿幼苗能在含盐量为0.3%的土壤上生长，成年植株可在含盐量0.4%～0.5%的土壤上生长。紫花苜蓿适应在年降水量为400～800毫米的地方生长，降水量多的地方应种植在排水良好的地方。涝地洼地不利于紫花苜蓿的生长。温暖干燥且有排灌条件的地方最适紫花苜蓿的生长。苜蓿在生长期间最忌积水，积水24～48小时，就会造成植株死亡，因此种植苜蓿的地块要求排水良好。

1. 秋眠性

苜蓿的秋眠性是指秋季在北纬地区由于光照减少和气温下降，导致苜蓿植株生长速度下降、枝条出现俯卧式生长的现象。秋眠性和苜蓿的再生力、耐寒性、生产力密切相关，秋眠级低的品种，因其春季返青晚，刈割后的再生速度慢，生产能力也低；秋眠级高的品种，因春季返青早，刈割后的再生速度快，生产能力明显高于秋眠级低的品种。因此，在苜蓿生产中一定要根据当地的气候条件，选择相应秋眠级的苜蓿品种，以获得较高的产量。

在我国主要在西北、东北、华北地区栽培，江苏、湖南、湖北、云南等地也有栽培。

我国目前生产上应用的苜蓿主要是来自美国和加拿大的国外品种。国外引进的比较好的有美国的皇后、WL323、WL320、安斯塔、百绿及日本的立若叶和北若叶苜蓿。国外引进的品种直立性好，利于机械化收割。目前国内品种表现较好的有保定苜蓿、甘农1号杂花苜蓿、新疆大叶苜蓿、敖汉苜蓿、中苜1号耐盐苜蓿等。我国各地区适宜种植的苜蓿品种如表3-1所示。

表3-1 适合我国各地不同休眠级的苜蓿品种

休眠级	常用品种	适合的地区
1～3	皇后、苜蓿王、阿尔冈金等	内蒙古、东北以及新疆北部
4～5	德宝、塞特、三得利、大叶苜蓿	黄淮海地区、黄土高原
6～7	维多利亚、WL414	江淮地区
＞7	WL525HQ	长江以南

2. 栽培技术

(1) 土地准备　苜蓿种子小，苗期生长慢，易受杂草的危害，播前一定要精细整地。整地时间最好在夏季，深翻、深耙一次，将杂草翻入深层。秋播前如杂草多，还要再深翻一次或旋耕一次，然后耙平，达到播种要求。

(2) 播种

① 品种选择　苜蓿品种繁多，对环境条件的要求也不同，因而应根据各地的自然条件选择适宜的品种。在选择品种时，首先要考虑的是苜蓿的秋眠性，在北方寒冷地区以种植秋眠性较强、抗旱的品种为宜，而在长江流域等温暖地区应采用秋眠性较弱或非秋眠且耐湿的品种。在盐碱土壤上种植除考虑秋眠性外，还需考虑其耐盐性。

② 播种 紫花苜蓿种子的发芽力可保持 3～4 年，越新鲜种子发芽力越强。与此同时，种子越新鲜，种子硬实率越高，新鲜种子的硬实率高达 30%～45%。所以，购买种子时一定要选择新鲜的，然后再进行硬实处理。硬实处理办法很简单；一种办法是冷热处理，也就是说用凉水和温水交替浸泡种子 6 个小时，消除种子的硬实率；另一种办法是先用碾米机碾磨处理，然后用风车或簸箕清除杂质。以条播为好，收种用行距 20 厘米，收草用 30 厘米，一般土壤播种深度 2～3 厘米，在干旱条件下，则应深开沟、浅覆土，在水分不足的土壤中以覆土 0.5～1.0 厘米为宜，在水分适宜时以 0.3～0.5 厘米为宜。注意镇压保墒，力求一次播种保全苗。播期宜秋播（9 月上旬、中旬），播种量每亩 1.0～1.5 千克。因各地自然条件不同很难一致。在土层薄、降水少、无霜期短的干旱地区应在早春播种，即以 3 月下旬至 4 月上旬为佳，最迟不要超过 6 月上旬，否则不能安全越冬。有灌溉条件时 4 月下旬至 5 月上旬播种较好。种冬小麦的地区，苜蓿与冬小麦可同时播种。秋播苜蓿杂草危害小，但当年不能受益。北方一年两熟地区，一般采用秋播。土壤水分充足，温度适宜，杂草和病虫害较少。在陕西、河北、山西、山东、天津、北京地区，以秋播最好，播种期为 8～9 月。太晚影响正常越冬。避开雨季播种，少雨对苜蓿苗期生长有利，多雨则对杂草生长有利。避开雨季播种可以减少杂草危害。苜蓿条播，便于人工除草。

(3) 田间管理 杂草防除是苜蓿田间管理的一项重要工作。一般情况下，播种当年的苜蓿田杂草危害最重，特别要注意两个时期：一个是幼苗期；另一个是夏季收割后。苜蓿出苗后有 4 周左右地上部分生长缓慢，而这段时间正是杂草大量发芽出土阶段，出土后在充分的光照和营养条件下，得以迅速生长，在田内很快占据了优势地位。越冬苜蓿第一茬草收割后，苜蓿分枝缓苗阶段正值 6 月上旬左右，稗草、马唐、藜、苋、蓼等杂草已出齐苗，水热同步，杂草生长迅速。所以，在苜蓿生长发育的关键时期，抓住农时，搞好中耕除草，可以收到很好的防治效果。一般进行两次中耕除草：第一次在出苗后 15 天左右进行，下锄不宜过深；第二次在出苗后

30天左右，下锄稍深些。苗眼中的草要用手拔除。每次锄草后要中耕培土。第二年返青后最好也进行两次中耕除草。中耕除草不仅防除杂草效果好，而且还能疏松土壤，增强土壤的蓄水能力，促进苜蓿生长发育。杂草防除不论采取什么方法，一定要做到及时规范。苜蓿田的杂草防除应采取综合措施，首先播前要精细整地，清除地面杂草；其次要控制播种期，如东北6月播种、河南早秋播种可有效抑制苗期杂草；第三可采取窄行条播，使苜蓿尽快封垄；第四进行中耕，在苗期、早春返青及每次刈割后，均应进行中耕松土，以便清除杂草，疏松土壤，防止水分蒸发，促进苜蓿的生长；也可使用化学除莠剂（如普施特、拿捕净、盖草能、禾草克等）进行化学除草。选择除草剂要慎重，以免造成牲畜中毒。

苜蓿喜肥，每生产10吨干草，需从土壤中吸收186千克的氮、18.6千克的磷和10千克的钾。为保证苜蓿高产稳产，施肥是关键。苜蓿的根瘤菌能固定氮素，除在播种之前施入少量氮肥以满足幼苗对氮的需求外，在一般情况下不施氮肥。施用磷、钾肥可显著增加苜蓿的产量，并可提高粗蛋白质含量。苜蓿对钾的需求量较高，高钾供应是苜蓿高产的保证。钾供应不足，常会导致杂草的入侵，苜蓿易发生病虫害，饲草品质降低。缺钾苜蓿老叶叶尖及其两边首先退绿，叶片发黄，施钾处理能增加苜蓿每株的枝条数、枝条重量，提高苜蓿结瘤率，还能促进刈割后苜蓿的再生长，增加空气中氮的生物固定。但钾肥对苜蓿的效果仅在施用的当年，第二年效果不明显，磷肥施用量过高，还有降低草产量的趋势。此外，苜蓿对磷、钾的反应与土壤的性质有关，如施用同量的磷，在黏壤土上产量增幅高于沙壤土。在播种前一般施用有机肥2～3吨/亩、过磷酸钙0.2吨/亩、有效钾6千克/亩作底肥。在返青及刈割后和越冬前要注意追施磷、钾肥，以提高其产量和品质，并利于越冬。

灌溉是提高苜蓿产草量的重要措施，因此在有灌溉条件的地方，应适时适量灌溉，以促进生长，增加产量。但随着灌水量的增加，苜蓿品质有下降趋势。苜蓿又忌积水，降雨后造成积水时应及时排除，以防烂根死亡。

（4）病虫防控　苜蓿生育期间遇到病虫害时一定要及时防治，

否则会影响产量和品质。一般用杀螟松、乐果、氰戊菊酯等喷雾，防治害虫、锈病、褐斑病、霜霉病，用多菌灵、托布津等药剂。

3. 收获利用

一般在始花期，也就是开花达到 1/10 时开始收割，最晚不能超过盛花期。若刈割过早，虽饲用价值高，但产草量低；若刈割过迟，虽产草量高，但品质下降明显。秋季最后一次刈割应在早霜来临前一个月进行，过迟会降低根和根颈中碳水化合物的贮藏量，对越冬和第二年春季生长不利。

刈割留茬高度一般为 4～5 厘米，但越冬前最后一次刈割时留茬应高些，为 7～8 厘米，这样能保持根部营养和固定积雪，有利于苜蓿越冬。北方地区春播当年，若有灌溉条件，可刈割 1～2 次，此后每年可刈割 3～5 次，长江流域每年可刈割 5～7 次。干旱地区播种当年生长量小，一般不能收割。

苜蓿用于放牧、青饲、调制干草、青贮或干草粉均属上等草料。苜蓿粗蛋白质含量高，且消化率可达 70%～80%。蛋白质中氨基酸种类齐全，含量丰富，其中赖氨酸的含量是玉米籽实的 5.7 倍，色氨酸和蛋氨酸也显著高于玉米。另外，苜蓿富含多种维生素和微量元素，同时还含有一些未知促生长因子，对畜禽的生长发育均具良好作用。苜蓿的营养价值随苜蓿的生育阶段而异。幼嫩时粗蛋白质含量高，而粗纤维含量低。但随着生长阶段的延长，粗蛋白质含量减少，而粗纤维含量显著增加，且茎叶比增大。青饲或放牧反刍家畜时，应注意臌胀病。原因是苜蓿青草中含有大量的皂苷，其含量为 0.5%～3.5%，它们能在瘤胃内形成大量泡沫，阻塞嗳气排出，因而致病。青饲时应在刈割后凋萎 1～2 小时，放牧前先喂一些干草或粗饲料，在有露水和未成熟的苜蓿地上不要放牧，与禾草混播等措施均可防止臌胀病的发生。

紫花苜蓿营养丰富，鲜嫩可口，适合饲喂各种家畜，但主要是通过青饲、调制干草、打浆或制成草粉来饲喂。在牧草旺盛的夏秋季节里，成年绵羊适合饲喂苜蓿和无芒雀麦的混合青干草，每只每天喂量为 3.5～4.0 千克；在冬春的季节里，青干草的喂量约 2 千克，同时搭配一些优质的氨化饲料。苜蓿适合与王草（皇竹草）、象草和无芒雀麦混合饲喂山羊。据报道，在波尔山羊的故乡南非，用王草和苜蓿混合饲喂山羊后，羊的生产水平和健康状况均达到最佳水平。

二、白三叶

白三叶又名白车轴草、荷兰翘摇、匍匐三叶草等，属多年生草本植物，既可放牧，又可刈割利用。白三叶原产于欧洲，是世界上分布最广、栽培最多的牧草之一。我国从 20 世纪 20 年代引入以来，已经遍布全国各省区栽培，现分布在全国 20 多个省市区，特别是长江以南地区大面积种植，是南方广为栽种的当家草种。茎叶光滑柔嫩，叶量丰富，适口性好，各种畜、禽喜食。开花期干物质中粗蛋白含量高达 24.7%，粗纤维含量低，干物质消化率 75%～80%。不同的生育期营养成分相对稳定，是一种优质的豆科牧草。春播当年鲜草产量 3～3.5 吨/亩，折合干草 0.2～0.3 吨/亩，以后每年刈割 3～4 次，鲜草产量 3.5～4.2 吨/亩，折合干草 0.3～0.8 吨/亩。可以在果园、幼林地种植。

一般生存 8～10 年。主根短、侧根发达，根系浅，主要集中在 10 厘米以内的表土层，有根瘤。茎匍匐，长 15～70 厘米，多节，无毛，茎节着地生根。叶互生，三出复叶，按叶片大小分为三种类型，即大叶型、中叶型和小叶型，叶面有“V”字形白斑或无（图 3-2)。花序呈头状，花序多居于草层之上。花冠蝶形，白色，有时带粉红色。荚果倒卵状长圆形，种子心脏形或卵形，黄色或浅棕色，千粒重 0.5～0.7 克，硬实多（会造成发芽率下降)。

白三叶种子最适萌发温度 20℃。最适生长温度 19～24℃，喜温暖湿润气候，适宜在年降水量 600～800 毫米、有灌溉条件和排水系统、pH 值为 5.5～7 的沙壤土和黏壤土的地块生长。喜阳光充足的旷地，有明显的向光性，在荫蔽条件下，叶小而少，开花不多，鲜草产量和种子产量均较低。在强遮阴的情况下易徒长，造成生长不良。耐盐碱能力差。适应性广，抗寒性较红三叶强，可耐短时间的水淹，但抗旱性较差。白三叶是各种三叶草中生长最慢的一种。耐践踏，再生力极强，为一般牧草所不及。

图 3-2 白三叶

通过全国草品种审定委员会审定的白三叶品种有以下 5 个。

(1) 鄂牧 1 号白三叶 育成品种，分枝多，再生性强，叶量丰富，叶片大，叶色深绿。抗逆性强，适应性广，产草量高，鲜草产量 60～75 吨/公顷。适宜长江中下游及以北的南暖温带和北亚热带地区栽培。

(2) 贵州白三叶 地方品种，再生性强，耐寒，鲜草产量30～45 吨/公顷。适宜我国南方高海拔地区、长江中下游的低湿丘陵和平原地区。

(3) 胡依阿 (Huia) 白三叶 引进品种，属中叶型白三叶，鲜草产量 30～52 吨/公顷。适宜我国南方高海拔山地、长江中下游低湿丘陵和平原地区。

(4) 川引拉丁诺 (Chuanyin Ladino) 白三叶 引进品种，属大叶型品种，再生力强，年可刈割 4～6 次，鲜草产量 60～75 吨/公顷。适宜长江中上游丘陵、平坝和山地种植。

(5) 海法 (Haifa) 白三叶 引进品种，属中叶型品种，适应范围广，生长年限长，产量稳定。最适宜云南北亚热带和中亚热带，海拔 1400～3000 米，≥10℃年积温 1500～5500℃，年降水量 650～1500 毫米的广大地区种植。

1. 栽培技术

(1) 土地准备　要选择排水良好、土层深厚、富含有机质的中壤质或黏壤质土壤来种植。地形要平坦和开阔，能排能灌。白三叶种子细小，幼苗生长缓慢，根系入土浅，因此整地必须精细松匀，可采用多次翻耕的方法清除杂草并保持土壤墒情。秋翻时，深度要达到 20 厘米，翻后要及时耙地和压地，做到内松外实。当土壤 pH 低于 6 时应施石灰，用量约 450 千克/公顷。基肥施有机肥，用量 1～3 吨/亩和 20～30 千克/亩的过磷酸钙。

(2) 播种　9 月份、10 月份播种为宜，播前在初次种植白三叶的地块要接种根瘤菌。播种方式有条播和撒播。条播行距 30 厘米，播深 1.0～1.5 厘米。一般用种量 3.75～7.5 千克/公顷。混播时，禾本科与白三叶的比例以 7∶3 或 8∶2 为宜。播种最好在土壤墒情较好的时间进行。春夏季节也可采用无性繁殖，选择健壮的植株切成带有 2～3 个节的短茎进行扦插，插后立即浇水使土壤和插苗紧密结合，促进长根和长苗。

(3) 田间管理　白三叶苗期生长缓慢，应注意适时中耕除草。一旦长成即竞争力很强，不必再行中耕。但由于它草层低矮，高大杂草往往超出草层之上，影响光照，必须注意经常清除，易拔的可拔除，不易拔或劳力不允许时可刈割。白三叶秋播时常遇干旱少雨，需视土壤墒情进行灌溉。梅雨季节，雨量充沛，在种植地中间或周围，清理水沟以便排水。为确保白三叶丰产，刈割后、入冬前和早春应施钙镁磷肥或过磷酸钙进行追肥，具体用量应视土壤肥沃程度和牧草生长情况而定。混播草地中禾本科牧草生长过旺时，应经常刈割，以利白三叶的生长。

(4) 病虫防控　白三叶草的病虫害较轻，偶有褐斑病、白粉病发生，适当重牧或及时刈割可减少病害的发生。在多雨季节注意排水，避免草地积水可减少发病。如用化学农药防控，可采用波尔多液、石硫合剂或多菌灵等。危害白三叶的主要虫害有棉铃虫、甜菜夜娥、斑潜蝇、地老虎等。病情不重时无需专门用药，确需防治时，可选用 BT 乳剂、米螨、夜蛾必杀、菊酯类等。用药后应停牧一段时间后再利用，以确保安全。

2. 收获利用

当草层高度达 15 厘米以上时即可放牧（营养成分见表 3-2）。应实行划区轮牧，每次放牧后休牧 2～3 周，以利再生；冬季应停牧或轻牧，以利越冬。放牧利用应保持白三叶和禾本科牧草 1∶2 的比例，这样既可获得单位面积最高的干物质和蛋白质产量，又可防止羊因摄入过多白三叶引起臌胀病。青饲时，可在孕蕾前或草层高度达 25～30 厘米时进行刈割，生长旺季，15 天之后即可再次刈割。低海拔丘陵地区在 6 月中旬应停止割草，使植株贮存养料，以利越夏。三叶草干物质总产量随生育期延长而增高，但蛋白质的含量随生育期延长而逐渐降低，纤维素随生育期推迟而迅速增加。白三叶在放牧利用上要注意以下问题：①白三叶用于放牧时，适合小家畜，如羊、猪、鸡和鹅，放牧牛时要控制采食量；②白三叶含有雌性激素香豆雌醇，单独饲喂或者一次性饲喂过多，会使家畜产生生殖困难；③白三叶含有植物胶质甲基醇，被草食家畜大量采食或者采食过多后，会发生臌胀病，严重时会致死。

表 3-2 白三叶的营养成分（参考《中国饲用植物》和《江西牧草》）

采样时期	粗蛋白质/%	粗脂肪/%	粗纤维/%	无氮浸出物/%	粗灰分/%	钙/%	磷/%
营养期	24.3	5.02	10.55	39.89	11.14	1.53	0.46
初花期	23.7	3.63	12.98	47.91	11.80	—	—

三、红三叶

红三叶又名红车轴草、草地三叶草、红荷兰翘摇等。原产于小亚细亚和南欧，是世界上栽培最早和最多的重要牧草。红三叶种植历史悠久，用于发展畜牧业早于紫花苜蓿。该草适应性强，营养丰富，草质柔嫩，适口性好，各种家畜都喜欢吃。

一般寿命在 2～4 年。直根系，主根入土深 60～90 厘米，根系多分布在 0～30 厘米土层中，有根瘤。红三叶分枝能力强，单株分枝 10～15 个或更多。茎直立或斜生，自根颈抽出，圆形，中空，高 50～140 厘米。茎叶有茸毛，叶互生，三出复叶，叶面具灰白色

图 3-3 红三叶

“V”字形斑纹。头形总状花序，腋生，有小花50～100朵，花冠蝶形，红色或淡紫色（图3-3）。荚果倒卵形，每荚含1粒种子。种子椭圆形或肾形，棕黄色或紫色，千粒重1.5克左右。

红三叶种子发芽最低温度为5～6℃，生长最适温度15～25℃，成株能耐－8℃的低温，低于－15℃易受冻害。不耐热，气温超过35℃时生长就会减缓，40℃以上时植株黄化或死亡。喜温凉湿润气候，适宜在夏季不太热、冬季温暖和年降水量700～1000毫米的地区生长，耐湿不耐旱。耐热性和耐湿性均不及白三叶，在南方亚热带的低山丘陵和平原，如南京和武汉等夏季高温地区越夏困难。以富含钙质的黏壤土为好，壤土次之，在贫瘠的沙土生长不良。喜中性至微酸性土壤，适宜pH值为6.6～7.5，较耐酸性，但耐碱性较差，土壤含盐量高于0.3%则不能生长。

1. 适宜区域

目前，红三叶在欧、美、澳各地大量栽培，是人工草地的骨干草种，是我国南北广泛种植的有前途的重要栽培草种之一。适宜我国亚热带中高山气候冷凉湿润及相似生态环境地区栽培。

2. 品种简介

通过全国草品种审定委员会审定的红三叶品种有3个。

(1) 巴东红三叶 地方品种，为早花型和晚花型的混合型品种，以早花型为主。茎青紫色，基部分枝多，生长发育快，产鲜草45～75吨/公顷。适宜在长江流域海拔800米以上山地以及云贵高原地区种植。

(2) 岷山红三叶 地方品种，抗寒、早熟，耐热性较强，不易感染病害，极少受虫害，抗旱性较差。鲜草产量30～60吨/公顷。适宜甘肃省温暖湿润、夏季不十分炎热的地区。

(3) 巫溪红三叶 地方品种，分枝多，耐刈、耐牧，耐贫瘠，不耐热，耐寒性较强，一年可刈割5次，鲜草产量可高达84.6吨/公顷。适宜亚热带中高山地区生长。

3. 栽培技术

(1) 土地准备 红三叶生长期短，根系发达且根瘤多，不易木质化，翻后易腐烂，宜在短期轮作中利用，忌连作。红三叶种子细小，根系入土较深，因此需要深耕后精细整地，清除杂草、杂物，多次耕耙、平整，以利种子出苗。不耐淹，长期水淹会烂根死亡。在土壤黏重、降水较多的地方要开挖排水沟。土壤酸性较大，通过施石灰调整pH值，以利于根瘤形成。翻耕前均匀施入腐熟的有机肥15～22.5吨/公顷和过磷酸钙300～375千克/公顷作底肥。

(2) 播种 在初次种植红三叶的地方，播种前可用根瘤菌接种，以提高固氮能力；也可用种过红三叶的土壤进行拌种，有一定的效果。南方温带、亚热带地区，在3～11月份均可播种，多为秋播，尤其是9月份最佳。秋播过迟，当年极为矮小，不分枝，严重影响翌年产量。在南方寒冷山地及我国东北、西北地区等，墒情好的地方多为春播，干旱地区多为夏播，最晚不迟于7月中旬。播种方式以撒播为主，也可条播。条播时行距30厘米，播量为15～15.0千克/公顷，撒播时播量适当增加。与多年生黑麦草、鸭茅等禾本科混播时，播种量为单播的60%～70%。播种深度1～2厘米。天气干旱，土质疏松时，播后进行镇压。

(3) 田间管理 红三叶苗期生长缓慢，需及时清除杂草。在生长期间，通过及时刈割控制杂草危害。越夏、越冬前及时中耕松土也是抑制杂草入侵，延长红三叶草地寿命的有效措施。红三叶在出苗后，植株生长缓慢且固氮作用不强，可追施少量氮肥，以促进苗期生长，施尿素45～60千克/公顷。在夏季高温干旱季节需进行灌溉，可促进再生草的生长和提高越夏率。灌溉时间应掌握在土温和气温较低的时候进行，上午10点前或下午18点后较好，忌在中午灌水。一般每年追施钙镁磷肥300～450千克/公顷。

（4）病虫杂草防控　红三叶病虫害较少，常见的病害为菌核病和根腐病。菌核病多在早春雨后潮湿时发生，可侵染幼苗和成株。苗期多在接近地面的茎基部产生水渍状斑点，并迅速扩展，甚至使感病植株凋萎倒伏；成株先于叶片上出现褐色病斑，叶色呈灰绿、凋萎，随后扩展到茎和根。预防此病可进行播前种子处理，采用比重1.03～1.10的盐水浸种或成苗期用50%多菌灵可湿性粉剂1000倍液防治，刈割也是避免病情扩散的一个有效措施。防治红三叶根腐病可喷施50%甲基拖布津。虫害主要有地下害虫蛴螬对根的危害，可用鲜草拌毒饵诱杀或人工捕杀。

4. 收获利用

一般应于初花至盛花期刈割，在现蕾、初花前只见叶丛，鲜见茎秆，草层高度大于植株高度（茎长）；现蕾开花后茎秆迅速延伸，易倒伏。延期收割，常因倒伏、郁蔽、降低饲草品质和再生能力。一般在草层高度达40～50厘米时，无论现蕾开花与否均可考虑刈割。红三叶可直接鲜饲，也可晒制干草，与多年生黑麦草、鸭茅、苇状羊茅等混播，可提供家畜所需的大部分营养。青饲时，在草层高度达40～50厘米或现蕾初花期即可刈割，此时茎叶比接近1∶1，营养成分、氨基酸含量及对反刍家畜的消化率均较高（营养成分见表3-3），刈割留茬高度6～8厘米。在长江中下游低海拔或平原地区则应在6月中旬停止刈割，以利越夏。青刈调制干草，应在开花早期进行。红三叶刈制的干草所含消化蛋白质低于苜蓿，而所含净能则略高，是乳牛、肉牛和绵羊的好饲料，但需多喂一些蛋白质补充料。红三叶用于放牧，应采用轮牧，掌握放牧强度，放牧时应注意防止牛、羊臌胀病的发生。开花期鲜草干物质中粗蛋白含量

17.1%，干物质消化率61%～70%。再生性强，产草量高，年可刈割4～6次，鲜草产量30～45吨/公顷，折合干草7～10吨/公顷；如管理较好，可达60～75吨/公顷，折合干草13～17吨/公顷。

表3-3　红三叶的营养成分（参考《中国饲用植物》）

采样时期	粗蛋白质/%	粗脂肪/%	粗纤维/%	无氮浸出物/%	粗灰分/%	钙/%	磷/%
分枝期	17.4	3.20	16.70	50.20	12.50	1.86	0.27
开花期	17.1	3.60	21.50	47.60	10.20	1.29	0.33

四、红豆草

红豆草别名驴喜豆或驴食豆，原产于欧洲，我国西北边疆也有野生种。目前我国栽培的红豆草是从英国引入的，产量高、质量好，可与“牧草之王”紫花苜蓿媲美，故有“牧草皇后”的美称。在我国栽培有近50年的栽培历史，是我国干旱和半干旱地区很有价值的牧草之一。

红豆草为豆科红豆草属多年生草本植物。株高80～120厘米，直根入土深，根瘤多。叶片为奇数羽状复叶，穗总状花序，花冠紫红色或粉红色，蝶形花，蜜腺发达（图3-4）。种子黄色，种子肾形，千粒重16～21克。

红豆草喜温暖稍干燥气候条件，生长所需的温度比紫花苜蓿要高，耐寒性及越冬率不及紫花苜蓿。适合的年降水量为400～800毫米，抗旱性强于紫花苜蓿。充足的光照有利于高产稳产，光照不足则品质差产量低。红豆草在疏松且富含钙质的土壤中生长良好，适宜的土壤pH值为6.0～7.5，有一定的抗酸耐碱能力，但在地下水位高的草甸土及酸性大的白浆土、重黏土上生长不良。生长年限一般是6～7年，2～4年内产量最高。

1. 栽培技术

（1）选地　红豆草地要求地势平坦、土层深厚、有机质丰富、能排能灌、开阔向阳的土地条件。也可在退化草地、退耕地和浅山丘陵种植来改良土壤。需要注意的是，红豆草耐旱不耐涝，不要种

图 3-4 红豆草

植在地势低洼地区，雨水多的季节要及时排水。

（2）整地与施肥 在播种的前一年，前作收获后要及时深耕，实行秋耕或早春耕，草荒地可伏耕，以便消灭杂草和蓄积更多的水分。施肥时应以基肥为主，追肥为辅，基肥每亩施 2.5 吨腐熟的有机肥。红豆草对氮较为敏感，在形成根瘤前及植株老龄后，要供给充足的氮肥，能促进其旺盛生长，延长利用年限。氮肥和磷肥混合能显著地提高肥效；红豆草是喜钙植物，增施石灰也会提高产量。

（3）播种

① 品种 适合我国的品种主要有甘肃红豆草、蒙农红豆草、普通红豆草、外高加索红豆草和沙地红豆草。其中普通红豆草最为普遍。

② 种子处理 红豆草硬实率高，有 20%～30%，播前要进行硬实处理。红豆草接种根瘤菌能促进自身旺盛生长，延长年限和提高产量，可用专用的红豆草根瘤菌菌粉，也可用捣碎的根瘤带土播种。播前用 0.05%的钼酸铵处理种子，不仅可提高产量，而且能增加蛋白质的含量。

③ 播期 红豆草种子大，易出苗。长城以北寒冷地区适合春播，中原地区适合在 8 月中旬到 9 月中旬播种。每亩播量为 3～4

千克，行距 30～60 厘米，播种深度为 4～5 厘米，镇压 1～2 次。在干旱地区播后及时镇压，可使出苗提前 2～3 天，且出苗均匀整齐。可单播也可混播，但以单播为主，单播产量高而且便于管理，但调制较为困难。高产田和种子田适合单播，大面积永久性草地适合混播。红豆草与紫花苜蓿、苇状羊茅、冰草混播效果都不错。

（4）田间管理

① 除草　红豆草在苗期生长缓慢，易受杂草危害，应及时除草。红豆草从出苗到封垄的 40～50 天，每隔 15 天中耕除草 1 次，同时疏苗，打成单株。早春返青前和每次刈割后，根据杂草发生情况，及时中耕除草 1 次。

② 灌溉　红豆草虽然具有较强的抗旱能力，但在年降水量不足 400 毫米的地区，要在生长期及时灌溉，冬季也要冬灌。每次刈割或放牧后，施肥并结合灌溉，以促使再生和提高产量。采种田收完第一茬种子后灌一次透水，还能再收一茬种子。冬灌对红豆草安全越冬和提高第二年产量有重要的作用，但量不能过多，否则会形成冰层，影响牧草的返青。

③ 施肥　在生长初期以及每次刈割后，应进行适当追肥，施氮肥可以促进根瘤菌的活性，有利于固氮，一般在春秋两季进行。红豆草的施肥要根据苜蓿需肥规律、土壤养分状况和肥料效应，确定施肥量和施肥方法，按照有机与无机结合、基肥与追肥结合的原则，实行平衡施肥。基肥：秋耕或播前浅耕时，每亩施有机肥料 1500～2500 千克、过磷酸钙 50～60 千克为底肥，有机肥料要求充分腐熟。种肥：对土壤肥力低下的，在播种时还要施入硝酸铵 2.5～4 千克，促进幼苗生长。追肥：每次刈割后要进行追肥，每亩需钾肥 10 千克、或磷酸二铵 4～6 千克。

④ 病虫害防治　红豆草容易发生锈病、白粉病、菌核病，同时还受到蒙古灰象蛱、青叶跳蝉等害虫为害。要及时拔除病株和采取相应的药物防治。害虫可用敌杀死、速灭沙丁等药物喷洒。

收获利用：红豆草适宜的刈割时期为盛花期，这时单位面积的蛋白质产量最高。每年可刈割 3～4 次，鲜草产量为每亩 4.5～5.5 吨，以第 1 茬产量最高，第 2 茬只有第 1 茬草的 1/2，留茬高度一般为5～6厘米。红豆草营养价值大，花期干物质含量为17.8%，干物质中粗蛋白质、粗脂肪、粗纤维、无氮浸出物、粗灰分、钙及磷的含量分别为15.3%、2.0%、31.5%、42.8%、8.4%、2.1%、0.24%。可消化粗蛋白质为229克/千克，总能18.2兆焦/千克，消化能（猪）11.1兆焦/千克，代谢能（鸡）9.2兆焦/千克。红豆草种子产量较高，每亩可收种子40～60千克。种子产量红豆草花期长、落粒很严重，给种子收获产生极大的麻烦，所以及时收获非常有必要，一般在以植株中下部荚果变成褐色时及时收获，第一年产量较低，每亩为30千克左右，第二至第四年产量可达到50～60千克。

红豆草的饲用方法主要有放牧、青饲和调制干草。红豆草花前嫩而可口，各种家畜均喜食。但开花后纤维含量提高，饲喂效果变差。嫩时整喂，老时切碎喂。该牧草与禾草混播的草地适合放牧牛和绵羊，饲喂绵羊的效果好于紫花苜蓿草地，很少发生臌胀病。与苇状羊茅混合调制成的青干草适合牛羊的生产，是非常理想的冬春饲料。红豆草也可调制成青草粉，饲喂方法与效果同紫花苜蓿。

需要注意的是，红豆草耐旱不耐涝，不要种植在地势低洼地区，雨水多的季节要及时排水。

五、紫云英

紫云英为豆科黄芪属一年生或越年生植物。草质鲜嫩多汁，适口性好。多与水稻进行轮作，是水稻的良好前作，也可与多花黑麦草混播，是主要的稻田绿肥作物。紫云英作饲草，以鲜喂为主，年可刈割2～3次，产量22.5～60.0吨/公顷。

紫云英主根肥大，侧根发达，密布于15厘米的土层内，侧根上密生根瘤。侧根入土较浅，因此其抗旱力弱，耐湿性强。茎棱形，中空，直立或匍匐，长80～120厘米，野生的只有10～30厘米。基部长出分枝3～5个。奇数羽状复叶，有长叶柄，小叶7～11片，全缘、椭圆形或倒卵形，叶面有光泽，疏生短茸毛（图3-5）。总状花序近伞形，具短花梗，总花柄长约15厘米，小花7～13朵，淡紫红色或紫红色。荚果细长，成熟时黑色，每荚有种子5～10粒。种子肾形，棕色或棕褐色，千粒重3.0～3.6克。

图 3-5　紫云英

紫云英性喜温暖湿润气候，适于在排水良好的土壤上生长，幼苗期耐阴的能力较强，适于在水稻后期套种。适宜生长温度为15～25℃，幼苗在－7～－5℃时会受到伤冻害。耐旱性弱，自播种至发芽前不能缺水，生长发育期间又忌积水，最适生长的土壤水分为田间持水量的60%～75%，低于40%生长受抑制。紫云英喜沙壤土或黏壤土。在黏土和排水不良的低湿田，或保肥保水性差的沙性土壤均生长不良。耐碱性弱，较能耐酸，适宜pH值为5.5～7.5；土壤中含盐量在0.1%以上难以生长。

紫云英在我国栽培历史悠久，适宜在长江流域及以南地区栽培，近几年已推广到黄淮流域。紫云英地方品种很多。早熟种有乐平、常德、闽紫1号等，中熟种有余江大叶、萍宁3号、闽紫6号等，晚熟品种有宁波大桥、浙紫5号等。

1. 栽培技术

(1) 土地准备　紫云英与水稻轮作，多采用稻底播种，即在水稻收割前播种。播种前先开好“十”字形沟或“井”字形沟以及田边的围沟，达到沟沟相通，排灌自如，田土沉实，田面不积水。开沟挖出的泥土，应分堆堆放或散放在田面上，不要摆成田埂，阻碍排水。水稻收割后，应及时清沟，保证排灌方便。

(2) 播种　紫云英一般为秋播，一般以9月上旬到10月中旬为宜。稻底播种的具体播期，应根据水稻生育情况而定，选择在水稻收割前 20～25 天，一般是 9 月底，不同地区略有差异，于晴天上午露水干后或下午三时进行撒播。硬实种子多，播前应采取碾磨、浸种或变温处理等方法，以提高发芽率。播种量 30～45 千克/公顷，用种子等量泥浆加 3～4 倍的磷肥拌种。初次种植紫云英应接种根瘤菌。为了确保播匀，播时应划分小块，称种下田，少拿高抛，四边播足，湿田发芽，软田扎根，湿田成苗。

（3）水肥管理　追肥时苗期可施氯化钾 120～150 千克/公顷或火土草木灰 1200～1500 千克/公顷、钙镁磷肥 225～300 千克/公顷作苗肥和腊肥，促使幼苗生长健壮，安全越冬。水田土壤肥力中等，耕作层厚度增加，可使鲜草增产 46.8％～75.5％。立春后，气温回升，追施尿素 60 千克/公顷或硫酸铵 120～150 千克/公顷，以促进茎叶生长。为提高抗旱保苗能力，灌溉条件差的田块，在水稻收割后，还要趁田土湿润时撒下一薄层禾秆（薄到能透光）遮盖幼苗，禾秆不足的，可用垃圾肥、谷壳等代替。紫云英在生育期忌积水。晚稻收获后应及时清沟排水，要求降雨天田面无积水。紫云英为豆科作物，且多用作绿肥，种植田块一般不需要施有机肥，有条件的可适当增施一定的复合肥（如施钙镁磷肥 450～600 千克/公顷）。紫云英对磷肥非常敏感，充足的磷肥能提高固氮能力，使植株生长旺盛。

（4）病虫杂草防控　紫云英的病害有菌核病、白粉病，前者可用 1％～2％的盐水浸种灭菌，后者可用 1∶5 硫黄石灰粉喷治，也可通过刈割进行防治。虫害主要为甲虫、蚜虫、蓟马、潜叶蝇等，可用 2.5％溴氢菊酯乳油 4000～6000 倍液，或 40％氧化乐果 2000 倍液、敌百虫等防治。紫云英在秋冬季生长快，侵占能力强，无须进行杂草防控。

2. 收获利用

紫云英从初花期到盛花期干物质中蛋白质含量丰富，营养价值很高。初花期干物质中含粗蛋白 28.44％、粗脂肪 5.10％、粗纤维 13.05％、无氮浸出物 45.06％、粗灰分 8.34％。作饲草，紫云英以鲜草利用为主。紫云英用于喂牛，应搭配适量禾本科青饲料，以防牛得臌胀病，饲喂乳牛和肉牛，效果都很好。羊、马、兔等喜食。也可调制干草、干草粉或青贮料。

六、沙打旺

沙打旺别名直立黄芪、地丁、沙大王，是我国特有的牧草，适应性强、产量高、用途广泛，栽培历史有 120 多年，原产于黄河流域，在河南、山东等中原地区广泛栽培，深受人们的欢迎，栽培面积逐年扩大。已成为退耕还草、改造荒山荒坡及盐碱沙地、防风固沙和治理水土流失的主要草种。随着 20 世纪 70 年代北方各省大量育种和飞播沙打旺，现已经成为改造我国“三北”生态环境的首选草种。

沙打旺为豆科黄芪属短寿命多年生草本植物。株高 1 米左右，丛生。主根粗大，入土深 1.5～2.0 米，根主要分布在 15～30 厘米；根系以及周围根瘤多，固氮能力强。茎直立、粗壮、绿色。奇数羽状复叶，小叶多，长椭圆形，小叶上有白色茸毛。总状花序腋生，少数顶生，花冠紫蓝色，蓝紫色、红紫色或粉白色（图 3-6）。荚果矩形或者长椭圆形，顶端具有下弯的喙，分两室，内含有种子 10 粒；种子肾形或者心脏形，褐色或暗棕色，千粒重 1.3～2.5 克。

沙打旺为喜温耐寒植物，抗高温耐低温，最适温度为 20～25℃，生长最低温度为 3～5℃，越冬芽至少可以忍受－38℃的低温，在我国不存在越冬问题。我国黄河中下游地区是沙打旺最适种植区。沙打旺需要的年降水量为 300～1000 毫米，抗旱能力较强，但以水量充足、空气湿润最有利于其生长。不耐湿、不抗涝，内涝和水淹都引起烂根死亡。该草为喜光植物，光照充足时，植株高大，叶色浓，光合作用强，产量高；光照不足时，在生长早期低矮、瘦小，易出现死苗现象，但抽茎后，耐阴性显著增加。

1. 栽培技术

（1）选地　沙打旺适宜在各种退化草地和退耕还牧地种植，是农牧区建造人工草地的理想草种。除了低洼内涝地、黏土地和白浆地以外均可用来种植。沙打旺对土壤要求不严，各类土壤均可种植，但以偏碱性的钙质土壤最为适宜。耐盐碱，在土壤 pH 值

图 3-6 沙打旺

9.5～10.0、全盐含量 0.3%～0.4%的盐碱土上正常生长，并可降低盐碱土的含盐量，因而可改良盐碱土。

（2）整地与施肥 由于沙打旺种子细小，播前要深耕细耙，使土壤细碎疏松，以利于播种和保苗。在贫瘠的土地上，每亩应施有机肥 1.5 吨以上，翻入底层作为基肥。

（3）播种 沙打旺的品种主要有早熟和晚熟两种，晚熟种较为普遍。在春旱严重地区，应早春顶凌播种，这时墒情好，易出苗。春末和夏秋可趁雨抢种，但秋播时间不要迟于 8 月下旬。丘陵、山坡地趁雨抢种时，宜在雨季后期，以免播后遇暴雨冲刷，不能保存种子。沙打旺在生长期间易受菟丝子危害，播前进行清选和硬实处理，以除去混入的菟丝子种子。每亩的播种量为：条播 1～1.2 千克，撒播 2～2.5 千克，点播每穴 10 粒。播深 1.5～2.0 厘米，播后镇压 1 次。另外，沙打旺可以大面积进行飞播。沙打旺可以单播，也可以混播，它的混播对象主要是苇状羊茅、紫羊茅以及鸡脚草等。

（4）田间管理 沙打旺苗期生长缓慢，不耐杂草，苗齐以后要中耕除草，到封垄时要除净。2 年以后的沙打旺地块要在返青以及每次刈割后进行中耕除草 1 次。当出现菟丝子时，要及时拔除，或用鲁保一号制剂防除。雨后积水要及时排除，以防烂根死亡。沙打旺不耐涝，要及时排水防涝。干旱期要及时进行灌溉，以提高产量以及品质。沙打旺再生能力较强，每次刈割后要及时灌溉和施肥。沙打旺越冬芽距地面较近，冬季要严禁放牧，否则会损伤越冬芽，影响返青。沙打旺病害主要有炭疽病、白粉病、根腐病、锈病、黄萎病等，虫害主要有蒙古灰象甲、大灰象甲等。发生病害时，可及时拔除病株和刈割，或用甲基托布津、粉锈宁、百菌清、多菌灵等药物防除。发生虫害时，要及时用高效低毒农药甲虫金龟净等防治。

2. 产量与质量

青饲在株高 50～60 厘米时刈割，青贮在现蕾期刈割，调制干草则在现蕾至开花初期为宜。刈割留茬 5～10 厘米。沙打旺一年可刈割鲜草 2～3 次，鲜草的产量为每亩 4～4.5 吨，每亩产种子25～50 千克。沙打旺营养丰富，花期干物质含量为 25%，花期干物质中粗蛋白质含量为 13.27%，可消化粗蛋白质（猪）为 99 克/千克，纤维素含量为 37.91%，钙和磷的含量分别为 0.48% 和 0.19%。沙打旺富含各种氨基酸，现蕾开花初期 3 种限制性必需氨基酸（赖氨酸、蛋氨酸、色氨酸）含量分别为 0.66%、0.08%、0.10%。

3. 调制与饲喂

沙打旺株体内含有脂肪族硝基化合物，在家畜体内可代谢为β-硝基丙酸和β-硝基丙醇等有毒物质。牛羊等反刍动物的瘤胃微生物可以将其分解，所以饲喂比较安全，但最好与其他饲料混合饲喂。沙打旺幼嫩鲜草粉碎打浆后，可喂猪、禽、兔、鱼；稍老可切碎喂马、牛、羊。另外，用沙打旺与玉米秸秆制成的青贮饲料可直接喂牛羊，也可拌入精料饲喂。沙打旺可制成干草，在冬春季节，与禾草在一起整喂或切短喂均可。

七、百脉根

百脉根别名五叶草、牛角花、鸟趾草，原产于欧洲和亚洲的湿润地带。早在 17 世纪已经被用于瘠薄地的改良和草业生产。目前，美国是种植百脉根的主要国家，现种植面积超过2000万亩，占全世界的1/3强。我国西北和西南地区有大量的野生种，现在广泛栽培的百脉根主要来自新西兰和美国，其适应性强、产量高、用途广泛，深受养殖户的欢迎，特别是我国温带湿润地区极有希望的牧草。

1. 植物学特点

百脉根属多年生草本植物。株高60～90厘米，属丛生型半上繁草。主根粗大入土深，侧根发达，根系主要分布在20厘米以上的土层中；根系以及周围根瘤多，能够固氮来满足植物氮素的需要。茎丛生、斜生或者直立，主枝条粗2.5～4.0厘米，分枝数多达70～200个。掌状三出复叶，小叶卵形或者倒卵形，长1～2厘米，宽0.7～1.2厘米，2片着生于叶轴的基部，与三片小叶相似，故称之为五叶草。小花有短柄或者无柄，4～8朵小花排列成伞形花序，花冠顶生，具有3枚叶状萼片；花冠黄色，蝶形，旗瓣具有明显的紫红色脉纹。荚果细长圆柱形，角状，聚生于长柄的顶端散开，状如鸟足；种子肾形，黑色，橄榄色或者墨绿色，千粒重1.0～1.2克。

2. 生物学特点

百脉根喜温暖湿润气候条件，从温带到热带均可种植生长，在气温为7.5℃、地温为7℃以上即可萌发，适宜的年生长温度为20～25℃，生长需要的最低温度为5～8℃，能够忍受35～40℃高温，但是大多数品种耐寒性差，远不及紫花苜蓿。耐热性强于紫花苜蓿。适宜的年降水量为500～900毫米，抗旱能力强。抗高温耐低温，越冬芽至少可以忍受－30℃的低温，最适温度为20～25℃，在我国不存在越冬问题；整个生育期从0℃开始至成熟期的积温为1479℃。该草为喜光植物，光照充足时，植株高大，叶色浓，光合作用强，产量高；光照不足时，在生长早期低矮、瘦小，易出现死苗现象。百脉根为长日照植物，达到盛花期需要16小时左右的日照，长日照不仅加速其开花成熟，而且能够促进其茎叶的生长，提高产量。对土壤要求不严，各类土壤均可种植，但以在沙壤土上生长最佳。最适宜在土壤肥沃、排水良好的钙质土壤中种植与生长。

3. 栽培技术

(1) 选地　百脉根适宜在各种荒山荒坡的退化草地和退耕还牧地种植，是人工草地建设和草地改良的理想草种。在南方的下湿地、低洼内涝地、黏土地和白浆土地不易种植。

(2) 整地与施肥　由于百脉根种子细小，播前要深耕细耙，使土壤细碎疏松，以利于播种和保苗。在退耕地第一年种植时要浅耕，然后深耕耙耱。在贫瘠的土地上种植时，每亩应施有机肥1.5～2.0吨，同时掺入20～25千克的过磷酸钙翻入底层作基肥。

(3) 播种

① 品种　全世界百脉根品种有100种，依照其生活型可分为一年生和多年生两大类群。多年生种为常用种，主要有鸟足百脉根、窄叶百脉根、大百脉根、棱英百脉根和澳洲百脉根等；一年生百脉根主要有粗糙百脉根和安嘎司百脉根两种。鸟足百脉根也可简称是百脉根，是最常用的栽培种。

② 种子处理　百脉根硬实率高，平均在20%～40%，需要在播种前进行硬实处理，处理方法主要是冷热交替2～3小时的处理；第一次种植时要在播种前要进行根瘤菌接种，可以用根瘤菌菌粉接种，也可以用简易法进行接种；为了防止生长期病害的发生，播前需要晒种灭菌，在病虫害较多的地区播种，播前应该严格清选，最好再用多菌灵、辛硫磷等药物进行拌种。

③ 播种时间　在我国寒冷地区，适合春播；在中原地区，适合秋播，秋播一般在8～9月份；在华南地区，春夏秋均可播种。

④ 播种方法　播种方法主要是条播，播行是30～40厘米，播深1～1.3厘米，播后镇压1次，单播时播种量为0.5～0.7千克。百脉根也可以进行混播，混播的对象主要是无芒雀麦、鸡脚草、冰草、牛尾草、早熟禾等。实验证明，百脉根同苇状羊茅、朝鲜碱茅和冰草混播效果不错。百脉根可以大面积地进行飞播，飞播时种子要做成丸衣种子，适合草山草坡的改良。

(4) 田间管理　百脉根苗期生长缓慢，不耐杂草，在播种当年幼苗同杂草的竞争能力很差，要注意苗齐以后要中耕除草，到封垄时要除净。第二年百脉根返青以后，生长较快，每次刈割后要进行中耕除草1次，同时要及时浇水、松土。干旱期要及时进行灌溉，以提高产量以及品质。百脉根不耐涝，在阴雨季节要及时排水防涝。百脉根再生能力较强，每次利用后要及时灌溉和施肥，以提高产量。

4. 产量与质量

百脉根一年可刈割鲜草2～3次，鲜草的产量为每亩4～5吨，每亩产种子5～10千克。

百脉根营养丰富，干物质中粗蛋白含量在营养期为28%、开花期为21.4%、结荚期为17.4%，盛花期茎叶比为1∶1.32。现蕾开花初期3种限制性必需氨基酸（赖氨酸、蛋氨酸、色氨酸）含量分别为0.46%、0.07%、0.08%。

5. 调制与饲喂

百脉根茎叶多，营养价值高，适口性好，各种家畜均可采食，是良好的牧草。花前幼嫩鲜草粉碎打浆后，可喂猪、禽、兔、鱼；稍老可切碎喂马、牛、羊。喂反刍家畜时，与苇状羊茅等禾草混喂效果更好。百脉根可制成发酵饲料，酸甜可口、营养丰富，喂猪、鸭、鱼效果不错。另外，用百脉根与玉米秸秆制成的青贮饲料可直接喂牛羊，也可拌入精料饲喂。喂奶牛时，产奶量可提高20%。百脉根也可制成干草，在冬春季节，与禾草在一起整喂或切短喂均可。优质百脉根草粉可搭配制成配合饲料，有效地解决配合饲料中蛋白质、维生素以及矿物质的不足。另外，百脉根花色好、花期长，也是很好的蜜源植物和观赏植物，具有很高的经济价值。

八、柱花草

又名巴西苜蓿、热带苜蓿，原产于巴西高原。柱花草是我国温带和热带的优良牧草，生长繁茂，产量高，营养丰富，栽培容易，是畜禽的好牧草。适宜青刈、青贮、调制干草或者放牧利用，也可以用作绿肥和水土保持植物。

1. 植物学特点

柱花草为豆科多年生草本植物。株高100～130厘米，全株被茸毛。主根明显，侧根也很发达，入土深达2米。茎细嫩，分枝多，倾斜生长。三出复叶，小叶披针形。复穗状花序，腋生，花小，黄色或者紫色。荚果小，内含1粒种子，种子黄色，肾形，千粒重2.5克。

2. 生物学特点

柱花草属于热带牧草，适宜生长在高温、多雨、湿润的气候条件下。生长所需的温度比紫花苜蓿要高，在北方种植耐寒性及越冬率不及紫花苜蓿。适合的年降水量为1200～1800毫米。多年实践证明，柱花草在热带和亚热带地区种植适应性较强，病虫害少，能广泛地适应从沙土到黏土的酸性土条件。幼苗生长缓慢，耐旱和耐热性较差，一旦封行后，则生长迅速。在海南省种植时，11～12月开花，花期较长，12月到第二年1月仍然为盛花期。种子成熟不一致，容易脱落，收种困难。柱花草在长江以北地区难以越冬。

3. 栽培技术

（1）选地　柱花草对土壤要求不严，各种瘠薄的坡地均可种植，也可在南方退化草地、退耕地和浅山丘陵种植来改良土壤，能广泛地适应从沙土到黏土的酸性土条件。

（2）整地与施肥　柱花草固氮能力强，总的来说对氮肥要求不多。但在形成根瘤前及植株老龄后，要供给充足的氮肥，能促进其旺盛生长，延长其利用年限。同苜蓿相似，柱花草为喜钙植物，增施石灰也会提高产量。另外，根据柱花草需肥特点，施肥时应以基肥为主、追肥为辅，基肥每亩采用2.5吨腐熟有机肥，再加25千克的过磷酸钙。

（3）播种

① 草种选择　目前引入我国栽培的柱花草主要有格拉姆柱花草、矮柱花草、圭亚那柱花草、加勒比柱花草以及灌木状柱花草。其中普通柱花草最为普遍。

② 种子处理　柱花草种皮厚，硬实率也高，所以播前要进行硬实处理。柱花草初次种植时，需要根瘤菌接种，才能旺盛生长，延长年限和提高产量，可用专用的柱花草根瘤菌菌粉，也可用捣碎的根瘤带土播种。

③ 播种方法　主要有直播、移栽和插条三种。

a. 直播　在3月或者9月下旬至11月上旬均可直播。行距

100 厘米，株距 50 厘米。每穴播种子 7～8 粒，覆土 1 厘米，播种量为 0.3～0.4 千克。柱花草可以单播，也可以与大黍、虎尾草、狗尾草以及毛花雀稗等禾本科牧草进行混播，混播不仅能够抵抗杂草的入侵，而且能够自行扩大营养面积。

b. 移栽　选择较好的育苗地，将种子均匀撒播，待苗高 5～20 厘米时，即可移栽。

c. 插条　一般在 7～10 月间，选择茎粗、节间短、叶色绿的枝条，切成 30 厘米的小段，按照行株距为 100 厘米×80 厘米或者 100 厘米×50 厘米插条，每穴 2～3 苗，直播或者斜插，入土 20 厘米深。

（4）田间管理

① 除草　柱花草生长初期生长缓慢，尤其是出苗 6 周前生长更慢，3 个月以后才生长迅速，所以应该加强苗期的除草工作，从出苗到封垄的 40～50 天，杂草较多，必须及时中耕除草。由于柱花草对 2,4-D 有较强的耐受能力，所以使用该除草剂消灭杂草效果非常好。

② 灌溉与施肥　柱花草抗旱能力较差，在年降水量不足 1000 毫米的地区种植时，要在生长期及时灌溉。在生长初期、生长结束以及每次刈割后，应进行适当追肥，施氮肥可以促进根瘤菌的活性，有利于固氮。

4. 产量与质量

柱花草生长快而繁茂，播种后 4～5 个月，待草层高度长到 60～90 厘米即可刈割利用，留茬高度为 30 厘米，2～3 个月后即可再刈割。种植当年可刈割 1～2 次，以后每年可以刈割 3～4 次，年亩产鲜草 3～4 吨。柱花草的营养价值也很高，据华南热带农业大学测定，花期干物质中粗蛋白质、粗脂肪、粗纤维、无氮浸出物、粗灰分含量分别为 15.6%、1.7%、31.0%、42.1%、9.6%。

5. 调制与饲喂

柱花草的饲用方法主要是青饲和调制干草或草粉来饲喂。柱花草鲜饲时，因叶片具有茸毛，适口性较差，但是经过凋萎调制后可以饲喂牛和羊。柱花草也可以和南方的王草、象草加工成青贮饲料，但是添加量不能超过 8%，以保证青贮料营养价值的全面性。

柱花草在花期可以加工成草粉，使用方法同苜蓿草粉，可制成猪、鸡的配合饲料。

柱花草也是重要的环保牧草，它的根系发达，固土能力很强；它的根瘤多，有较强的固氮能力，每亩可固定氮素 6～8 千克，是非常好的绿肥作物。由于柱花草应用方式的多样性，所以在我国南方亚热带地区有极高的推广价值。

第二节　禾本科类牧草

一、多年生黑麦草

多年生禾本科牧草，喜温良，湿润气候，我国南方、华北、西南地区大面积种植，生长速度快，适口性好，可饲喂多种畜禽及鱼类，粗蛋白质含量达 9.2%，可多次刈割，年亩产鲜草 3000～5000 千克。绿期长，一次种植可利用 5 年以上，是解决冬春季节青绿饲草缺乏的优良牧草（图 3-7）。

图 3-7　多年生黑麦草

多年生黑麦草一般寿命为3～4年，以生长的第2年长势最旺盛，产量也最高。它再生能力强，抽穗前刈割或放牧，能快速恢复生长，长出再生草来。它生长发育迅速，在南方3月底4月初为分蘖期，4月底抽穗，5月初开花，6月上旬种子成熟。须根稠密，主要分布于15厘米表土层中黑麦草喜湿润温和气候，不耐严寒和炎热，夏季发育缓慢，生长不良，极易死亡。15～25℃的气温条件最为适宜。多年生黑麦草在适宜条件下可生长2年以上，在中国只能作越年生牧草利用。轻盐碱土、石灰性土壤、微酸性土壤以及年降水量在500～1500毫米的地方均可生长，肥沃、湿润、排水良好的壤土或黏壤土尤宜，沙土上生长不良。排水不良或地下水位过高时不利于生长；不耐旱，尤其夏季的高温干热对其生长极为不利。多年生黑麦草在年降水量500～1500毫米地方均可生长，而以1000毫米左右最为适宜。排水不良或地下水位过高时不利于生长，不耐旱，高温干旱对其生长更为不利。

1. 栽培技术

（1）整地要精细，有条件的要施足底肥　春秋均可播种，春播3月至4月上旬，以早秋9月初播种最好。淮河以南宜秋播，北方宜春播。施肥有利于提高产量和改进品质。播种量在一定面积范围内，播种量少，个体发育较好。但合理密植，能够充分发挥黑麦草的个体群体生产潜力，才能提高单位面积产量。可亩播种1～1.5千克最适宜。生产上，具体的播种量应根据播种期、土壤条件、种子质量、成苗率、栽种目的等而定。一般秋播留种田块每亩要有35万～40万的基本苗，需播1千克左右，作饲草用，并需要提高前期产量时，可多播一些，每亩2.5～3千克。

（2）播种方法　黑麦草种子细小，要求浅播。为了使黑麦草出苗快而整齐，有条件的地方可用钙镁磷肥10千克/亩，细土20千克/亩与种子一起拌和后播种。这样，可使种子不受风力的影响，避免因水稻生长繁茂，减少细小的黑麦草种子不易落地，确保播种均匀。稻板直播时，待播种后，每隔2～4米开一条排水沟，并将沟中的土敲碎，覆盖在畦面上，作盖籽用。

（3）播种量　每亩1.5～2千克，条播为宜，行距20～30厘米，覆土1厘米。混播比例为：1千克苜蓿和750克黑麦草混播；850克红三叶和950克黑麦草混播。

（4）田间管理 多年生黑麦草幼苗一般生长比较缓慢、细弱，最容易受杂草危害。所以，要加强田间管理，促进幼苗生长发育。严防杂草侵入，力争将杂草除早、除小、除净。苗高10厘米左右应进行中耕，除杂草。其次要适时适量浇水，多年生黑麦草对水分条件反应比较敏感，在分蘖、拔节、抽穗期适当灌水，增产效果比较明显。在南方夏季炎热天气灌水可降低地温，有利多年生黑麦草越夏。黑麦草无固氮作用，增施氮肥是充分发挥黑麦草生产潜力的关键措施，特别是每割一茬青草后都需要追施氮肥，一般尿素5千克/亩。随着氮肥施用量的增加鲜草总产量增加，草质也明显提高，质嫩，粗蛋白多，适口性好。某种程度上讲，黑麦草鲜草生产不怕肥料多，肥料愈多，生产愈繁茂，愈能多次反复收割。但留种田一般不施或少施氮肥，若苗生长特别差，应适当补施一点氮肥。

2. 收获利用

黑麦草再生能力强，可以反复收割。晒制干草盛花期刈割为宜，鲜草两次刈割间隔3～4周，当黑麦草长到25厘米以上时就收割，若植株太矮，鲜草产量不高，收割作业也困难。留茬5～8厘米，以利再生。一个生长季节可刈割2～4次，每公顷产鲜草45000～60000千克。用于放牧时应在草层高20厘米以上或30厘米以上进行。一般在暖温带两次刈割应间隔3～4周。通常第一次刈割后利用再生草放牧，耐践踏，即使采食稍重，生机仍旺。黑麦草收割次数的多少，主要受播种期、生育期间气温、水肥条件影响。黑麦草属主要栽培牧草抽穗期的营养成分见表3-4。

多年生黑麦草的质地，无论鲜草或干草均为上乘，其适口性也好，为各种家畜所喜食。就多年生黑麦草和多花黑麦草相比，两者不相上下。多年生黑麦草饲用价值甚好，在美国冬季温和的西南地区常用来单播，或于9月份与红三叶等混种，专供肉牛冬季放牧利用。放牧时间可达140～200天，牛放牧于单播草地可增重0.8千克，混播草地上增重0.9千克。如将黑麦草干草粉制成颗粒饲料，与精料配合作肉牛肥育饲料，效果更好。周岁阉牛喂以黑麦草颗粒饲料占日粮的40%、60%和80%，日增重分别为0.99千克、1.00千克和0.91千克。

表3-4 黑麦草属主要栽培牧草抽穗期的营养成分（参考《中国饲用植物化学成分及营养价值表》，中国农科院草原研究所编著，1990）

黑麦草类型	水分/%	占干物质					钙/%	磷/%
		粗蛋白/%	粗脂肪/%	粗纤维/%	无氮浸出物/%	粗灰分/%		
多年生黑麦草	7.52	10.98	2.20	36.51	40.20	10.11	0.31	0.24
一年生黑麦草	7.10	7.36	2.97	36.80	42.97	9.90	0.74	0.19

二、多花黑麦草

多花黑麦草又名意大利黑麦草、一年生黑麦草。多花黑麦草广泛分布于英国、美国、丹麦、新西兰、澳大利亚、日本等温带降雨量较多的国家。在我国以长江流域冬小麦地区生长良好，在江西、湖南、江苏、浙江等省区均有人工栽培种。东北、内蒙古等省（区）也引种春播。

多花黑麦草一年生或越年生，须根密集，主要分布于15厘米以上的土层中。秆呈疏丛，直立，高80～120厘米，叶鞘较疏松，叶舌较小或不明显，叶片长10～30厘米，宽3～5毫米（图3-8）。穗状花序长15～25厘米，宽5～8毫米，小穗以背面对向穗轴，长10～18毫米，含10～15小花；颖质较硬，具5～7脉，长5～8毫米；外稃质较薄，具5脉，第一外稃长6毫米，芒细弱，长约5毫米，内稃与外稃等长。

多花黑麦草喜温暖湿润气候，在昼夜温度为12～27℃时生长最快，不耐高温，秋季和春季比其他禾本科草生长快，夏季炎热则生长不良，甚至枯死。有一定的耐寒性，但不耐严寒，在北京越冬率仅为50%。在长江流域以南，秋播可安全越冬，并可在早春提供优质青饲料，如在武汉地区，9月播种，第二年3月即可收割第一茬。落粒的种子自繁能力强，多花黑麦草分蘖多，再生迅速，春季刈割后6周即可再次刈割。耐牧，即使重牧之后仍能迅速恢复

图 3-8　多花黑麦草

生长。

1. 栽培技术

(1) 整地　多花黑麦草的栽培技术与多年生黑麦草基本相同，播前需要耕翻整地，整地要精细，并清除杂草，施足底肥，每亩用厩肥 1000 千克或每亩施过磷酸钙 10～15 千克。多花黑麦草耐潮湿，但忌积水；喜壤土，也适宜黏壤土。最适宜土壤 pH 值为 6～7。

(2) 播种　在长江以南地区宜秋播，9 月中、下旬至 10 月上旬，条播为好，行距 15～25 厘米，播深 1.5～2 厘米。每亩用种量 1.5～2 千克，也可与红三叶草、白三叶草等混播，也可与水稻、玉米、高粱等轮作，成为牲畜冬春主要饲草。在我国北方冬季干旱、寒冷而夏季又不太炎热的地区适于春播，当年利用。

(3) 田间管理　播种后应保持地表湿润，一周齐苗，幼苗期除杂草一次。增施氮肥不仅能提高产量，亦可提高其粗蛋白质含量，故生长期间应追施速效氮肥。

2. 收获利用

当草高 30 厘米以上即可刈割，每次刈割留茬 5 厘米，有条件的地方刈割后可施氮肥以加快生长，提高产草量。亩产鲜草3000～5000 千克，产种子 50～100 千克。多花黑麦草适口性好，各种家畜均喜采食。早期收获叶量丰富，抽穗以后茎秆比重增加，抽穗初期茎叶比为 1∶(0.50～0.66)，延迟刈割其茎叶比为 1∶0.35。多花黑麦草适于刈割青饲，调制优质干草，也可放牧利用。多花黑麦草品质优良，含有丰富的蛋白质，叶丛期由于茎秆少而叶量多，质量更佳。多花黑麦草是重要的一年生或短期多年生禾本科牧草，适于作为大田轮作中的冬春作物。青饲、调制干草或放牧利用均可。

三、无芒雀麦

无芒雀麦别名禾萱草、无芒草、光雀麦。无芒雀麦原产于欧洲，其野生种分布于温带地区，是欧洲和亚洲干旱、寒冷地区的重要栽培牧草，无芒雀麦适应性广、生活力强，是一种适口性好、饲用价值高的牧草，非常适宜在我国北方地区栽培。

无芒雀麦为禾本科雀麦属多年生牧草（图 3-9），其寿命很长，能够达到 25～50 年。一般以生长第 2～7 年生产力较高，在精细管理下可维持 10 年左右的稳定高产。根系发达，具短根茎，多分布在距地表 10 厘米的土层中。茎直立，圆形，高 50～120 厘米。叶鞘闭合；叶舌膜质，无叶耳；叶片 4～6 枚，狭长披针形，向上渐尖，长 7～16 厘米，宽 5～8 毫米，通常无毛。圆锥花序，长 10～30 厘米，穗轴每节轮生 2～8 个枝梗，每枝梗着生 1～2 个小穗；小穗狭长卵形，内有小花 4～8 个；颖披针形，边缘膜质；外稃宽披针形，具 5～7 脉，通常无芒或背部近顶端具有长 1～2 毫米的短芒；内稃较外稃短。颖果狭长卵形，长 9～12 毫米，千粒重 3.2～4.0 克。

无芒雀麦最适宜在冷凉干燥的气候条件下生长，不适应高温、高湿环境。耐干旱，在降水量 400 毫米左右的地区生长良好。出苗至拔节期生长较慢，需水量较少。拔节至孕穗期生长最快，需水量最多，为全生育期总需水量的 40%～50%。开花以后需水量渐少，干燥的气候条件对种子成熟有利。无芒雀麦的根系，能从深层土壤中吸收水分，所以较抗旱。耐寒性相当强，幼苗能忍受－5～－3℃的霜寒，直至结冻才枯死，能在－30℃的低温条件下越冬，越冬率

图 3-9 无芒雀麦

仍可达到 85%以上。在大兴安岭和内蒙古博克图一带的高寒地区，能忍受−45℃的低温而安全越冬。因此，无芒雀麦是最抗寒、最适宜寒冷干燥地区种植的牧草品种之一。

无芒雀麦的再生能力非常强。我国中原地区，一般每年可刈割 3 次。东北、华北地区可刈割 2 次。其再生草产量通常为总产量的三分之一到一半。

1. 栽培技术

(1) 选地、整地与施肥 无芒雀麦种子发芽要求充足的水分和疏松的土壤，无芒雀麦根系发达，并且有强壮的地下茎，所以要求土层深厚，由于苗期生长缓慢，因此必须有良好的整地质量。大面积种植必须适时耕翻，翻地深度应在 20 厘米以上。春旱地区利用荒废地种无芒雀麦时，土壤要秋翻，来不及秋翻的则要早春翻，以防失水跑墒。无论春翻还是秋翻，翻后都要及时耙地和压地。有灌溉条件的地方，翻后尚应灌足底墒水，以保证发芽出苗良好。播种前耕地宜深，施足基肥（有机厩肥每亩 1000～1500 千克、过磷酸钙 15 千克），播种时施种肥（每亩硫氨 5 千克），无芒雀麦对土壤的要求不严格，在大多数土地上，只要排水良好且肥沃，能获得稳定的高产；在轻沙质土壤上也能生长，但产量不高。耐盐碱能力较强，pH 值为 8.0 时只有轻微影响，过酸或过碱的土壤则会严重影响无芒雀麦的生长。耐水淹，时间可长达50天左右。

（2）播种 东北、西北较寒冷的地区多行春播，也可夏播。北方春旱地区，应在3月下旬或4月上旬，也就是土壤解冻层达预期深度时播种。如果土壤墒情不好，也可错过旱季，雨后播种以夏天雨季来临时播种的效果最好。东北中部、南部于7月上旬雨后播种；华北、西北等地于早秋播种，也能安全越冬。单播的播种量为每亩1.5～2千克，播种深度为2～3厘米。条播、撒播均可，通常以条播为主，行距为15～30厘米。无芒雀麦还适合与紫花苜蓿、红三叶、红豆草和沙打旺等混播，借助豆科牧草的固氮作用，促进无芒雀麦生长，能够有效提高干草产量，而且可能防止形成坚实的草皮，更有利于土壤团粒结构的形成，改善土壤结构，并可以提高土壤肥力，延长利用年限。混播时无芒雀麦的播种量一般为每亩1～1.5千克，豆科牧草一般为每亩0.3～0.5千克；也可1∶1或2∶2隔行间种。

（3）田间管理 无芒雀麦播种当年生长较慢，易受杂草为害，因此，播种当年要特别重视中耕除草工作。当播种的无芒雀麦生长到第4年以后，根茎积累盘结，有碍土壤蓄水透气时，植株低矮，抽穗植株减少，鲜草和种子产量都降低，必须及时更新复壮。应于早春萌发前用圆盘耙耙地松土，划破草皮，改善土壤通气、透水状况，以促进其旺盛生长。追肥对无芒雀麦有良好的增产作用。可在分蘖、拔节、孕穗时，每亩施氮肥10～15千克，同时适当施用磷、钾肥，追肥后随即灌水。采种田可减少追肥用量，多施一些磷肥和钾肥。一般每次刈割之后，都要相应追肥1次。可显著提高干草产量。供给充足的氮肥时，叶片宽大肥厚，颜色浓绿，生长快，分蘖多，产量和品质都好。无芒雀麦对磷肥极其敏感，当施入磷肥每亩10千克作为种肥时，干草产量可提高1.7倍左右。

2. 收获利用

无芒雀麦干草应于开花期刈割，如果过迟会影响干草质量，还可能妨碍其再生，降低下一茬草的产量。春播时当年可收1次干草，3～4年后草皮形成时才能放牧，耐牧性强。第一次放牧的时间应在孕蕾期，以后各次应在草层高12～15厘米时。无芒雀麦播种当年一般不宜采种；第2～3年适宜收种，在50%～60%的小穗变为黄色时收种，每亩产种子40～50千克。草质柔嫩，营养丰富，适口性好，一年四季为各种家畜所喜食，尤以牛最喜食，是一种放牧和割草兼用的优良牧草，其不同生育期营养成分见表3-5。在我国北方种植时，干草产量每亩可达100千克以上。无芒雀麦可调制成优质的青贮饲料。

表3-5 无芒雀麦不同生育期营养成分表

生育期	水分/%	干物质						
		粗蛋白/%	粗脂肪/%	粗纤维/%	无氮浸出物/%	粗灰分/%	可消化蛋白质/%	可消化总养分/%
拔节期	78.4	19.0	4.2	35.0	36.2	5.6	15.7	94.4
孕穗期	77.0	17.0	3.0	35.7	40.0	4.3	12.6	86.9
抽穗期	76.9	15.6	2.6	36.4	42.8	2.6	13.0	90.9
开花期	73.6	12.1	2.0	37.1	45.4	3.4	10.6	90.9
成熟期	70.7	10.1	1.7	40.4	44.1	3.7	7.7	75.8

四、苏丹草

苏丹草别名野饲用高粱（图3-10）。原产于非洲的苏丹高原。在欧洲、北美洲及亚洲大陆栽培广泛。我国新中国成立前已经引进，现已作为一种主要的一年生禾草，全国各省均有较大面积的栽培。

苏丹草为饲用高粱属一年生禾本科牧草，须根，根系发达，入土深，可达2.5米，60%～70%的根分布在耕作层，水平分布75厘米，近地面茎节常产生具有吸收能力的不定根。茎直立，高2～3米，粗0.8～2.0厘米。分蘖力强，侧枝多，一般一株15～25个，多的可达40～100个。叶条形，长45～60厘米，宽4～4.5厘米，表面光滑，边缘稍粗糙，主脉较明显，上面白色，背面绿色。圆锥花序，长15～80厘米，每节着生两枚小穗，一枚无柄，为两性花，能结实；一枚有柄，为雄性花，不结实。结实小穗颖厚有光泽。颖果扁平，籽粒全被内外稃包被倒卵形，外稃先端具1～2厘

图 3-10 苏丹草

米弯曲的芒，紧密着生于颖内，种子颜色依品种不同有黄色、紫色、黑色之分。千粒重 10～15 克。

苏丹草依茎的高度不同，分为矮型、中型、高型三型。依品种不同，侧枝着生情况也不同，又分为几种株型：直立型，半散开型，散开型，铺展型。直立型，半散开型株丛，适于刈割利用，分布广，经济价值大；散开型和铺展型适于放牧利用，经济价值不如前两类。

苏丹草喜温不抗寒，怕霜冻。为短日照作物，种子发芽最适温度 20～30℃、最低 8～10℃。幼苗期对低温较敏感，气温降到 2～3℃即受冻害，但成株具有一定抗寒能力。由于苏丹草根系发达，且能从不同深度土层吸收养分和水分，所以抗旱力较强。生长期遇极度干旱可暂时休眠，雨后即可迅速恢复生长。在年降水量仅 250 毫米地区种植仍可获得较高产量。抽穗到开花生长最快，需水最多，严重缺水将影响产量。但雨水过多或土壤过湿也对苏丹草生长不利，容易遭受病害。

1. 栽培技术

（1）选地、整地与施肥　苏丹草喜肥喜水，为了提高产量，应结合翻耕施足基肥，一般每亩可施用农家肥 1500～2000 千克，或播种时每亩施用氮、磷复合肥 20～30 千克。在干旱地区或盐碱地带，为减少土壤水分蒸发和防止盐渍化，可进行深松或不翻动土层的重耙灭茬，翌年早春及时耙耱或直接开沟于春末播种。苏丹草对土壤养分和水分的消耗量很大，是多种作物的不良前作，尤忌连作，应该和其他植物进行轮作。生产中，苏丹草可与秣食豆、豌豆和毛苕子等一年生豆科植物混种。苏丹草对土壤要求不严，只要排水良好，在沙壤土、重黏土、弱酸性土和轻度盐渍土上均可种植，而以肥沃的黑钙土、暗栗钙土上生长最好。因其吸肥能力强，过于瘠薄的土壤上生长不良。

(2) 播种　苏丹草是喜温作物，在晚霜过后地表温度达 12～14℃时即可开始下种，北方多在 4 月下旬至 5 月上旬。为保证青饲料轮供，可以分期播种，每期间隔 20～25 天，末期播种应在酷霜前 60～90 天结束。播前晒种或温水浸种 12 小时，以提高发芽率及出苗率。一般采用条播，干旱地区宜行宽行条播，行距 45～50 厘米，一般覆土深度 4～6 厘米，每亩播种量 2.5～3.0 千克，收种田可减半。水分条件好的地区可行窄行条播，行距 30 厘米。适宜混播的豆科作物有苕子、豌豆、绿豆、豇豆等。

(3) 田间管理　苏丹草幼苗细弱，生长缓慢，不耐杂草，出苗后要及时中耕除草。一般从苗高 20 厘米开始，每隔 10～15 天中耕除草一次。封垄后则不怕杂草。单播的苏丹草地，苗期用 0.5%的 2,4-D 钠盐除草剂液喷雾除草 2～3 次，可以消灭阔叶杂草。苏丹草需肥量大，尤其是氮、磷肥，必须进行追肥。在分蘖期至孕穗期及每次刈割后，每亩追施 7.5～10.0 千克硝酸铵或硫酸铵，附加 10.0～15.0 千克过磷酸钙。据内蒙古巴彦淖尔盟草原试验站对苏丹草追施硫铵和尿素的结果表明，干草产量分别提高 87.3% 和 69.3%。

苏丹草易遭黏虫、螟虫、蚜虫等危害。若有蚜虫危害时，立即刈割利用作青饲料；留种田要注意及时防治。

2. 收获利用

(1) 放牧用　第一次在拔节期，轻牧；第二次在孕穗期，中牧；第三次在抽穗期，重牧；第四次在霜冻前后至全部吃完。一般每隔 30～40 天放牧一次，放牧要经常驱赶，均匀采食。在苏丹草与豆科牧草的混播地放牧，不喂精料也上膘。

（2）青饲、调制青干草、青贮等　青饲苏丹草最好的利用时期是孕穗初期，这时，其营养价值、利用率和适口性都高。因幼嫩的株体含氢氰酸多，青饲时应在株高50～60厘米时第一次刈割，每年刈割2～3次。在北方生长季较短的地区，首次刈割不宜过晚，否则第二茬草的产量低。苏丹草作为夏季利用的青饲料最有价值，此时，一般牧草生长停滞，青饲料供应不足，造成奶牛、奶羊产奶量下降，而苏丹草正值快速生长期，鲜奶产量高，可维持较高的产奶量。青贮用在孕穗期至开花期刈割，与豆科牧草混贮效果和品质更好。苏丹草株高茎细，再生性强，产量高，适于调制干草。在有灌溉的条件下，一年可以刈割3次，干草总产量每亩1100千克；旱作条件下，干草产量每亩达到500千克。苏丹草营养丰富，且消化率高。营养期粗脂肪和无氮浸出物较高，抽穗期粗蛋白质含量较高，粗蛋白质中各类氨基酸含量也很丰富。另外，苏丹草还含有丰富的胡萝卜素。苏丹草茎叶产量高，含糖丰富，尤其是与饲用高粱的杂交种，最适于调制青贮饲料。在旱作区栽培，其价值超过玉米青贮料。苏丹草的主要化学成分见表3-6，饲喂肉牛的效果和紫花苜蓿、饲用高粱差别不大。

表3-6　苏丹草的化学成分

（参考《中国饲用植物志》第三卷，贾慎修主编，1991）

生育期	水分/%	粗蛋白/%	粗脂肪/%	粗纤维/%	无氮浸出物/%	粗灰分/%
营养期	10.92	5.80	2.60	28.01	44.62	8.05
抽穗期	10.00	6.34	1.43	34.12	39.20	8.91
成熟期	16.23	4.80	1.47	34.18	35.38	7.94

五、羊草

羊草又名碱草（图3-11），我国东北部松嫩平原及内蒙古东部为其分布中心，在河北、陕西、山西、新疆、甘肃等省区也有分布，栽培面积已达50多万公顷。羊草最适宜于我国东北、华北诸省（自治区）种植，在寒冷、干燥地区生长良好。春季返青早，秋季枯黄晚，能在较长的时间内提供较多的青饲料。目前羊草的优质青干草在我国的畜牧业发展中，特别是奶牛业的发展中，起到举足轻重的作用。部分羊草草捆还出口国外，取得了较好的经济效益。

图 3-11　羊草

羊草为禾本科多年生草本牧草。有发达的地下横走根茎，长达1.0～1.5 米，主要分布在 20 厘米以上的土层中。茎秆直立，高60～100 厘米。叶片较厚且硬，扁平或内卷，长 7～14 厘米，宽3～5 毫米，绿色或灰蓝绿色。穗状花序，直立或微弯，长 12～18厘米，小穗孪生，在花序上下两端常多单生，小穗长 10～20 毫米，小花 5～10 朵。颖果长椭圆形，深褐色，长 5～7 毫米。种子细小，千粒重 2 克左右，每千克种子约 50 万粒。

羊草抗寒、抗旱、耐盐碱、耐土壤瘠薄，适应范围很广。冬季－42℃而又少雪的地方都能安全越冬。早春冰雪融化不久返青，到4 月上、中旬株高可达 10 厘米以上，并随着温度的升高而迅速生长。早春返青期和晚秋上冻前，能忍受－6～－5℃的霜寒。羊草在年降水量 250 毫米的干旱地区生长良好，在年降水量 500～600 毫米的地方生长更好。由于根部发达，能从土壤深处吸收水分和养料，所以特别抗旱和耐沙，是风沙干旱区很有发展前途的牧草。但不耐涝，即使短时间的水淹也能引起烂根。秋季气候温暖，雨水充沛，有利于根茎和越冬芽的生长。

1. 栽培技术

（1）选地和整地　羊草对土地要求不严，除贫瘠的岗坡和低洼内涝地外均可种植，但以排水良好、土层深厚、有机质多的土壤和沙质壤土为最好。过牧退化草原和退耕还牧地也适合种羊草。良好的整地措施和较高的整地质量是保苗的重要一环。若行秋翻地，深度不少于20厘米，翻地后及时耙地和压地。在退化草地补播或退耕牧地种植羊草，提倡前一年伏天翻地。在6～7月杂草盛行期翻耕，翻后及时耙地和压地，彻底消灭原植被，加强土壤的熟化过程，有利于羊草的保苗和生长。羊草对土壤要求不严，除低洼内涝地外，各种土壤都能种植，喜湿润的沙壤质栗钙土和黑钙土。羊草抗碱性极强，适应的土壤pH值为5.5～9.4，其中以pH值6.0～8.0、含盐量不超过0.3%、钠离子含量低于0.02%的碱性土壤最为适宜。

（2）施肥　羊草利用年限长、生长快、产量高、需肥多，必须施足基肥和及时追肥。羊草需氮肥多，无论基肥还是追肥，都要以氮肥为主，基肥施半腐熟的堆肥、厩肥每公顷3.7万～4.5万千克，增施磷肥和硼肥还可提高结实率、增加种子产量和提高种子品质。羊草结实率低，增施硼肥是提高羊草结实率的有效措施。据试验，将硼酸按每公顷3.75千克施入土壤中，生长明显加快，干草产量增加1倍以上，结实率接近70%，比单施氮肥提高10.8%，比未施肥的提高19.2%。根外喷施硼肥效果也较好。

（3）播种

① 种子处理　羊草种子成熟不一，发芽率较低，又多秕粒和杂质，播前必须严加清选。清选方法以风选和筛选为主，清除空壳、秕粒、茎秆、杂质等，纯净率达90%以上才能播种。

② 播种期　羊草春、夏、秋季均可播种，春旱区在3月下旬或4月上旬抢墒播种；非春旱区在4月中、下旬播种；夏播于5月下旬或6月上旬播种，秋播不得迟于8月下旬。播后及时镇压，以利出苗。在杂草较多的地块播种前要除草，在5月下旬或7月上旬播种。北方夏播以在出苗后，能保证有80～90天的生育期播种为

宜。在黑龙江省，推迟到 7 月 20 日以后播种的羊草，虽然出苗率较高，但越冬前仅有 2～3 枚真叶，根 40～50 条，基本未产生根茎，越冬后死苗率达 80%以上。

③ 播种量　羊草种子发芽率较低，又易伤苗，所以要正确掌握播种量。根据羊草种子成熟情况和实际发芽率，每公顷播种量为 37.5～42.5 千克，整地质量较差，杂草较多，种子品质不良时，可增至 52.5～60.0 千克。

羊草宜与紫花苜蓿、沙打旺、野豌豆等豆科牧草混播。能提高其产量和品质以及土壤肥力。混播时因羊草根茎发达，竞争力强，豆科牧草往往处于劣势，应适当增加豆科牧草的播种量，以每公顷羊草 30.0～37.5 千克、紫花苜蓿或沙打旺 37.5～45.0 千克为宜。

④ 播种方法　羊草无论单种还是混种，多条播，行距 15～30 厘米。草种子体轻而长，流种不畅，作业中经常疏通排种管，以防堵塞。与豆科牧草混播，又以隔行混播为好。覆土 2～3 厘米，播种后镇压 1～2 次。渠堤坡面播种时，要横向开沟条播，或刨穴点种。

(4) 田间管理　羊草苗期生长十分缓慢，最易被杂草抑制，防除杂草至关重要，除特别注意苗期杂草的防除外，播前注意灭除杂草。在羊草长出 2～3 枚真叶时中耕可消灭杂草 90%以上。生育后期还要割除高大杂草，以免羊草受草害，从而获得草层厚密、产草量高的效果。单播的羊草草地，也可用除草剂灭草。在杂草苗高 8～12 厘米时，喷洒 0.5%的 2,4-D 钠盐，可全部杀死菊科、藜科、蓼科等各种阔叶杂草。追肥定在返青后到快速生长时进行，追肥后应即灌水。

一般随着栽培年限的增加，根茎越来越多，根茎层也越来越厚，通透不良，株数减少，株高变矮，产量逐年下降。可在早春或晚秋，土壤水分充足，地下部分储存丰富，越冬芽尚未萌发时期，用犁浅耕 8～10 厘米，耕后用圆盘耙斜向耙地 2 次，切断根茎，以促进其旺盛生长。这种更新复壮措施，可使退化的羊草草地复壮，产量成倍增加。一般每隔 5～6 年就要翻耙 1 次。但是，在土壤干旱，沙化、碱化较重和豆科草占优势的羊草草地，一般不宜采用。

2. 收获利用

羊草草地可放牧利用、青饲和青贮，但主要供调制干草用。

(1) 放牧 4 月中旬株高 30 厘米左右后开始放牧，到 6 月上中旬抽穗后，质地粗硬，适口性降低，应停止放牧。要划区轮牧，严防过重放牧。每次放牧至吃去总产量的 1/3 左右即可。也可在冬季利用枯草放牧牛、羊、马。

(2) 调制干草 栽培的羊草主要用于调制干草，孕穗期至始花期刈割为宜。割后晾晒，1 天后，先堆成松散的小堆，使之慢慢阴干，待含水率降至 16%左右，即可集成大堆，准备运回贮藏。旱作人工羊草草地，干草产量 3000～4500 千克/公顷，灌溉地达 6000 千克/公顷以上。再生性良好，水肥条件好时每年刈割 2 次，通常再生草用于放牧。羊草种子产量低，一般为 150～180 千克/公顷。

羊草茎秆细嫩，叶量丰富，为各种家畜喜食，营养价值高，夏秋能抓膘催肥，冬春能补饲营养。尤其用羊草调制的干草，颜色浓绿，气味芳香，是上等优质饲草，现为我国唯一作为商品出口的禾本科牧草。绿色的羊草干草，是牛、马、羊重要的冬春储备饲料。1 头奶牛日喂量可达 15～20 千克。切短喂或整喂效果均好。羊草干草也可制成草粉或草颗粒、草块、草砖、草饼，作商品饲草。

六、冰草

冰草又叫扁穗冰草、野麦子、羽状小麦草（图 3-12）。冰草的寿命一般在 10 年以上。分蘖能力很强，播种当年分蘖可达 25～55 个。是世界温带地区最重要的牧草之一，广泛分布于原苏联东部，西伯利亚西部及亚洲中部寒冷、干旱草原上。我国主要分布在黑龙江、吉林、辽宁、河北、山西、陕西、甘肃、青海、新疆和内蒙古等地的干旱草原地带。是改良干旱、半干旱草原的重要栽培牧草之一。冰草是多年生牧草，冰草是草原区旱生植物，具有非常好的抗寒抗旱能力，适于在干燥寒冷地区生长，但不耐涝。

须根系发达，外具沙套，密生，入土较深，达 1 米左右。茎秆直立，抽穗期株高 30～60 厘米，分 2～3 节，成熟期 60～80 厘米，有的可达 1 米以上。基部的节呈膝曲状，上面有短柔毛。叶长 7～

图 3-12　冰草

15 厘米，宽 0.4～0.7 厘米。叶背较光滑，叶面密生茸毛，叶舌不明显，叶鞘短于节间且紧包茎。穗状花序直立，长 2.5～5.5 厘米，宽 8～15 毫米，小穗水平排列呈篦齿状，含 4～7 朵花，长 10～13 毫米，颖舟形，常具 2 脊或 1 脊，被短刺毛；外稃长 6～7 毫米，舟形，被短刺毛，顶端有长 2～4 毫米的芒，内稃与外稃等长。种子千粒重大约为 2 克。

冰草播种当年很少抽穗结实，基本处于营养生长阶段，第二年生长发育整齐，结实正常。返青较早，在我国北方 4 月中旬开始返青，5 月末抽穗，6 月中下旬开花，7 月中下旬种子成熟，9 月下旬至 10 月上旬植株枯黄。生育期为 110～120 天。产草量和种子产量均在播种第二年最高。栽培冰草开花期产量高，再生草也是开花期最高。冰草种子成熟后，易自行脱落，落地后可以自生。采集种子应在蜡熟期进行。冰草不耐夏季高温，夏季干热时停止生长，进入休眠状态。秋季再开始生长，所以春、秋两季为主要生长季节。

1. 栽培技术

（1）整地　播前需要精心地整地，彻底除草。深翻、平整土地，施入有机肥作底肥。冰草喜欢生长在草原地区的栗钙土壤上，对土壤要求不严，在轻壤土、重壤土、沙质土均可生长，有时在黏质土壤上也能生长，不宜在酸性强的土壤或沼泽、潮湿的土壤上种植。在平地、丘陵和山坡排水较良好及干燥的地区长势也非常好。

（2）播种　在寒冷地区可春播或夏播，冬季气候较温和的地区以秋播为好。播种量每亩 1 千克左右。一般条播，也可撒播，条播行距 20～30 厘米，由于冰草种子细小，播种不能太深，覆土 2～3 厘米即可，播后适当镇压。还可与苜蓿、红豆草和早熟禾等牧草混播。

（3）田间管理　冰草易发芽，出苗整齐，但幼苗生长缓慢，应该加强田间管理，及时中耕除草，促进幼苗生长。在生长期及刈割后，应适当灌溉及追施氮肥，可显著提高产草量并改善品质。利用 3 年以上的冰草草地，于早春或秋季进行松耙，破除结成的草皮，增加土壤通透性，也可促进分蘖和更新。

2. 饲用价值

冰草品质好，营养价值较高，适口性好，多种家畜都非常喜欢吃，耐放牧，是优良牧草之一。冰草既能作青草直接饲喂，也能晒制干草、制作青贮或放牧。在幼嫩时马和羊最喜食，冰草的消化率和可消化成分含量均比较高，在干旱草原区把它作为催肥的牧草。每年可刈割 2～3 次。一般每公顷产鲜草 15～22 吨，可晒制干草 3000～4500 千克。冰草的适宜刈割期为抽穗期，延迟收割，茎叶变得粗硬，适口性和营养成分均有较大幅度的下降，饲用价值降低非常明显。另外，由于冰草具有沙套，并且入土较深，因此，它还是一种良好的水土保持植物和固沙植物。

七、扁穗雀麦

扁穗雀麦又名北美雀麦、野麦子、澳大利亚雀麦（图 3-13）。草质柔软，生长速度快，适口性好，仅次于黑麦草、燕麦等，多种家畜喜食。再生性强，年可刈割 2～4 次，鲜草产量 45～60 吨/公顷，折合干草 9～12 吨/公顷。

扁穗雀麦适宜生长温度为 10～25℃，夏季气温超过 35℃时生长减慢。在北方（如北京、内蒙古、青海等地）不能越冬，表现为一年生；在长江以南地区当外界温度下降到 －9℃时仍保持绿色，表现为短期多年生。喜温暖湿润气候，适宜在夏季不太炎热、冬季温暖地区生长。扁穗雀麦茎粗大扁平，能够长到 80～150 厘米高。

图 3-13 扁穗雀麦

幼嫩叶片有柔毛，长成熟后减少。圆锥花序，长 15 厘米，分枝，每枝顶端生 2～5 个小穗。种子大，有短芒，极压扁，浅黄色，千粒重 10 克左右。

对土壤肥力要求较高，喜肥沃黏重土壤，但也能在盐碱地及酸性土壤上良好生长。有一定的耐旱能力，不耐水淹。适宜我国长江流域及西南地区海拔 500～2300 米和相似生态区栽培。

1. 栽培技术

(1) 土地准备　选择地势平整、有良好排灌条件的地块，用多次旋耕的方法清除杂草后，施有机肥 30～45 吨/公顷和 300～450 千克/公顷过磷酸钙作底肥，旋耕，耙平，开畦待播。

(2) 播种　播种方式一般为条播，也有撒播。条播行距 30 厘米，播深 2～3 厘米，在此范围内沙性土壤的播种深度稍深，黏性土壤的播种深度宜浅，播种太深不利出苗。播种量 22.5～30 千克/公顷，如撒播，可加大用量。在北方地区，采用春播，当 5 厘米土层温度接近 5℃时即可播种；在我国南方冬季温暖地区最好秋播，播种时间以9月为宜，最迟不超过10月中下旬，时间太晚将影响全年牧草产量。

（3）水肥管理　在分蘖期和每次刈割后追施尿素105～120千克/公顷，施后进行浇水。视土壤条件和植物生长情况追施钾肥，施硫酸钾约75千克/公顷。扁穗雀麦不耐水淹，因此在多雨地区及多雨季节注意排水。

（4）病虫杂草防控　扁穗雀麦病害较少，可通过及时刈割来提高光照和空气的通透性，从而减少病害的发生。

2. 收获利用

扁穗雀麦产草量高，是南方地区冬春季节青饲料缺乏时的补充。青饲一般在草层30～40厘米时开始刈割，一年可刈割3～4次，尤其是在入冬前可给家畜提供一次鲜草。春播一年可刈割2～3次，留茬高度6～8厘米。抽穗期茎叶干物质中粗蛋白含量18.4%，粗脂肪2.7%，粗纤维29.8%，无氮浸出物37.5%，粗灰分11.6%。

八、苇状羊茅

苇状羊茅又名高羊茅、苇状狐茅，多年生（图3-14）。适宜与白三叶、红三叶、紫花苜蓿等混播，以建立高产优质的人工草地。适口性较好，各种家畜都采食。我国新疆有野生，能适应我国北方暖温带的大部分地区及南方亚热带气候，是该地区建立人工草场及改良天然草场非常有前途的草种。可青刈、晒制干草及放牧利用，年可刈青2～3次，鲜草产量50～65吨/公顷。

苇状羊茅根系发达而致密，疏丛型，具有短地下茎，茎直立而粗硬，具3～5节。叶片条形，长10～30厘米，基生叶长达60厘米，宽4～8毫米，先端叶尖锐，叶面粗糙，叶背有光泽，茎叶均光滑无毛。圆锥花序疏松开展，长20～30厘米，每节具2～5分枝，其上着生多数小穗，小穗卵形，长10～13毫米，含5～7小花，种子小，千粒重1.75～2.5克。

在水分条件适宜的情况下，苇状羊茅秋播后一周左右即可出苗，翌年3～4月即可利用。适应性广，能够在多种气候条件和生态环境中生长。抗寒、耐热、耐干旱、耐潮湿。在冬季－15℃的条

图 3-14 苇状羊茅

件下仍可安全越冬；夏季气温达 40℃的省份，如在湖北、江西、江苏等省也能越夏。年降水量 450～1500 毫米、年平均气温 9～15℃的地区生长均能良好生长。春季返青早，秋季可经受 1～2 次初霜冷冻。

1. 栽培技术

（1） 土地准备 苇状羊茅为根深高产牧草，要求土层深厚，底肥充足。播种前，施有机肥 30～45 吨/公顷，用机械深耕 20～30 厘米，然后进行细耙，在南方雨水多的地区还应开沟作畦，畦表面平整无大土块，以保出苗整齐生长好。对土壤要求不严，除沙土和轻质土壤外，可在多种类型的土壤上生长，有一定的耐盐碱和耐酸能力（pH4.7～9.5）。

（2） 播种 苇状羊茅在南方秋播为主，9 月底至 10 月播种，在北方和南方的寒冷地区以春、夏播种为主。播种量为 22.5～

37.5 千克/公顷。放牧地多采用撒播，割草地一般采用条播，行距 30 厘米，播种深度 2～3 厘米，播后覆薄土（1～2 厘米），适当镇压。

（3）水肥管理　苇状羊茅对水肥的消耗比较大，追施速效氮、磷、钾肥，这样可有效提高产量和改善品质。苗期及每次刈割或放牧利用后，结合中耕追施尿素 60～90 千克/公顷。越冬前追施钙镁磷肥 450～750 千克/公顷，第二年返青刈割后追施氮肥，如遇干旱及适时浇水，可有效提高产草量。

（4）病虫杂草防控　出苗后由于苗期生长较慢，难以与杂草竞争，应注意及时清除杂草，以保证全苗壮苗，每次刈割利用后，也应及时中耕除杂，减少杂草的危害。南方水热条件好，易滋生杂草，应在播种 7～10 天前喷撒盖草能等除草剂除草。苇状羊茅一般很少发生病虫害。

2. 收获利用

在南方以放牧为主，也可刈割收草。刈割利用时，当年秋季播种，翌年春季草层达 30～50 厘米时即可刈割利用，留茬高度 3～5 厘米，可青饲或晒制干草。由于花后草质粗糙适口性差，需注意掌握好利用期，青饲以分蘖盛期刈割为宜，晒制干草可在抽穗期刈割。放牧利用以草层 20 厘米以上为宜，但应控制放牧强度。苇状羊茅孕穗期干物质中含粗蛋白质 17.37％、粗纤维 20.6％、粗脂肪 4.62％、粗灰分 7.6％。另一方面，苇状羊茅含有吡咯碱，食量过多会使羊退皮、皮毛干燥、腹泻，尤以春末夏初容易发生，因此称为羊茅中毒症。

九、宽叶雀稗

宽叶雀稗是禾本科雀稗属多年生牧草（图 3-15），再生力强，产草量高，在南方主要用于草山草坡等草地的改良，主要在广西栽培，现已推广到华南、西南、福建以及江西等省区种植，适于中亚热带以南水热条件丰富的地区种植。可与大翼豆、山蚂蟥、野大豆等混播。以放牧利用为主，也可刈割收获鲜草。

宽叶雀稗喜温暖气候。耐热、不耐寒，对霜冻很敏感。在我国南亚热带地区四季常青，而以夏、秋季节生长最茂盛；冬季有霜期

图 3-15 宽叶雀稗

间生长停止，霜期过后即恢复生长。土壤适应性较广，耐旱性强，耐酸性土壤，以肥沃湿润的土壤生长最好，在干旱贫瘠的红壤、黄壤坡地也能生长。对麦角病有免疫性。耐牧性强，适于放牧利用。

宽叶雀稗半匍匐状，具有粗短的根茎，接触地面的茎节易生根发芽，可以分株繁殖。草层高 50～60 厘米，叶片较大而宽，叶鞘基部暗褐色。总状花序，种子较小，颜色较深，小穗单生，呈两行排列于穗轴的一侧。种子卵形，一侧隆起，一侧压扁。种子千粒重 1.35～1.4 克。

1. 栽培技术

(1) 土地准备 选择土层较深厚的地块，播种前应把土地进行翻耕或用重耙反复耙平耙碎，耕翻前施厩肥 22～30 吨/公顷、磷肥 150 千克/公顷作基肥。

(2) 播种 3 月底至 4 月进行播种，一般条播，行距 30～35 厘米，沟深 3～5 厘米，播种量 15～22 千克/公顷。播种时将种子与土拌匀，然后均匀播种，薄盖土。也可用分株方法进行无性繁殖。

(3) 水肥管理 宽叶雀稗苗期生长较缓慢，出苗后应进行精细管理。苗后 10 厘米高时可利用雨天疏密补缺，待补苗成活后追施尿素 60～75 千克/公顷，促其早生快发。宽叶雀稗在每次刈割后，追施尿素 75 千克/公顷，以增强其再生能力。

(4) 病虫杂草防控　在苗期主要应注意除杂草，以免影响后期生长。宽叶雀稗病虫害很少，如遇病害可通过及时刈割防除。

2. 收获利用

宽叶雀稗适口性好，营养价值较丰富，抽穗期干物质中含粗蛋白质 10.0%、粗脂肪 1.6%、粗纤维 30.4%，耐牧性强，适于放牧场利用，也适于刈割。刈割宜在抽穗前进行，留茬高度以 6～8 厘米为宜，以利再生。每年可刈割 3～4 次，鲜草产量 45～75 吨/公顷。收获的鲜草可直接饲喂，也可晒制干草或加工成草捆，主要用作牛、鱼等的饲草。

十、巴哈雀稗

巴哈雀稗又名百喜草、巴喜亚雀稗、标志雀稗（图 3-16），多年生匍匐性牧草，是高产优质的“肥饲草”，年可刈割 2～4 次，鲜草产量 37～75 吨/公顷。耐阴，适宜在稀疏果林下及园地坡面等处种植。强壮的匍匐茎再生能力特强，能耐践踏。

图 3-16　巴哈雀稗

有良好的抗性和适应性，耐瘠薄、耐水淹，病虫害少，生长快。连续淹没 15 天，存活率仍达 93%。耐高温干旱，生长温度为 6～45℃，最适温度为 28～33℃，伏旱时仍生长旺盛，夏季在光坡地地表温度 45～60℃仍可缓慢生长，可持续干旱 2～3 个月不死。

它也耐低温，地上茎叶经霜冻后枯死，匍匐茎在－13℃仍可安全越冬。巴哈雀稗根系发达，主要分布在65～80厘米的土层中。茎匍匐，生长快，每年每株分生8～10条大根茎，每条大根茎又可长出许多短簇型支茎。节密叶多。叶呈披针形，柔软平滑无毛。穗状花序，异花授粉，种子卵圆形，有光泽，长约3毫米，部分发育不全，所以发芽率仅30%左右。千粒重2.8～2.9克。

1. 栽培技术

（1）土地准备　以肥沃疏松的果园或坡地为宜。施家畜有机肥45～75吨/公顷及钙镁磷肥750千克/公顷、氯化钾肥450千克/公顷作为基肥，整细耙平，土地应深翻20厘米以上。适宜于酸性红壤、砖红壤、黄壤地生长，在江西省各地几乎寸草不长的红壤丘陵荒坡上也可种植。

（2）播种　巴哈雀稗可种子繁殖，也可用营养体繁殖。营养体繁殖主要采用分株法，以匍匐茎扦插。匍匐茎每1～2个节可作一个插穗，由于其节上生根，极易成活，成活率可达100%。一般每公顷栽植9万～12万株。

用种子繁殖，播种量为30～45千克/公顷，以条播为主，行距20～35厘米。种子用60～80℃温水浸种，也可做“松颖”处理（加河沙混合轻擦），去除颖壳蜡质，以利发芽。如水、温条件有保证，播种全年均可进行，但以在5月以前为佳。

（3）水肥管理　巴哈雀稗耐瘠、耐旱，但生长期内通过施肥和灌水可显著提高生物产量。根据生长情况割青后及时追施氮肥，可施尿素45～75千克/公顷，以促进其分蘖和生长，提高鲜草产量。遇伏旱天气要适当浇水1～2次，浇水可促使其根系生长，长出更多的地上植株，形成茂密的草层。

（4）病虫杂草防控　巴哈雀稗病虫害很少，在苗期主要注意除杂草，以免影响后期生长。

2. 收获利用

以孕穗期刈割利用为好，茎叶柔嫩，营养丰富，氨基酸种类完全，谷氨酸含量高，适口性好，是牛、羊、兔、鹅、鱼等的优质饲草。适宜放牧利用，也可刈割青饲或调制干草。巴哈雀稗抽穗期干物质中含粗蛋白质10.26%、粗脂肪1.86%、粗纤维31.35%、无氮浸出物49.42%。

十一、百喜草

百喜草又称为巴哈雀麦、美洲雀麦、金冕草，属禾本科雀稗属多年生匍匐性草本（图3-17），原产于拉丁美洲，1963年台湾省从美国引进，近年来南方各省从台湾引种均表现适应性强，是高产优质的“肥饲草”。百喜草在增加土壤有机质、改善土壤理化性质、制草免耕等方面也有优异效果。

图3-17　百喜草

根系发达，水平分布65～80厘米，垂直深可达100厘米。易于匍匐，茎粗壮，生长快，每年每株分生8～10条大走茎，每条大走茎又可长出许多短簇型支茎。节密叶多。叶呈披针形，叶片扁平，长20～30厘米，宽4～8毫米，柔软平滑无毛，叶鞘呈淡紫色包茎，随走茎伸长，基部叶枯死，叶舌膜质，极短，紧贴其叶片基部有一圈短柔毛。秆密丛生，每株10～40根，成圆盘状，株丛高40～80厘米。穗状花序，每穗有2～3个分枝，长12～14厘米，分枝两侧密排小穗，花1朵，有内外颖各一。异花授粉，种子以及部分发育不全，所以发芽率仅30%。

有良好的抗性和适应性，耐瘠薄、耐水淹，病虫害少，生长快。适宜于酸性红壤、砖红壤、黄壤地生长，可广泛栽植于荒山荒坡、水边、路边、公路与铁路边坡、经济稀疏林下等土壤 pH 值 5.5～7.9 为佳，在江西省各地严重的水土流失区，几乎寸草不长的红壤丘陵荒坡上种植，伏旱时仍生长旺盛。江西农业大学两年的研究结果表明，坡地桃园水平梯田斜壁植百喜草比裸耕区减少径流系数 84.28%，减少土壤侵蚀量 99.97%。百喜草耐高温，最适生长温度为 28～33℃。生育初期若遇低温，生长极为缓慢。在江苏省无灌溉条件的红壤丘陵地的伏旱高温期，仍能保持青草状，在 -13℃能越冬。种植在水旁（如水渠堤岸、湖滨）连续淹没 15 天，存活率仍达 93%。在光照度 40%以上生长佳，降至 20%也能正常生长，适宜在稀疏果林下及园地坡面等处种植。强壮的匍匐茎再生能力特强，能耐践踏。

1. 栽培技术

选择合适的品种，如小叶种较耐寒，实生苗繁殖力强，生长迅速，种子发芽率 50%。而大叶种较不耐寒，不适宜冬季繁殖，但产草量高，种子发芽率很低，一般为 20%，一般用扦插繁殖。百喜草主要采用分株繁殖，以匍匐茎扦插。由于其节上生根，极易成活，成活率可达 100%。匍匐茎每 1～2 个节可作一个插穗，年繁殖系数高达 50。播种育苗则要求较严，种子必须做松颖处理，发芽率不高。播种量为 112.5 千克/公顷。百喜草栽植以 3～6 月为好，秋季栽植也能成活。一般每公顷栽植 9 万～12 万株。栽植前深翻 20 厘米，每公顷施 375 千克钙镁磷肥及 3000～4200 千克家畜肥作为基肥，伏旱栽植后要适当浇水 1～2 次，栽植初期应及时除杂草，2 至 3 个月后即可完全覆盖地表。根据生长情况割青后及时追施氮肥 225～300 千克/公顷，促进百喜草的分蘖和生长，以提高鲜草产量。

2. 利用价值

百喜草茎叶柔嫩，营养丰富，氨基酸种类完全，谷氨酸含量高，适口性好，是牛、羊、猪、兔、鹅、鱼等的优质饲草，如喂猪能节省 10%的精饲料。每公顷年产鲜草 4 万～7.5 万千克。改土增肥效果好，据调查种植三五年后，土壤有机质可增加 2%。百喜草速生快，覆盖性能好，固土保水显著，是水保优良草种。此外，百喜草绿期长，叶量多，草层厚，特别耐践踏，可作为绿化美化种植材料。

十二、新型皇竹草

新型皇竹草其茎秆似竹，且属草本，植株特别高大。新型皇竹草是多年生禾本科直立丛生型植物，它是由象草和美洲狼尾草杂交育成，广西全州县生物技术开发实验场在2003—2004年对其进行了改良（因此我们称之为新型皇竹草），是一种高产优质牧草，其叶片宽阔、柔软，茎脆嫩，家畜适口性好，是饲养各种草食牲畜、禽类和鱼类的好饲料。其实，早在2002年皇竹草已被国家农业部、中国农科院、全国牧草评定委员会一致看好，并誉为“草中之王”。

1. 栽培技术

适应性广，抗逆性强。皇竹草适种于各种类型的土壤，酸性粗沙质红壤土和轻度盐碱地均能生长，其耐酸性可达pH值4.5。在旱地、水田地、山坡、平地、田埂、河埂、湖泊边等各类型地上及庭院、盆栽等一切可以充分利用的地方均可种植。

皇竹草的种植要求是：一般说来，日照时间100天以上，海拔在1500米左右，年均气温15℃左右，年降水量在800毫米以上，无霜期300天以上，由于皇竹草生存能力、抗逆性较强，所以它的成活率极高，在一般气候条件下，成活率均在98%以上，在高寒低湿地区，成活率也可达到90%以上。北方地区冬季如果采用大棚进行越冬，其种植效果与南方差异不大。

皇竹生长速度快，繁殖能力强。一般当年春季栽种的茎节，于11月下旬停止生长（广西南部、海南省、广东南部等部分地区一年四季均可生长），平均株高4～5米，最高可达6米，分蘖能力强，每株当年可分蘖20～35根，最多达60多根，每亩可繁殖35万根，繁殖系数达500倍以上。春季种植一亩皇竹草，生长8个月后，来年的种茎即可扩种到500亩以上的种苗需要；若肥水充足，长势十分旺盛，来年的种茎即可扩种到800亩的种苗需要。栽种简单，产草量高。皇竹草采用分株或茎节繁殖，栽种后40天左右即可收割第一次。在长江以南地区每年生长期长达9个月以上，年亩产鲜草25吨左右，在我国的海南、广东、广西等一些亚热带地区，一年四季均可收割皇竹草，其产量高达32吨左右，居禾本科牧草之首。其产量为豆科牧草的20～30倍。宿根性能良好，栽种一年，连续6～7年收割，第二年至第六年是皇竹草的高产期。皇竹草以无性繁殖为主，耐寒性较强。一般在0℃以上可自然越冬，8℃以上可正常生长。病虫害少，整个生长期极少发生病虫害，可能是牧草中病虫害发生最少的牧草。

2. 利用价值

(1) 皇竹草营养丰富，汁多口感好，是各种食草性牲畜、家禽和鱼类的最佳饲料。据有关科研部门测定，其营养丰富，含有17种氨基酸和多种维生素，鲜草粗蛋白含量为4.6%、精蛋白3%、糖3.02%；干草粗蛋白质含量达18.46%、精蛋白质含量达16.86%、总糖含量达8.3%。不论是鲜草，还是青贮或风干加工成草粉，都是饲养各种草食性牲畜、家禽和鱼类的好饲料。特别是用该草喂牛、羊、火鸡、兔、草鱼、豚鼠等动物，不用或基本不用精料就能达到正常的生长需求，广西全州县生物技术开发实验场经过多年的实验实践证明，采用皇竹草养殖鹅、草鱼、豚鼠、火鸡等经济动物是目前一般其他牧草所无法比拟的：14千克鲜皇竹草可生产1千克草鱼、18千克鲜皇竹草可生产1千克肉鹅，大大降低了饲养成本。而皇竹草的茎秆因为含糖量高、营养丰富，是牛、羊、马、猪、野猪、香猪、火鸡、竹根鼠、豚鼠、草鱼、青竹鱼、兔等动物梦想中的美味佳肴，部分动物经常吃了皇竹草后，就会有偏食皇竹草的现象。草食动物经常以皇竹草饲喂都表现得生长速度快、较为健壮。

(2) 皇竹草是造纸、建筑材料的新型原料。据科研部门测定，“皇竹草纤维长1.48米，宽30毫米，纤维含量为25.26%”，是优质的造纸原料，其蒸煮时间、漂白度、细浆得率均优于麦草、甘蔗，完全适合制造较高档的纸品，其造纸品质优于速生杨、芦苇等禾草类原料。同时，还可制造质优价廉的纤维板。皇竹草经改良，耐寒、耐旱、耐涝能力较强，是甘蔗的两倍，皇竹草的产量远远高于速生杨、芦苇等禾草类。

(3) 皇竹草是实施退耕还林还草工程的好草种，是防止水土流失、治理荒滩、陡坡的理想植株。皇竹草根系发达，茎秆坚实，平均根系长 3～4 米，最长根系可达 5 米，根系密集；平均茎粗直径 2～3 厘米，最大茎粗可达 4 厘米；整体抗风能力强，种植在地边、园坝、果园可作围栏、绿篱；种植在河边、沟边、水库边、荒坡可防洪护堤，防止水土流失，对绿化荒山荒坡、防风固沙都具有积极的作用。同时，皇竹草新陈代谢旺盛，代谢后的根是极好的有机质肥料，有利于土壤土质改良。

(4) 皇竹草属四碳植物，有较强的光合作用，对净化空气、吸收空气中的有毒气体具有较强作用。在公路两旁、厂矿附近、公园内大面积栽植，可降低空气的污染程度，改善人们的居住环境。

第三节 其他类牧草

一、菊苣

菊苣又名欧洲菊苣、咖啡萝卜、咖啡草，多年生菊科草本植物(图 3-18)，原产于欧洲，广泛用作饲料，蔬菜及香料。该草具有适应性强、生长供草期长、营养价值高、适口性好、抗病虫害能力强等高产优质特点。我国 20 世纪 80 年代引入后，又培育出大叶型品种，由于它品质优良是我国目前较具发展前景的饲草作物和经济作物新品种，具有广泛的推广利用价值。

菊苣为多年生，根据菊苣的叶片和根系生长形态，菊苣可分为大叶直立型、小叶匍匐型和中间型三个品种，而作为饲草栽培的一般为大叶直立型菊苣品种。菊苣在营养生长期为莲花状，其平均高度 80 厘米，抽茎开花期平均为 170 厘米。每株有叶片 30～50 片，其叶片肥厚，并呈长椭圆形，叶片长 30～46 厘米、宽 8～12 厘米，折断和刈割后有白色乳汁。主茎直立，分枝偏斜，茎具条棱，中空，叶质脆嫩，有白色乳汁流出。主根明显，长而粗壮，肉质、侧根发达，水平或斜向分布。菊苣有以下几个方面的优点。

(1) 菊苣适应性强　生长喜温暖湿润性气候，日均气温 15～30℃生长尤其迅速；但也耐寒、耐热，适合我国大部分地区种植。

图 3-18　菊苣

在炎热的南方生长旺盛，耐寒性能良好，在−8℃左右仍能安全越冬，夏秋高温季节只要水肥供应充足，仍具有较强的再生能力。

（2）利用期长　春季返青早，冬季休眠晚，利用期比普通牧草要长，利用期北方 7 个月、南方 8 个月，是解决春初秋末和酷暑期青饲料的有效牧草。一次播种，可利用 10～15 年，若水肥条件较好，刈割适当，利用年限更长。

（3）抗逆性好　菊苣抗病力较强，除低洼易涝地区易发生烂根外，没有发现其他病害。

（4）一物多用　菊苣用途甚广，用于养殖业，畜禽、草鱼均喜食；用作蔬菜，其叶片鲜嫩，可炒可凉拌；可从根茎中提取丰富的菊糖和香料，其根是咖啡的代用品，可供出口。菊苣 5 月份开花，花期可达 4 个月，呈紫蓝色，是良好的蜜源和绿化植物。

1. 栽培技术

（1）整地施肥　菊苣根系发达，播种前必须深耕；因菊苣种子细小（千粒重为 0.96 克），所以土壤在深耕基础上土表应细碎、平整，在耕翻土地的同时每亩施足厩肥 2500～3000 千克。确保畦面平整，同时要挖好水沟，确保田间灌溉、排水性能良好。菊苣对生长的土壤没有十分严格的要求，尤以肥沃的沙质土壤种植生长最为良好；菊苣耐旱，但生长期对水分和肥料条件要求较高，需要有充足的水分和肥料供应。

（2）播种

① 播种时间　一般 4～10 月均可播种，在 5℃以上均可播种。其中以秋季（即 8 月中、下旬至 11 月中、下旬）播种最为适宜。

② 播种量　菊苣种子细小，播量一般大田直播每亩为 400～500 克，育亩移栽每亩为 100～150 克，播种量深度为 1～2 厘米。

③ 播种方法　采取撒播、条播或育苗移栽方法。若育苗移栽，一般在 3～4 片小叶时移栽，行株距 15 厘米×15 厘米见方。播种时，种子和细沙土拌匀，使体积增大，以保证种子均匀播种。播种后，浇水或适当灌溉，保持土壤一定湿度，一般 4～5 天出齐苗。

（3）田间管理

① 除杂草　苗期生长速度慢，为预防杂草危害，可用除单子叶植物除草剂喷施，当菊苣长成后，一般没有杂草危害。

② 浇水、施肥　菊苣为叶菜类饲料，对水肥要求高，在出苗后一个月以及每次刈割利用后及时浇水追施速效肥，保证快速再生。

菊苣因其叶片中含有咖啡酸等生物碱，因此表现出独特的抗虫害性强的特性，在整个生育期无病虫害。

2. 收获利用

菊苣播后，2 个月后即可刈割利用，若 9 月初播种，在冬季前可刈割一次，第二年春天 3 月下旬至 11 月均可利用，利用期长达 8 个月，亩产鲜草产量达 1 万～1.5 万千克。一般菊苣达到 50 厘米高时开始刈割，留茬高度 5 厘米左右，不宜太高或太低，一般每 30 天刈割一次，每年可以刈割 6～8 次。菊苣在抽薹前，营养价值高，干物质中粗蛋白达 20％～30％，同时富含各种维生素和矿物质素，菊苣可鲜喂、晒制干草和制成干粉，是牛、羊、猪、兔、鸡、鹅等动物和鱼的良好饲料。菊苣抽薹后，干物质中粗蛋白仍可达12%～15%，此时单位面积营养物质产量最高，作为牛羊的饲草最佳。

二、苦荬菜

苦荬菜又叫苦苣菜、凉麻菜、良菜、鹅菜、山莴苣、八月老（图3-19），原本是我国野生植物，经多年驯化选育，已成为一种适应性强、产量高、营养好、鲜嫩适口的优质青绿多汁饲料作物。苦荬菜一年生或二年生，株高1.5～2.0米。主根粗大，纺锤形，入土深1.5米。株高为1.5～2米，上部分枝光滑或稍有毛，全株含白色汁液。茎叶互生，通常抱茎；叶片长可达30～45厘米，宽2～8厘米。头状花序排列成圆锥状，舌状花淡黄色。瘦果长约6毫米，成熟时紫黑色，具白色短冠毛。种子细小，千粒重1.0～1.6克。

图3-19　苦荬菜

苦荬菜喜温暖湿润气候，既耐寒又抗热。轻霜对它危害不大，幼苗能耐－2℃的低温，成株可忍受－4℃的霜冻。能忍受持续36℃的高温。北方一般早春解冻即可播种，可一直生长到降霜为止。夏季高温期，只要保证水肥供应，生长仍十分旺盛，产量极高。苦荬菜对土壤要求不严，各种土壤均可种植，但以排水良好的肥沃土壤为最好。广东、广西、云南、四川、湖南、江苏、浙江、湖北、江西、安徽等省（区）都有大面积种植。近几年来已引至北京、河北等地，表现良好，并在东北各省试种成功。

1. 栽培技术

(1) 整地与播种　苦荬菜种子小而轻，苦荬菜幼苗子叶小而薄，出土力弱，因此，土地需要整平耙碎，施足底肥，以利于播种和出苗，可直播或育苗移栽。春、夏季皆可播种。2 月 20 日至 3 月 20 日播种产量最高，4 月以后播种产量就显著下降；北方可在 4 月上、中旬播种。华南地区也可秋播。播种方式可分直播和育苗移栽两种。在北方寒冷地区，育苗移栽可提前在温床播种，用塑料薄膜覆盖保温。播种方法一般采用条播或穴播，有时也可撒播。条播行距 25～30 厘米，覆土 1～1.5 厘米。干旱地区播后应镇压。北方采用垄作，行距为 50～60 厘米，在垄上撒播或双行条播，每亩大田只需种子 100～150 克；0.1 亩育苗地可移栽 5 亩大田。移栽行距为 25～30 厘米，株距 10～15 厘米。对苗床要精细管理，经常保持湿润，除杂草，直到出床。当幼苗具 5～6 片真叶时即可移栽，行距 40 厘米，株距 10～20 厘米。若进行直接穴播时，其行株距平均为 20～25 厘米。每穴下籽 10～15 粒，每亩用种子 0.5 千克左右。

(2) 施肥　苦卖菜由于生长快，再生力强，刈割次数多，产量高，所以需肥量大。对氮、磷、钾的要求都很迫切。施足氮肥能够加速生长，促进枝多叶大，有利于提高产量和品质。氮肥过多，磷、钾肥不足时生长缓慢，延迟成熟，还容易引起倒伏，施用有机肥料作基肥才能获得高产。南方每亩施入腐熟猪粪、牛粪 2500 千克。北方每亩可施厩肥 5000 千克左右。以后每刈割一次，都要中耕松土并结合追肥、灌水。北方多追施速效氨肥，每亩施硫酸铵 10～15 千克。南方多泼施粪尿肥水。

(3) 田间管理　苦荬菜寄种播种和早春播种的，常因土壤板结，造成缺苗断垄，这就要及时查苗，适时催芽播种或育苗移栽。苦荬菜宜密植，条播时一般不间苗，即使 2～3 株苗簇生在一起也能正常生长。但植株过密时也影响生长，可按 4～6 厘米株距定苗。也不可过稀，否则不但影响产量，而且茎秆粗硬，品质较劣。直播的苗高 4～6 厘米时就要中耕除草，育苗移栽地定植 10 天左右，就要中耕除草。

苦荬菜的病虫害少，有时有蚜虫为害。发生时可用40%的乐果，稀释1000～2000倍喷杀，喷药后间隔15天才能饲用。

2. 收获利用

苦荬菜不仅产量高，而且营养丰富。苦荬菜的蛋白质含量高，粗纤维少，利用率高。风干茎叶含粗蛋白质19.7%、粗脂肪6.7%、粗纤维9.6%、无氮浸出物44.1%、粗灰分8.3%、钙0.8%～1.6%、磷0.3%～0.4%。在蛋白质的组成中，氨基酸种类齐全，赖氨酸0.49%，色氨酸0.25%，蛋氨酸0.16%。在收获方法上有剥叶的，也有刈割的。小面积种植可剥叶利用，即只剥外部大叶，留下内部小叶继续生长。大面积栽培的多为刈割，当株高40～50厘米时，即可进行第一次刈割，留茬5～8厘米，以利于再生。之后每隔30～40天刈割一次，最后依次齐地面割完。苦荬菜生长快，春播的5月上旬即开始刈割。6～8月间生长特别旺盛，再生力强，一般每隔20～25天就可刈割一次。南方一年可刈割5～8次；北方可刈割3～5次。一般每亩可产鲜草5000～7500千克，高的可达10000千克左右。由于其鲜嫩多汁，虽味稍苦，却适口性好，能促进畜禽食欲，帮助消化，对防止猪便秘、提高母猪乳量及仔猪增重十分有利。苦荬菜主要以鲜草饲喂畜禽，通常是切碎或打浆后拌糠麸喂猪，采食率和消化率均高。在长江中下游地区，苦荬菜可分批播种，分期采收。从4月至8月，可连续不断供应，成为饲料生产中的主要轮供青饲料。

(1) 青刈　苦荬菜主要作青刈割2～3次。第一次刈割在株高40～50厘米时进行，留茬15～20厘米。以后每间隔4～5周再生株高50～60厘米时进行刈割，留茬不低于上次高度。当再生植株出现花蕾时，即停止生长，进行最后一次刈割。

(2) 青贮　苦荬菜水分大，与禾草或搭配玉米秸等混贮。

三、串叶松香草

串叶松香草又名菊花草、松香草（图3-20）。串叶松香草为菊科松香草属多年生草本，植株形略似菊芋，株高2米左右，直立，丛生，全草粗壮，根系发达、粗壮，根茎着生由红色鳞片包被的根茎芽，串叶松香草的根茎是营养器官，也是繁殖器官，每个芽都能

图 3-20 串叶松香草

独立发育成新枝。该草又能开花结实，故该草既可用种根、茎繁殖，也可用种子繁殖，如用种根茎繁殖，当年即可抽茎，生长更快，第一年的产量更高。

串叶松香草为北美洲独有的一属植物，1979 年从朝鲜引入我国，近年来在我国各省均有栽培，分布比较集中的有广西、江西、陕西、山西、吉林、黑龙江、新疆、甘肃等省。其产量高、质量好，尤其单位面积蛋白质产量居所有牧草和饲料作物之首，深受广大群众的欢迎。

串叶松香草第一年植株呈丛叶莲座状，不抽茎，根圆形肥大、粗壮，具水平状多节的根茎和营养根。根茎出数个具有紫红色鳞片的根基芽。第二年每一个小根茎形成一个新枝。因其茎上对生叶片的基部相连呈杯状，茎为四方形，叶为莲座叶和茎生单叶，形似一根方棍串于叶中，又因该草有轻微松香味，故称串叶松香草。叶片大，长椭圆形，叶缘有疏锯齿，叶面有毛，基叶有叶柄。茎顶或第 6～9 节叶腋间发生花序，头状花序边缘有舌形花数十朵组成。中间为管状雄花，雄花褐色，雌花黄色，好似向日葵。花期较长。5 月下旬开始现蕾，6 月下旬至 8 月中旬进入盛花期，8 月初开始种子陆续成熟。种子成熟较集中于 9～10 月，种子瘦果扁心形，褐色，边缘具薄翅。千粒重 20～30 克。

串叶松香草为喜温耐寒植物，串叶松香草抗寒又耐热，能忍受－4～－3℃的低温，能忍受37℃的高温，在夏季温度40℃条件下能正常生长。耐寒冷，冬季不必防冻，地上部分枯萎，地下部分不冻死，除严寒冬季节外，均可正常生长，在冬季－29℃下宿根无冻害。栽培过程要求有充足的水分、光照和肥料，才能获得高产。该草适宜的年降水量为600～800毫米，凡是年降水量在450～1000毫米的地方均能种植。抗旱抗涝能力较强。串叶松香草为喜光植物，光照不足时生长受到极大的影响。喜肥沃土壤，耐酸性土，不耐盐渍土，在酸性红壤、沙土、黏土上也生长良好。串叶松香草再生性强，耐刈割。串叶松香草喜中性或微酸性、有机质丰富的土壤，在黏重的土壤以及贫瘠的盐渍化土壤中生长不良。

1. 栽培技术

(1) 选地　要选择肥水充足、向阳、湿润、疏松、排水良好的沙土或沙壤土。我国长江以南，特别是珠江流域各地，要注意及时排水，勿使土壤积涝，尤应注意雨季的排水工作。

(2) 整地与施肥　要严格进行秋翻，耕深在20厘米左右，整地要严格，要彻底清除杂草，地面要平整，土块要细碎。每亩施半腐熟的堆肥或厩肥3～4吨，同时要加入过磷酸钙50～60千克。如果肥源不足，可先种一茬草木樨、苕子等绿肥作物来培肥。

(3) 播种　串叶松香草可以直接播种、分株繁殖，也可以育苗移栽。一般以种子繁殖为主，也可用根茎繁殖。但以育苗移栽为好。在土地面积较大、劳力比较缺乏、种子数量比较充足的情况下，可采取直播法。反之，在土地面积有限、劳力比较充裕、种子数量又不足的情况下，则以采取先育苗后定植的方法为宜。前者省力费种子，后者省种子费力，结合当时的情况选择播种。播前种子要日晒2～3小时，后在25～30℃温水中浸种12小时，晾干后，再用潮湿细沙均匀拌和，置于20～25℃室内催芽3～4天，待种子多数露白后播种。种子繁殖时，我国北方应选择在4～8月播种，如果选择秋播，要尽量提前，以备越冬。南方春、夏、秋季播种均可，春播选择在2月中旬到3月中旬，夏播不迟于7月上中旬，秋播可选择在8月底到10月初。串叶松香草的播种量为每亩0.15～

0.25 千克，种子田为每亩 0.10～0.15 千克。采用育苗移栽定植方法，应精细整好苗床土，可按 5 厘米左右间隔撒播种子，然后盖上 1～1.5 厘米的细土，并经常喷水保持土面湿润，苗床育苗也可采取粒播法，即将种子一粒一粒（尖头朝下，有缺口一端向上）地插入土中，至种子完全被土盖没为止，采用粒播法，种子用量最少（0.2～0.3 千克），而发芽率则最高。幼苗移栽：幼苗长出 4 片真叶或叶片长达 30 厘米左右时，即可移栽到定植土地上去。育苗移栽的每千克种子可栽植的面积为 10～12 亩。串叶松香草在肥力好的土壤上种植时，行距为 50～60 厘米，株距为 40～50 厘米；在肥力较差的土壤中种植时，行距为 15～20 厘米，株距为 5～6 厘米。播种宜浅不宜深，以 2～3 厘米为好，播后要及时镇压 1～2 次。

（4）田间管理　首先要做到间苗定植，当串叶松香草的苗株达到 3～4 片真叶时，间去过密的植株；当出现 6 片真叶时要进行第二次间苗，每穴留苗 1 株。串叶松香草出苗后生长很缓慢，易受到杂草为害，所以要在出苗后到封垄前进行 2～3 次较为彻底的中耕除草。串叶松香草对氮肥较为敏感，在生长时期要及时追肥，每次每亩施硫酸铵 10～15 千克或者尿素 5～7 千克，另加过磷酸钙 40～50 千克，追施后要及时灌水。在酸性和碱性较大的土壤上要多施磷肥，每年追施 1 次。防治病虫害：串叶松香草抗病能力强，一般病虫害较少。花蕾期有时受玉米螟侵害，可用 1000 倍敌百虫驱杀。苗期出现白粉病，应及时喷洒波美 0.5 度左右的石灰硫黄合剂防治。在 7～8 月高温潮湿时，易发根腐病。主要防治措施是：增施有机质肥料，并结合深耕以改善土壤通气性，以减轻发病；防止新刈茬口受水浸泡，每次刈割 2～3 天后才能灌水，对于病株要拔除、烧毁，在病株处撒上石灰，要及时喷洒多菌灵或退菌特。

2. 产量与质量

串叶松香草产量高，利用期长，一般可利用 10～12 年。每年可刈割 3～5 次，第一年鲜草产量为 3 吨，第二年鲜草产量为 8～10 吨，第三年可达到 10～15 吨。国外有每亩鲜草产量达到30 吨的纪录，所以生产潜力很大。

串叶松香草不仅产量高，营养也好。其营养价值可以与紫花苜蓿媲美。花期干物质含量为16%，干物质中粗蛋白质含量为23.6%、粗脂肪为2.0%、粗纤维为8.6%、无氮浸出物为46.7%、粗灰分为19.1%、钙和磷分别为3.22%和0.28%。另外，各种氨基酸极为丰富，特别是赖氨酸含量高达1.62%。

3. 调制与饲喂

串叶松香草的鲜草及其青贮料是牛、羊、猪、兔、鱼的好饲料。初喂时不大爱吃，经过驯化后反而很爱吃。试验表明，在冬季有效地利用串叶松香草补饲当年去势公羔，其饲用价值不低于青干草，但育肥羔羊不能屠宰过迟，否则经济成本会增加。

四、鲁梅克斯 K-1

鲁梅克斯K-1（图3-21），是鲁梅克斯K-1杂交酸模品种的简称，也叫鲁梅克斯菠菜、高秆菠菜、杂交酸模，又称洋铁叶子，有人称之为英国菠菜、饲料菠菜、现代营养酸模等。是我国从乌克兰引进的一种新型的高蛋白植物资源。它是由巴天酸模作为母本、天山酸模为父本通过远缘杂交，长期选育而形成的牧草新品种。该植物是一种非常常见的，分布很广的野生蓼科酸模属植物。不像有的宣传说的那样“是一位科学家用了几乎毕生的精力，花费巨额资金，运用高科技方法，通过上千种植物的杂交，创造出的一个新的物种”。鲁梅克斯K-1为多年生植物，播种一次可利用25年，年亩

图3-21　鲁梅克斯K-1

产鲜草 10000～15000 千克，干草 1500 千克；当年产量略低。

鲁梅克斯 K-1 是蓼科酸模属多年生草本植物。直根系，根茎部着生侧芽，根体粗而发达，主根入土深 1.5～2.0 米。茎直立不分枝，茎粗 2 厘米，成熟时主茎高达 2～2.5 米。生长的第一年植株矮小，处于叶簇状态。第二年以后抽茎、开花和结实。披针状长椭圆形，叶片大，长 30～50 厘米，宽 12～20 厘米，柄长 20～30 厘米，光滑全缘，叶色青绿；初夏茎梢着生淡绿色小花，圆锥花序，花两性，雌雄同株，雄蕊 6 枚，雌花柱红紫色；瘦果，具三棱、褐色，种子小，千粒重 3～3.3 克。拔节前茎缩在地表处，叶片重叠成莲座状。果实成熟后，植株的地上部干枯死亡。经一段时间休眠后，在根顶处长出新叶，进行第二次营养生长。在冬季到来前，地上叶片枯死，在地下形成多个越冬芽，为下一年返青做准备。

该草适应性好，抗寒性能较高，在−30℃的地方，基根系仍能越冬；喜湿，干旱地生长不良，适合的年降水量为 300～600 毫米。喜光不耐荫，光照充足和土壤湿润有利于牧草生长。对土壤要求不严，中性或者中碱性的钙质壤土更好，在 pH 值 6.5～7.2 的土壤上能够良好生长；不抗盐碱，在碱性土壤上生长不好，更不具备改良盐碱土壤的能力。因此，鲁梅克斯 K-1 并不是“不受土壤影响，全国适应”的作物，至少在盐碱地上种植是不可行的。该草多年生，寿命长，可达 25 年，在良好的田间管理情况下，高产期可达到 10～15 年。返青早，生长快，再生性强。

1. 栽培技术

（1）选地　土壤肥沃、有机质含量较高，土壤结构疏松；土地开阔、向阳，且能排能灌。一般的作物在含盐超过 0.3%的土壤中便无法存活，但鲁梅克斯 K-1 却在含盐量 0.6%、pH 值为 8～10 的土壤中正常发育生长，对适合一般农作物生长的土壤它就更不会挑剔了。

（2）整地与施肥　整地要精细、平整，土壤要上松下实。每亩施腐熟有机肥 2.5～3 吨，再加上 25 千克过磷酸钙作为基肥。

（3）播种　可春、秋季播种，我国大部分地区可春播。在黄淮以及江淮地区，可选择秋播在 9 月上旬到 10 月初；我国长江以南地区春、夏、秋季均可播种。播行 40～60 厘米，土肥好可宽些，土肥差可窄些，播种量为 0.25～0.30 千克，播后稍覆土并镇压。

（4）田间管理

① 育苗移栽　由于种子细小，一般都采用育苗移栽的方法。育苗移栽管理方便，出苗整齐。播种前先将种子用清水浸泡 10 小时，清除杂质和瘪粒，然后捞出晾干播种。苗床施足基肥，耙平，浇足底水，待水分下渗后，在床面上用刀切划 10 厘米×10 厘米的小方块，每一方块中播种子两三粒，覆土 1.5 厘米厚，再在苗床上盖塑料薄膜，10 天左右即可出苗。幼苗期宜稍遮阴，防止烈日灼伤。苗期早晚喷水，保持湿润，幼苗 5～6 叶时移栽。移栽时用铲子切成小方块，带土坨栽植。因幼苗纤嫩，容易失水，要随起随栽。栽植行距为 40～50 厘米，株距 30 厘米左右，每亩栽 4500～5000 株，移栽后要浇水，成活后要中耕松土，薄施肥水。切记，对缺苗地段进行人工移栽，使其达到全苗。

② 苗期的主要工作是除草和保墒　鲁梅克斯 K-1 的苗期长达 2 个月，生长缓慢，要勤除草、松土。除草可以提高地温，改善土壤通气性，促进生长。除草时，可用人工除草，也可用化学除草。鲁梅克斯 K-1 是多刈性高产牧草，每次刈割将从土壤中带走大量养分，因此每次刈割后应该及时追肥。追肥应以氮磷钾肥为主，特别是要多施氮肥，每次氮肥用量为 30 千克左右，氮、磷、钾的比例为 3∶1∶4。鲁梅克斯 K-1 根系入土深，可以吸收土壤深层水分，因而有一定的抗旱能力，但是由于叶片多，叶面积大，水分消耗多，尤其在夏季高温季节，要及时灌溉。特别在苗期和每次追肥后更应该灌水。

③ 防治病虫害　鲁梅克斯 K-1 病害主要是白粉病和叶基腐病，其中白粉病为主要病害，主要发生在夏末秋初，主要侵害叶面，形成小粉斑，在条件允许的情况下，粉斑迅速扩大为互相连接边缘不明显的大片白粉区，甚至扩散全田，影响植株生长。防治方法主要有三个方面：一是加强管理，特别是加强栽培管理，使植株健壮，提高抗病能力；二是药物防治，在田间植株发病初期施药防治，常

用药剂有25%粉锈宁可湿性粉剂2000倍液，每隔7～10天喷洒一次，连续2～3次；三是适时刈割，当鲁梅克斯K-1植株长到50～70厘米时，适时刈割。虫害主要有黄条跳甲（黄跳蚤、地蹦子）、蚜虫、蟋蟀、蝼蛄、叶蜂、地老虎等，可喷洒40%的氧化乐果乳油和辛硫磷来消灭。

2. 产量与质量

鲁梅克斯K-1一年可刈割3～4次，产鲜草10～15吨，折合干草1～1.5吨。当植株高长至70厘米左右，即可进行第一次刈割，以后每隔30天左右可刈割一次。刈割后可结合撒施氮肥灌水一次。刈割时留茬高度为5～10厘米，最后一次刈割应不晚于停止生长前25天，以利于植株越冬。开花期干物质含量为10.79%～11.90%，干物质中粗蛋白质含量为34%，蛋白质尤其丰富，不但是牧草家族中的冠军，而且可与大豆媲美，其综合效益已大大超过大豆。粗纤维含量为13.88%～17.52%，胡萝卜素较高为31.3～57.7毫克/100克，维生素C含量丰富。钙、磷、铁、锌、碘和硒含量也很丰富。总之，鲁梅克斯K-1是一种利用方式多样的高蛋白、高营养的新型牧草。

3. 调制与饲喂

鲁梅克斯K-1的青饲料喂羊，羊的适口性稍差，但调制成干草后，也能采食。另外，种子还可以作为粮食，嫩叶可作为人们类似菠菜的蔬菜。值得注意的是，任何一种饲草作物，适口性是评价其饲养价值的一个重要指标，而作物中单宁含量越高，适口性越差。据测定，按干物质中含量，鲁梅克斯K-1莲座期叶族的单宁含量为0.65%，现蕾期茎中单宁含量为0.51%，茎生叶片的单宁含量为1.25%，花蕾单宁含量为3.51%，现蕾期地上植株的混合样品单宁含量为2.60%，而紫花苜蓿秆草和羊草中单宁含量仅分别为0.04%和0.027%。可见，鲁梅克斯K-1在各生育期单宁含量均较高，适口性差，在自由采食的情况下，各种家畜均不喜食。因此，在自然状况下，鲁梅克斯K-1不宜作为饲草或饲料作物直接饲喂畜禽。减少单宁含量、提高其适口性是解决鲁梅克斯K-1作为饲料应用成功的关键。

五、美国籽粒苋

美国籽粒苋又名千穗谷（图 3-22），是饲料、粮食、蔬菜兼用型植物，同时又是食品加工和生产天然色素的原料，且有较高的观赏价值。原产于热带美洲，非洲大部分地区都有种植，我国有着悠久的历史，南北方各地均有种植，其中以华中、华南、华北、东北地区为最多。该草适应性广、再生能力强、利用周期快、适口性较好、粗蛋白含量高，有人把籽粒苋称为“蛋白草”。用于羊、奶牛及兔的饲喂，也可替代玉米等部分精料，用于猪、蛋鸡及淡水鱼的饲喂，因此深受广大畜禽饲养户喜爱。由于它的适应性强、管理方便、生长快、再生力强，是一种夏季很重要的饲料作物。

图 3-22 美国籽粒苋

美国籽粒苋属苋科苋属的草本植物，1 年生，须根，主要根群分布在 30 厘米土层中。茎直立，光滑，具沟穗，茎红色或绿色，主茎粗 4 厘米左右。叶互生，具细长柄，叶片长，呈椭圆形。花小，单性，雌雄同株，圆锥花序，腋生和顶生，由多数穗状花序组成，苞片和小苞片钻形，绿色，背部中肋突出，花被片膜质，绿色。胞果卵形，盖裂，种子细小，圆形，黄白色，有光泽。籽粒苋是喜温作物，在温暖气候条件下生长良好，品质也佳。种子在 5～

8℃缓慢发芽，10～12℃发芽较快。耐寒力较弱，幼苗遇0℃低温即受冻害，成株遭霜冻后很快枯死。生育期一般为117～123天。根系入土较浅，不耐旱。在干旱地区或干旱季节能供给充足的水分，是保证获得高产的重要条件。对土壤要求比较严，虽然较差的土壤也可以种植，但产量较低。以排水良好肥沃的沙质壤土为最好。结构不良的重黏土不宜种植。土质越肥，产量越高。籽粒苋根系发达，吸肥力强，生长快，植株高大，只有供给充足的肥料，才能获得高产。

1. 栽培技术

(1) 播种　籽粒苋不耐连作，连作容易引起霉斑病等病害，可与麦类或豆类饲料作物轮作。美国籽粒苋适应性广，春、夏、秋三季都可播种，一般以4月下旬到9月中旬为播种适期。因籽粒苋种子细小，播前必须精细整地，为使种子分布均匀，可与沙土、腐熟有机肥、过磷酸钙等拌种，播后覆土1～2厘米。一般以条播、点播为主，出苗后要删密补缺，点播的每穴定苗1株，每亩种子用量为50～100克。

① 直播法　采用垄上掩种或条播，覆土2厘米厚，株距20～30厘米。由于种子较小，直播困难，又不易保苗，最好是育苗移栽。这既能克服上述缺点，又能促进生长和节约用种，并可减少支出，增加产量。

② 育苗移栽法　进行温床育苗，苗高15厘米可移栽。此法缓苗快、成熟早、籽粒饱满，测产证明，比直播增产20%。在育苗中，有条件的多采用温床育苗法。温床育苗是在床土下面铺设酿热物，通过酿热物的发酵放热，保证秧苗所需的温度。

温床大体分为地上、地下和半地下三种。农户可任选一种。床址要选择地形平坦、高燥、背风、向阳、排水良好、地下水位低、距水源较近、南面开阔、北面有天然屏障的地方。床坑要在结冻前挖好。床框可用砖、土坯、土垡子等物做成。注意防止冷空气进入床内。床坑内最下层铺9厘米厚的格尧、碎草；上面再铺9～15厘米厚的发酵好的酿热物（如马牛羊等畜禽粪），踩实整平后；上面再铺9～12厘米厚的营养土。温床上盖农用塑料布，也可盖玻璃窗扇，最上面盖草苫子或棉被，以保温防寒。温床四周架好风障。

③ 苗床播种　要选择暖和无风的晴天进行，播前床土要达到疏松、细碎、平整，浇底水要适当，一般 9 厘米的床土，浇水湿透 8 厘米为宜。浇透水后，撒一层薄薄的营养土，有利于种子发芽。播量要适宜，播种要均匀，覆土厚薄也要均匀一致。缝隙处用湿泥堵严，保持床内有较高的温度和湿度，以利出苗。

④ 苗床管理　播种后苗床管理是培育壮苗的关键。要育好壮苗，除应具有疏松、肥沃、理化性质好的床土条件外，还要有充足的阳光，适宜的昼夜温度和湿度。

a. 温度　待苗出土 70%时立即通风降温。方法是在盖温床的农用塑料布和床框上面保留一定的空隙，使外面的新鲜空气经常进入温床内。在定植前 7～10 天应开始掀掉覆盖的农用塑料布，对秧苗进行低温锻炼，以使定植后秧苗适应露地气候。

b. 湿度　苗床的湿度要根据温度和光照的变化而变化。床温高、光照强时，湿度可稍大些；温度低、光照弱时，湿度应小些。苗床浇水要在高温的晴天上午进行。在播种后，出苗前及移苗后缓苗前湿度应相对大些，其他时间根据天气情况，保持秧苗生长正常的床土温度和空气湿度。

c. 光照和通风　为使苗床多照阳光，在维持适当床温的前提下，白天应提早揭去草苫子或棉被等覆盖物，傍晚应晚些盖上。在整个育苗过程中，除去播种后出苗前和移苗后缓苗前这两个时期的一段高温期不通风外，其他时间无论风天、雨雪天、阴天，都要进行适当通风。气温低时小通风，气温高时大通风，以保证种苗生长所需的适宜温度。

⑤ 移栽　移苗的头天晚间要浇透水，第二天即可起苗向大地移栽。栽苗前要事先施足底肥，浇透水。没有农家肥的，可用化肥磷酸氢二铵作为底肥撒入，然后把秧苗移栽，培土掩实，秧苗四周略成凹形。

⑥ 施肥　原则是施足基肥、早施追肥、重施再生肥。基肥可用猪粪、鸡粪等，追肥在苗高为 10 厘米时亩施尿素 7～8 千克，收割后的再生肥要重施，亩施尿素 10～15 千克。注意生长前期及留

茬收割后要拔除杂草，以利生长。

（2）田间管理

① 间苗与定苗　当苗高 8～10 厘米，即两叶期时，要进行间苗，有缺苗断空，可随间随补栽，要做到带上移栽补苗。留种田密度以每亩 8000 株为好，不宜超过 1 万株。

② 培土　籽粒苋植株高大，一般株高 1～1.5 米时，由于头重脚轻易倒伏，可在中耕时培土预防倒伏。

③ 打旁枝　对以收籽实为目的籽粒苋田，最好打掉侧枝，打下的枝芽是畜禽的优质饲料，同时保证主花序发育良好，主穗大，籽粒饱满，有利高产。

④ 病虫害防治　抽穗期易遭板角椿象虫危害，发生时可用敌百虫等农药防治 1 次或 2 次。

2. 收获及饲用价值

一般一熟可收割利用 3 次，以收割利用 2 次为好，并于第 1 次收割后，在其行间能播第二熟，提高土地利用率。留茬高度为 30 厘米左右，留 2～3 个叶芽为标准。留种时从播种到种子成熟需 100 天左右，春播夏收或夏播秋收，每亩可产种子 75～100 千克。当穗子颜色开始大部分变黄，有 9 成熟时，即可收获。穗子收下后，不必晒燥脱粒，可边收边在水泥地上用木棒敲打脱粒，经过筛扬等工艺，可脱粒干净，再晒干即可贮藏。最好分期采收，成熟多少采收多少，以免田间掉粒造成经济损失。

籽粒苋营养丰富，其最大特点是粗蛋白含量高达 18.97%，比玉米籽粒粗蛋白含量高 95%，是常用饲料（如甘薯、甘薯藤、胡萝卜、南瓜、包心菜、水浮莲、水葫芦）的 10 倍以上。其中叶片的粗蛋白含量最高，为 21%～28%，是食用或饲料用的主要部分。另外，籽粒苋的粗脂肪含量为 6.77%、粗纤维为 6.61%、灰分为 4.90%，可作为各种畜禽及鱼类的饲料。

六、饲用甜菜

饲用甜菜属菊科甜菜属二年生植物，来源于丹麦，是三倍体饲用甜菜新品种，属藜科甜菜属越年生植物（图 3-23）。其种子为丸衣单粒种。第一年生长粗大块根和繁茂的叶丛，产量极高。适合生

图 3-23 饲用甜菜

长温度为15～25℃。亩产鲜块根9000～10500千克，鲜叶2000～3000千克。亩产干物质1000～1500千克。其块根的干物质含量8.8%～10.8%，适宜条件时可达到13%～16%，块根干物质中的粗蛋白含量为12.81%、粗纤维为8.24%、粗脂肪为0.36%、粗灰分为13.34%。饲用甜菜的消化率为80%以上，利用价值极高。适宜种植范围广泛，最适合北方农区栽培的高能量多汁饲料作物，以产量高、饲喂效果好、适合多种家畜而受到广大农民和养殖户的喜爱。

饲用甜菜块根粗大，生长第二年抽花茎，高可达1米左右。根上长出的丛生的叶子，有长柄，呈长圆形或卵圆形，全缘呈波状；茎上长出的叶菱形或卵形，较小，叶柄短。圆锥花序大型；每个种球有3～4个果实，每果1粒种子，种子横生，双凸镜状，种皮革质，红褐色，具光亮。

饲用甜菜的根形、颜色随品种而异，按块根形状可分下列几个类型：①圆柱形品种，分黄色根和红色根，块根的大部分露于地上，很容易收获；②长椭圆形品种，根为红色，根肉为粉红色，块根的四分之一或三分之一露于地面；③球形或圆形品种，根为橙黄色，根肉为白色，根较大，常常二分之一以上露出地面；④圆锥形品种，为伴糖用品种，根白色或玫瑰色，形似糖用甜菜，根五分之一至六分之一露在地面上。这类品种比较抗旱。目前在我国栽培的主要品种有“西牧755”、“西牧756”。

饲用甜菜是长日照植物，喜冷凉半湿润气候，生长最适宜的温度为15～25℃。饲用甜菜对水、肥要求比较高，在黑土、沙土上种植，具有充足的水、肥时，可获得高产，单株块根重可达6～7.5千克。在轻度盐渍化土地上也可种植，但产量不高。

1. 栽培技术

（1）选地　选择土层深厚、富含有机质、排水良好、偏碱性土壤、有灌溉条件的地块种植。

（2）播种

① 播种时间：一般在3月下旬至5月上旬播种为宜。在西北和华北地区，一般3月底至4月上旬；东北地区4月上旬。

② 播种方式　单粒或复粒穴播，每穴1粒时，播种间距10厘米，播种量8000粒/亩，成苗后可间苗，保苗率4000～5000株/亩，间距20～30厘米，行距40～50厘米。也可条播，每亩用种量（干燥种子）1～1.5千克。

（3）田间管理　种前需深松土壤，细致整地，平整有墒，施农家肥2～3吨/亩，生长期再追施1～2吨农家肥，此外，每年应补充一定量的硫酸锰（0.3千克/亩）及硼（0.3千克/亩），在块根生长期需水量大，同时注意防涝（应避免在低洼易积水的地方种植甜菜），另外，还需注意及时防除杂草（尤其是苗期）和病虫害。如果发现根部腐烂发黑的甜菜立即拔除处理，以免感染其他甜菜。甜菜地忌连作，以免感染虫害，与谷物轮作效果好，轮作期一般3～5年。

2. 收获利用

饲用甜菜是优良的多汁高能饲料，极适于饲喂奶牛、羊、猪、兔、禽类等，利用形式多样，块根可直接饲喂，也可切碎或切丝或打浆，也可切块后青贮，叶子可直接鲜喂，饲用甜菜亩产鲜块根8000～15000千克，鲜叶2000～3000千克，其块根的干物质含量8.8%～10.8%，适宜条件时可达13%～16%，粗蛋白含量

12.8%，消化率可达80%以上，利用价值极高。在北方一般在霜降前收获，可直接窖藏或起收的块根可在田间临时贮藏一段时间，等块根散失一部分水分后，再窖藏，增加耐贮性。叶子烂坏不能饲喂家畜，块根煮熟后应立即饲喂，不能隔夜使用。

七、饲用豌豆

饲用豌豆又名小豌子、小寒豆（图3-24），一年生或二年生，在南方多利用冬闲田种植或与冬作物间作，以提供早春优质青饲料，茎叶也可作绿肥。在我国北方一些地区多春播或春麦地套种。中国以四川最多，次为河南、湖北、江苏、云南、陕西、山西、青海等省。嫩荚、嫩苗可作蔬菜；种子供食用、制淀粉或作饲料。

图3-24 饲用豌豆

饲用豌豆直根系，主根较发达，入土深约1.5米，主根根瘤较少，侧根上根瘤较多。茎圆形中空，细长，100～200厘米，大多蔓生或攀援，少数品种直立，株高50～60厘米。叶互生，小叶1～6对，卵形或椭圆形，顶端小叶退化为羽状分枝卷须，可攀援。花蝶形，白色或紫红色。荚果内含2～10粒种子，种子球形、椭圆形或扁圆形有棱。种皮光滑或皱缩，颜色有黄色、白色、黄绿色、灰褐色等。千粒重 150～300 克。

饲用豌豆种子最适生长温度 15℃左右，出苗期适温为 6～12℃，结荚期为 16～22℃。喜凉爽湿润的气候，抗寒。幼苗可耐短期－5℃低温，气温超过 20℃分枝减少、鲜草产量低，开花期遇 26℃以上高温易发病，能造成早熟减产。生长期内需水量较多，发芽时需吸收相当于自身重量的水分。开花期为需水临界期。对土壤适应能力较强，较耐瘠薄，各种土壤均可栽培，但以有机质多，富含磷、钾、钙的壤土为宜，适宜的土壤 pH 为 6.5～7.5，富含钙质的沙壤土和壤土最宜。

通过全国草品种审定委员会审定的饲用豌豆品种有以下 4 个。

(1) 中豌 1 号豌豆　育成品种，百粒重 28～30 克，丰产性好，生长势强，叶片肥大。幼苗能耐－6℃左右低温 5～7 天。适宜在北京、河北、河南、陕西、山西、湖北、安徽、辽宁、青海等地种植。

(2) 中豌 3 号豌豆　育成品种，百粒重 25～27 克，种皮薄、吸水快。适宜在北京、黑龙江、辽宁、河北、河南、陕西、山西、湖北、安徽和四川等地种植。

(3) 中豌 4 号豌豆　育成品种，百粒重 20～22 克，早熟，综合性状好，适应性强，易抓全苗。适宜在北京、湖北、安徽、青海等地种植。

(4) 察北豌豆　地方品种，植株为斜生型，百粒重 19.3～20 克，早熟，干草产量 4.5～5 吨/公顷。适宜在河北北部、山西雁北地区、内蒙古大部分地区种植。

1. 栽培技术

(1) 土地准备　选择土质疏松、土层深厚、光照充足，保肥保水的肥力中等、排水良好的地块种植。在土质黏重、土壤瘠薄的沙土，坡度较大，漏水漏肥的地块不适宜种植；这样的地块既满足不了饲用豌豆生长所需的肥水要求，也不利于饲用豌豆根菌的形成和活动。播种前要保证土壤墒情以利于种子发芽。基肥以磷、钾肥为主，施有机肥 15 吨/公顷、过磷酸钙 180～225 千克/公顷。土壤贫瘠，可加施尿素 75～150 千克/公顷。也可免耕播种。

(2) 播种 北方多春播，多在3～4月；南方秋冬播，多在10～11月。播前对种子进行清选，除去病、虫、破碎的籽粒。为提高出苗率，在播前晒种1～2天，或用30%的食盐溶液浸种1～2小时，捞出晾干后立即播种。播种方式以穴播和条播为主，北方宜条播，行距25～40厘米，播深4～7厘米，播量为每亩10千克；南方实行点播，行距30厘米左右，穴距20～30厘米，每穴2～4粒种子，播量为每亩5千克。直立型品种行距20～40厘米，蔓生型品种行距50～70厘米、株距10～20厘米。覆土3～5厘米，播后适当镇压，有利保持土壤墒情。除单播外，也与燕麦混播，可选择植株高大、茎叶繁茂的品种，混播时120～150千克/公顷饲用豌豆和60千克/公顷燕麦混播即可。

(3) 田间管理 饲用豌豆应轮作，忌连作。饲用豌豆苗期生长缓慢，易受杂草危害，需及时中耕除草。苗高5～7厘米时第一次除草，苗高15～20厘米第二次中耕，直到封垄。饲用豌豆需水量较多，出苗遇干旱，应适时灌水1～2次，开花结荚期灌水2～3次，雨水较多地区应注意排水，忌积水，以防烂根。为获高产，可苗期施少量速效氮肥，以每亩3千克为宜；开花结荚期喷磷，并根外施硼、锰、钼、锌、镁等微量元素，青刈后应注重追肥。苗期的病害主要有根腐病和立枯病，可选用可杀得2000干悬浮剂1000倍液、12%绿乳铜800倍液、12.5%烯唑醇1200～1800倍液喷雾防治。另外，还有白粉病，在发病初期可用50%托布津防治。褐斑病在发病初期喷洒波尔多液防治。主要害虫有蛞蝓、蚜虫、潜叶蝇、豌豆象等。防治潜叶蝇幼虫是关键，可选斑潜净。蛞蝓常于出苗时取食未出土的幼芽而造成缺苗，可于傍晚每亩撒施6%密达颗粒剂0.25千克进行防治；蚜虫可用50%杀灭快800倍液喷雾防治。

2. 收获利用

作鲜草利用的应在开花结荚期收割，此期饲用豌豆蛋白质积累达到最高；收籽粒的则在荚果八成熟时于早晨收获，迟则易裂荚落粒；豆、麦混种的宜在饲用豌豆开花结荚期、麦类开花期时收割。一般每亩产鲜草1～2吨，折合干草200～400千克；种子100～

150 千克。饲用豌豆是饲料轮作中一种很有价值的粮、饲料兼用作物，草质柔软，适于青饲、青贮、晒干草或制干草粉，新鲜茎叶多种家畜喜食。青刈豌豆秧粗蛋白占干物质的 1.40%，籽实中粗蛋白质含量为 22%～24%，尤其是赖氨酸含量较高。青草产量和营养成分含量较高（表 3-7）。豌豆籽实是家畜优良的精饲料，多用于冬春补饲和母畜、幼畜的精料。种子收获后的秸秆可作为家畜的粗饲料，粗蛋白含量较高，喂马、牛、羊均可，也可喂鱼。

表 3-7 饲用豌豆的营养成分（参考《中国饲用植物》）

采样时期	粗蛋白质/%	粗脂肪/%	粗纤维/%	无氮浸出物/%	粗灰分/%	钙/%	磷/%
青刈鲜重	1.40	0.50	5.80	11.60	1.50	0.20	0.04
籽实	21.20	0.81	6.42	59.00	2.48	0.22	0.39
秸秆	11.48	3.74	31.52	32.34	10.04	—	—

第四节 栽培作物

一、玉米

玉米为一年生植物，是重要的粮食和饲料作物（图 3-25）。玉米的籽实是最重要的能量精料。收获籽实后的秸秆如能及时青贮或晒干，也是良好的粗饲料。玉米植株高大，生长迅速，产量高；茎含糖量高，维生素和胡萝卜素丰富，适口性好，饲用价值高，适于作青贮饲料和青饲料。玉米在畜牧生产上的地位远远超过它在粮食生产上的地位，有“饲料之王”的美称。玉米在美国栽培最多，其次是中国、巴西，而单产最高的国家为奥地利、意大利、美国和加拿大。在我国，玉米分布也极为广泛，除南方沿海等湿热地区外，全国各地均适宜，但主要集中分布在东北、华北和西南山区。栽培最多的为黑龙江、吉林、河北三省，其次为山东、河南、辽宁。玉米是一种高产作物，其栽培面积和总产量，在粮食作物中仅次于水

图 3-25 玉米

稻和小麦，约占第三位。

须根系发达，大多分布在 30～60 厘米的土层中，最深可达 1.5～2 米，故能从深层土壤中吸收水分和养分。近地面的茎节上轮生有多层气生根，除具有吸收能力外，还可支持茎秆不致倒伏。玉米根系发育与地上部生长相适应，如根系发育健壮，则可供给地上部良好生长所需的水分和养分。茎扁圆形，粗壮直立，高 1～4 米，粗 2～4 厘米，茎上有节，节间基部都有一腋芽，通常只有中部的腋芽能发育成雌穗，基部节间的腋芽有时萌发成为侧枝，侧枝一般不能正常结实，收籽粒用的应早期除去，以免消耗养分，影响主茎生长。

叶互生，叶片数一般与节数相等。叶由叶鞘、叶片、叶舌三部分组成。叶鞘紧包着节间，其长度，在植株的下部分比节间长，而上部的比节间短，叶鞘紧抱茎秆，有保护茎秆和贮藏养分的作用；叶舌（也有无叶舌品种）着生于叶鞘与叶片交接处，薄而短，能防止雨水、害虫等侵入叶鞘；叶片外伸，一般长 70～100 厘米，宽 6～10 厘米，叶缘呈波浪状，光滑或有茸毛。

玉米雌雄同株，雄花序（又称雄穗）着生在植株顶部，为圆锥花序；雌花序（又称雌穗）着生在植株中部的一侧，为肉穗花序。雄花先开，借风力传粉，为典型的异花授粉植物。因此，玉米自交系或单交种制种田，都必须进行隔离。

玉米的籽粒有硬粒型、马齿型、中间型等。硬粒型玉米籽粒近圆形，顶部平滑、光亮、质硬、富角质，含有大量蛋白质，多为早熟种；马齿型玉米籽粒扁平形、顶部凹陷、光亮度较差、质软、富淀粉质，含蛋白质较少，多为晚熟种；中间型玉米介于硬粒、马齿型之间。籽粒大小差异很大，大粒种千粒重可达 400 克以上，最小的千粒重仅 50 克。颜色主要为黄色、白色，其中黄色玉米胡萝卜素含量丰富。饲料玉米一般为黄玉米。

玉米为喜温作物，对温度的要求因品种而异。夏玉米不能播种过晚，籽粒玉米要保证有 130 天生育期，青刈玉米也要有 100 天生育期。玉米种子一般在 6～7℃时开始发芽，但发芽缓慢，由于在土壤中存留时间长，容易受到土壤微生物的侵染而霉烂。且苗期不耐霜冻，出现－3～－2℃低温即受霜害，所以春玉米不能播种过早。生产上通常把土壤表层 5～10 厘米日均温稳定在 10～12℃时作为春玉米的适宜播期；夏玉米的播种越早越好。在适期播种范围内，早播有利于产量的提高。玉米拔节期要求日温度为 18℃以上，抽穗、开花期要求 26～27℃，灌浆成熟期保持在 20～24℃。玉米生育期内适温的控制主要通过选择适宜播期进行，如河南中部地区春玉米在 4 月中旬播种，夏玉米在 6 月 20 日前播种。

玉米单株体积大，需水多，但不同生育时期对水分的要求不同。出苗至拔节期间，植株矮小，生长缓慢，耗水量不大，这一阶段的生长中心是根系。由于植物根系具有“向水性”，为了促进根向纵深发展，应控制土壤水分在田间持水量的 60%左右。拔节以后，进入旺盛生长阶段，这时茎和叶的生长量很大，雌雄穗不断分化和形成，干物质积累增加，对水分的需求多，此期土壤含水量宜占田间持水量的70%～80%。抽穗开花期是玉米新陈代谢最旺盛、对水分要求最高的时期，对缺水最为敏感，有人称之为“水分临界期”。如水分不足、气温又高、空气干燥，抽出的雄穗在两三天内就会“晒花”，甚至有的雄穗不能抽出，或抽出的时间延长，造成严重减产甚至颗粒无收。这个时期土壤水分宜保持在田间持水量的80%。灌浆成熟期是籽粒产量形成阶段，一方面需要水分作原料进行光合作用；另一方面光合产物需要以水分为溶媒才能顺利运输到籽粒，保证籽粒高产，要保持土壤水分达田间持水量的70%～80%。

玉米是需肥较多的作物。一生中对氮的需要量远比其他禾本科作物高，钾次之，对磷的需要量较少。氮、磷、钾的比例为3∶1∶2.8，所以应以施氮肥为主，配合施用磷钾肥。但玉米不同生育期吸收氮、磷、钾肥的速度和数量不同，因此，玉米除施足基肥外，生长期间应分期追肥。一般来说，拔节至开花期生长快，吸收养分多，是玉米需肥的关键时期，充足的营养有利于促使玉米穗大粒多。春、夏玉米对肥料的吸收速度各异，夏玉米追肥的关键时期就是拔节至孕穗期；春玉米吸收氮较晚而平稳，到抽穗开花期达到高峰，所以春玉米除拔节、孕穗期施肥外，应适量多施粒肥，以满足其后期对肥料的要求。

玉米为喜光作物，在间作时，应搭配株矮耐阴的豆类和马铃薯等阴性植物。玉米对土壤要求不严，各类土壤均可种植，质地较好的疏松土壤保肥保水力强，能使玉米发育良好，有利于增产。土壤酸碱性宜pH 5～8，而以中性土壤为好，不适于在过酸、过碱的土壤中生长。

1. 栽培技术

(1) 品种的选择　要选择单位面积青饲产量高的品种。品种应具有植株高大、茎叶繁茂、抗倒伏、抗病虫和不早衰等特点。青饲料产量春播每亩要达到4500～8000千克，夏播每亩要达到3000～4000千克。茎叶的品质可以影响青饲料的质量。青饲青贮玉米品种要求茎秆汁液含糖量为6%，全株粗蛋白质达7%以上，粗纤维素在30%以下。果穗一般含有较高的营养物质，选用多果穗玉米可以有效地提高青饲青贮玉米的质量和产量。目前青饲青贮玉米有两种不同的类型：一是分蘖多穗型；二是单秆大穗型。过去曾经认为侧枝会带走主茎一部分养分，从而降低果穗的产量。但利用示踪技术研究证实，在抽穗期之前主茎和分蘖间的营养物质交换很弱；当侧枝与主茎都有果穗时，它们之间的物质交换也很弱；只有当主茎没有果穗时，营养物质才从主茎流入到有果穗的分蘖中。这就表明在选用青饲青贮玉米品种时，不应忽略分蘖。分蘖型品种往往具有较多的果穗，可以改善青饲料的品质。

青饲青贮玉米品种的选择还要求对牲畜适口性好、消化率高。青饲料中淀粉、可溶性碳水化合物和蛋白质含量高，纤维素和木质素含量低，则适口性好，消化率高。玉米叶中脉为褐色的品种含有较低的木质素，该特性是由bm3基因控制的。但导入bm3的材料往往抗倒性差，籽粒干物质产量低。

墨西哥的玉米野生近缘种和群体引入我国后，往往表现出植株高大、根系发达、晚熟和生物产量高等特点，可以作为育种的基本材料，而不宜作为青饲玉米种植，在某些有特殊要求的畜牧场可利用其再生能力强的特性，分次收割，以满足生产需要。

(2) 青饲青贮玉米的栽培　根据当地的生产条件和种植方式，选用生物产量高、穗多、抗病的品种，适当密植。青饲青贮玉米收获早，可以早腾茬。山东省农业科学院玉米研究所用鲁单40号等进行了一年两季的栽培试验。两季青饲青贮玉米每亩产量超过10000千克。其关键技术是第一季早春播，盖膜促早发，第二季套种，避开多雨芽涝期。

青饲青贮玉米的适期收获是非常重要的。最适收获期是在含水率为61%～68%时。这种理想的含水率在半乳线阶段至1/4乳线阶段出现（即乳线下移到籽粒1/2～3/4阶段）。若在饲料含水率高于68%或在半乳线阶段之前收获，干物质积累就没有达到最大量；若在饲料含水率降到61%以下或籽粒乳线消失后收获，茎叶会老化而导致产量损失。因此，收获前应仔细观察乳线位置。如果青饲青贮玉米能在短期内收完，则可以等到 1/4 乳线阶段收获。但如果需 1 周或更长时间收完，则可以在半乳线阶段至 1/4 乳线阶段收获。

青饲青贮品种具有分枝特性，故应比单秆品种减少播种量。手播时 3 千克/亩，机播时 2 千克/亩。植株的密度：此种玉米主要收获上半部分绿色体，所以要比粮食玉米密度大，行株距一般为 60 厘米×25 厘米，北方每亩要 4000～5000 棵基本苗，在长江以南地区因分枝减少，基本苗应为每亩 7000～8000 棵。最好先做密度试验然后再大量种植。

青饲青贮玉米品种有分枝特性，所以定苗时不能去分枝。而且，品种需肥量较大，需施 5000 千克/亩有机肥作底肥，苗高 30 厘米时追施复合化肥 30 千克/亩。封垄前要中耕培土，以利于灌溉与排涝，增强抗倒性，拔节前如干旱应灌水。

2. 收获利用

玉米抽穗后 40 天即乳熟后期或腊熟前期就可收割，过早收割会影响产量，过晚收割则黄叶增多影响质量。

二、墨西哥类玉米

墨西哥类玉米又叫墨西哥饲用玉米、假玉米、大刍草、水牛草等（图 3-26），是禾本科大刍草属一年生草本植物，是一种高产、

图 3-26　墨西哥类玉米

优质、适应性强、抗病虫害的饲料作物。原产于中美洲的墨西哥，20 世纪 80 年代初引进我国。在南方种植，生长繁茂，青草和种子产量都较高，年可刈割 3～5 次，青鲜草产量 90～110 吨/公顷（折合干草 13.5～16.5 吨/公顷），最高可达 225 吨/公顷，高产优质。适口性好，可鲜喂，也可青贮或调制干草。

墨西哥玉米植株形似玉米，茎秆粗壮、高大，一般株高 2.5～4 米，分蘖多。直立或稍倾斜。根系发达，在红壤旱地种植的根入土深可达 1 米。叶互生，长条形，长 90～120 厘米，叶鞘包茎。雌雄同株，雄花圆锥花序，生于植株顶端，雌花穗状花序，生于叶腋处。颖果呈串珠状，颖壳坚硬、光滑；成熟种子褐色或灰褐色，千粒重 54 天或 80 克。

墨西哥类玉米喜温暖湿润气候，宜在水肥条件较好的土地上种植。在 15℃时种子即可发芽，最适生长温度为 25～35℃。耐热性强，不耐霜冻，当气温降低至 10℃以下时，生长停滞，0℃左右会造成植株死亡。在年降水量达 800 毫米以上、无霜期在 180 天或 210 天以上的地区均可种植。耐旱性差，持续 15 天以上无雨，土壤水分不足，空气干燥，则生长停滞；不及时灌溉，则将严重减产。不耐涝，浸淹数日即引起死亡。对土壤要求不高，海拔 1200 米以下、pH 5.5～8.0 的微酸性或微碱性土壤均可种植。墨西哥类玉米播种后，在条件适宜的情况下，一般 7～10 天即可出苗，当幼苗长至 5 叶龄时，在第二叶位节最先萌发长出一个分蘖。分蘖多丛生于根茎处，离地面较高的茎节也会产生少数分蘖。分蘖力强，在整个营养生长期内都有分蘖，大田栽培一般每株分蘖 10～25 个，最高可达 90 多个。

墨西哥类玉米适应性广，在我国西南、华南、华北、华中、华东大部分地区均适宜种植。全国草品种审定委员会审定登记品种 1 个。为引进品种，该品种植株高大，分蘖多，叶量大。耐热性好，但耐寒性差，有一定的再生能力。适宜辽宁以南各省栽培。鲜草产量 7.5～10.5 吨/公顷。

1. 栽培技术

（1）土地准备　选择排灌方便、土质肥沃的壤土或沙壤土种植。以优质有机肥料作基肥、深耕、细耙。播种前施有机肥22.5～30吨/公顷，钙镁磷肥600～750千克/公顷作基肥，撒匀后翻耕，整细耙平，以备播种。

(2) 播种　墨西哥类玉米为春播饲草，可撒播、条播或育苗移栽，条播时行株距为60厘米×40厘米，播种量45～75千克/公顷。墨西哥类玉米种子成熟参差不齐，种粒较大，在播种前最好进行水选，即用一较大盛水器，倾入种子随即搅拌，捞去浮起的白色无用种子，沉底种子捞出晾干播种。播种期一般在地温稳定在15℃以上时开始，在江西通常自南向北是3月下旬至4月中旬播种。北方4月初至5月中旬最好，可育苗移栽也可穴播，育苗移栽每亩用种250克，穴播每亩用500克。移栽时，当苗长出5片叶时可进行。每亩3500～3000株、株距40～45厘米。

(3) 水肥管理　肥水充足才能高产。除施足基肥外，在苗期施一次速效氮肥，以促使其分蘖，以后每刈割一次应注意中耕并追施速效肥，如施尿素75～150千克/公顷。墨西哥玉米需水量大，但又不耐水淹。春季雨水多时，要注意清沟排水，防止水淹。干旱缺水对其生长影响很大，连续10～15天无雨，叶尖出现萎蔫，要及时灌水。入夏后，当植株下部茎节长出气生根时进行培土，有利于吸收养分，支撑植株，防止倒伏。

(4) 病虫杂草防控　墨西哥类玉米苗期易受地老虎的危害，可采用毒饵诱杀，也可早上查苗捕杀。在生长期间如遇蚜虫或红蜘蛛侵袭，可用40%乐果乳剂1000倍液喷施杀灭。

幼苗期，气温一般较低，生长比较缓慢，此时易滋生杂草，需及时中耕除草1～2次。

2. 收获利用

墨西哥类玉米孕穗期粗蛋白质含量为13.9%、粗脂肪为2.11%、粗纤维为28.5%。牛、羊、兔、猪、鱼等都爱吃。利用时要现割现喂，喂多少割多少。刈割期随饲喂对象而异，鹅、猪、鱼利用以株高80厘米以下为好，饲喂牛、羊、兔可长至100～120厘米时刈割。刈割利用留茬高度10～15厘米，草茬刀口要割成倾斜角度，雨水不停贮在草茬上，减少刀口感染，提高再生率。从墨西哥引进的最新品种墨西哥玉米草优 12，在我国的河南、河北、山西、广东等地多点试种表明，每亩最高产量可达 35 万千克，较普通的墨西哥玉米草产量提高 40%～70%，其产量在所有牧草当中遥遥领先，极具推广价值。每次刈割后如适时浇水可使产量大幅提高，24 小时最多生长可达 12 厘米，其速生性令人称奇。

一般的牧草品种如果要获得较高的产量，必须有充足的甚至苛刻的肥水及栽培条件才能达到，而墨西哥玉米草优 12 经广泛试种，不仅适合在肥水好的地块栽培，而且可在贫瘠的土壤上栽培成功，且管理上简便易行，极易栽培。

墨西哥玉米草优 12 茎叶味甜、脆嫩多汁，适口性极好，鲜草含粗蛋白 19.3%，另含有多种畜禽所需的微量元素，牛、羊、猪、兔、鹅等均喜采食，同时也是草食性鱼类的首选牧草，且消化转化率高，经济效益极为可观。

墨西哥类玉米也可用于青贮，是多糖的优质青贮原料。青贮时在扬花至灌浆期刈割，切成长 2～3 厘米的小段，进行窖贮；或用揉碎机将刈割后的鲜草直接进行揉碎后压捆，采用袋贮或拉伸膜裹包青贮。青贮应在开花后刈割。专作青贮时，可与豆科的大翼豆、山蚂蟥等蔓生植物混播，以提高青贮质量。

第四章
栽培牧草的加工调制与贮藏

第一节　牧草加工调制与贮藏的意义

草业系统工程主要包括种植、加工和养殖三个环节，加工占中间一个较重要的环节，栽培牧草的加工调制和贮藏是草业系统工程中的一个重要环节，搞好栽培牧草的加工调制和贮藏具有重要意义。首先，有利于保证畜禽的饲草需求量与饲草供应量的常年平衡。在自然生产条件下，我国的牧草生产，存在着季节间的不平衡性和地区间的不平衡性。表现为暖季（夏秋季节）在饲草的产量和品质上明显的超过冷季（冬春季节），内蒙古、新疆等牧区产草量远远高于其他地区，这给畜牧业生产带来严重的不稳定性。通过牧草加工，首先可以解决畜禽饲养过程中存在的“夏活、秋肥、冬瘦、春乏（死）”和“丰年大发展，平年保本，灾年大量死亡”的问题。第二是有利于保证畜禽的营养需要，经加工的牧草，营养损失少，基本上可以满足畜禽冬、春季节的营养需要。第三是有利于方便运输，可以保证牧草生产量不足地区的饲草供应。

牧草加工调制方法主要包括青贮技术、干草调制技术、草粉和草颗粒（草块、草砖、草饼）成型工艺技术、叶蛋白提取技术、饲草料发酵技术和饲草料理化加工技术。当然，还有其他的加工技术，如高活性膳食纤维提取技术、酶制剂提取技术等。本文只重点讨论干草调制技术、草粉、草颗粒（草块、草砖、草饼）成型工艺技术和青贮技术。

第二节　牧草的适时收获

饲草饲料收获对象有三种，即籽实、地上部和地下部。籽实饲料是重要的精饲料，主要包括禾谷类和豆类籽实。禾谷类籽实如玉米、高粱、燕麦等，适口性好，是单胃畜禽的基本饲料成分。豆类籽实如大豆、豌豆、秣食豆等，是畜禽优良的蛋白质补充饲料；以收获地上部茎叶为主要目的的有牧草与青饲料，如苜蓿、无芒雀麦、羊草等；以获取地下部块茎、块根、直根等营养器官为主要目的的有萝卜、马铃薯等。通常，牧草主要以收获地上部茎叶为主要目的，我们这里作重点介绍。

决定饲草营养价值的因素有遗传性、生育期和栽培技术、土壤肥力，所以在牧草生产中，不仅要挑选好的品质，搞好田间管理，也要适时收割。牧草收获是牧草生产的关键措施之一，它关系到牧草的产量和草产品的质量，以及对畜禽的营养价值和饲用价值，进而决定了种植牧草的经济价值和效益。所以，在牧草的生产与加工过程中，牧草收获是一项技术性强、时间紧、需要周密计划的重要技术环节。

一、最适刈割期

确定牧草的最适刈割时期，一定要兼顾草产品的质量、产量和牧草的再生长。不同生育时期牧草的品质及营养价值及消化率均不同，干物质的产量也有很大的差异，越是幼嫩的牧草，营养价值越高，越容易被动物消化，但干物质产量则越低。越接近成熟阶段，营养价值越低，越难于被动物消化，而干物质产量则越高。确定牧草的收获适宜时期，实质上就是在牧草的营养饲喂价值和干物质产量之间找到最佳的平衡点。这个平衡点可以用一个简单的指标——综合生物指标来判定，综合生物指标即产草量和营养成分之积。所以，确定牧草的最适刈割时期，必须考虑两项指标：一是产草量；二是可消化营养物质的含量。在牧草的一个生长周期内，只有当产草量和营养成分之积（即综合生物指标）达到最高时，才是最佳收割期。确定牧草适宜刈割期通常情况下应遵循如下原则。

（1）以单位面积内营养物质产量的最高时期或以单位面积的总可消化养分最高时期为最佳刈割期。

（2）有利于牧草的再生，不影响下一茬牧草的质量和产量；有利于多年生或越年生（二年生）牧草的安全越冬和返青，并对翌年的寿命和产量无影响。

（3）利用目的不同，刈割期应有所不同。如生产苜蓿干草粉时，应在现蕾期进行刈割。虽然产量稍低一些，但草粉品质非常好，经济效益和商品价值较好。若在盛花期刈割，虽草粉产量较高，但草粉质量明显下降。

（4）天然割草场，要以所有草中主要牧草的最适刈割期作为最适刈割期。

1. 豆科牧草的最适刈割期

豆科牧草含蛋白质高，占干物质的16%～22%，相对于禾本科牧草，其不同生长阶段的营养成分变化非常大（表4-1）。例如，开花期结束时，作为主要营养物质的粗蛋白质和粗脂肪含量减少到营养生长期的一半左右。粗蛋白质营养生长期为26.1%，到了花后只有12.3%；粗脂肪营养生长期为4.5%，到了花后只有2.4%。而比较难于消化的粗纤维却从17.2%增加到了40.6%。

表4-1　不同生育期苜蓿营养成分的变化

（%）（《饲草生产学》. 董宽虎，沈益新主编 . 2002）

生育期	干物质	粗蛋白	粗脂肪	粗纤维	无氮浸出物	粗灰分
营养生长	18.0	26.1	4.5	17.2	42.2	10.0
花前	19.9	22.1	3.5	23.6	41.2	9.6
初花	22.5	20.5	3.1	25.8	41.3	9.3
盛花	25.3	18.2	3.6	28.5	41.5	8.2
花后	29.3	12.3	2.4	40.6	37.2	7.5

豆科牧草叶片中的蛋白质含量较茎为多，占整个植株蛋白质含量的60%～80%（表4-2）。

表 4-2 豆科牧草茎叶的蛋白质含量

(《草地学》. 北京农业大学主编. 1982)

牧草种类	蛋白质含量(茎)/%	蛋白质含量(叶)/%
苜蓿	10.6	24.0
红三叶	8.1	19.3
杂三叶	9.5	20.7
大豆	10.1	22.0

以叶片的含量直接影响到豆科牧草的营养价值。豆科牧草的茎叶比随生育期而变化，在现蕾期叶片重量要比茎秆重量大，而至终花期则相反（表 4-3）。因此，收获越晚，叶片损失越多，品质就越差。

表 4-3 紫花苜蓿的茎叶重量比

(《草地学》. 北京农业大学主编. 1982)

生育期	叶/%	茎/%
现蕾期	57.3	42.7
初花期	56.6	43.4
50%开花	53.2	46.8
终花期	33.7	66.3

春天收割刚长起来的幼嫩的豆科牧草非常不好，影响其自身生长，会大幅度降低当年的产草量，并降低来年苜蓿的返青率。这是由于贮藏于根中的碳水化合物不足，同时根冠和根部在越冬过程中受损伤且不能得到很好的恢复所造成的。另外，北方地区豆科牧草最后一次的收割需在预计第一次下霜前一个月进行，以保证越冬前其根部能积累足够的养分，保证安全越冬和来年返青。综上所述，从豆科牧草产量、营养价值和有利于再生等情况综合考虑，豆科牧草的最适收割期应为现蕾盛期至始花期（图 4-1）。

2. 禾本科牧草的最适收割期

多年生禾本科牧草在可消化营养物质和牧草的产量方面与豆科牧草有相同的趋势，在拔节至抽穗以前，叶多茎少，纤维素含量较

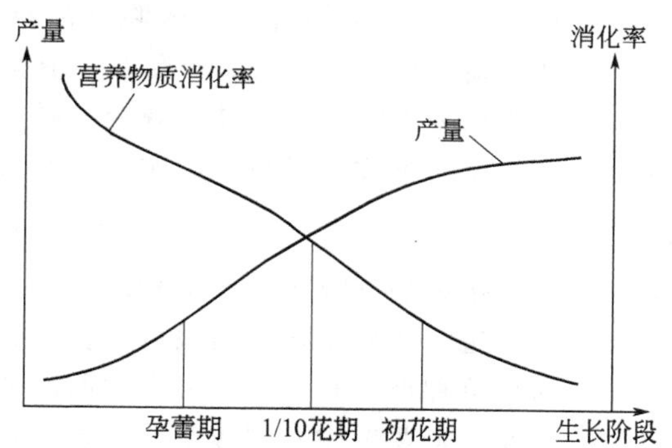

图 4-1 豆科牧草产草量和营养物质消化率变化示意图

低，质地柔软，粗蛋白质和胡萝卜素含量较高。但进入开花期后，茎叶比显著增大，粗蛋白质含量减少，粗纤维含量增加，消化率降低。从牧草产草量的动态上看，一年内地上部分生物量的增长速度是不均衡的，孕穗至抽穗期生物量增长最快，营养物质产量也达到高峰，此后则缓慢下降，也就是说禾本科牧草在开花期内产量最高，而在孕穗至抽穗期饲料价值最高。一般认为，禾本科牧草单位面积的干物质和可消化营养物质总收获量以抽穗至初花期最高。在孕穗至抽穗期收割有利于牧草再生，同时兼顾产量、再生性以及下一年的生产力等因素，大多数多年生禾本科牧草在用于调制干草或青贮时，应在抽穗至开花期刈割。综上所述，多年生禾本科牧草一般多在抽穗至初花期收割，秋季在停止生长或霜冻前 45 天禁止收割。而一年生禾本科牧草则依当年的营养状况和产量来决定，一般在抽穗后收割。

3. 其他科牧草适宜收获时期

与禾本科和豆科牧草一样，其他科牧草适宜收获时期也应根据牧草的营养状况、产量因素和对下茬草的影响来决定收割时期，如菊科的串叶松香草、菊芋等以初花期为宜，而藜科的伏地肤、驼绒藜等则以开花至结实期为宜。

4. 青贮玉米的适宜刈割期

制作青贮的玉米从品种上分为专用青贮玉米和兼用青贮玉米。

专用青贮玉米现在国内有约 8 个品种，一般晚熟品种从低纬度引种，植株高大，枝叶茂盛，生育期延长，产量高。其最佳收获期在穗达乳熟期时。对于兼用型青贮玉米最佳收获期为腊熟末期，作青贮料时必须连续作业，及时抢收，腊熟不影响籽实产量。

二、刈割高度

牧草的刈割高度直接影响到牧草的产量和品质，还会影响下一茬牧草的再生速度和产量，如果是入冬前最后一茬，还会影响第二年的返青率。不同的牧草种类，其生长点距离地面的高度不同，所以牧草收割时留茬高度一定要考虑不同牧草生长点的特点，不同牧草收割时要求留茬高度不同。牧草收割时留茬过高降低牧草产量，枯死的茬枝会混入下一茬牧草中，严重影响牧草的品质，降低牧草的等级，直接影响到牧草生产的经济效益。留茬过低影响再生草的生长，甚至割掉生长点和分蘖节使牧草失去再生能力。豆科牧草中的紫花苜蓿一般留茬高度在 4～5 厘米，而百脉根要求留茬高度在 20～30 厘米。禾本科牧草中的上繁草，如无芒雀麦、冰草、羊草等一般留茬高度在 6～8 厘米。另一方面，对 1 年只收割 1 茬的多年生牧草来说，刈割高度可适当低些。实践证明，刈割高度为 4～5 厘米时，当年可获得较高产量，且不会影响越冬和来年再生草的生长；而对一年收割 2 茬以上的多年生牧草来说，每次的刈割高度都应适当高些。在气候恶劣、风沙较大或地势不平、伴有石块和鼠丘的地区，牧草的刈割高度可提高到 8～10 厘米，以有效保持水土，防止沙化。

三、收获方法

牧草的收获方法一般有两种，即收割收获和用家畜放牧收获。收割收获主要用于商品草的生产和饲料的贮备与调节，采用的方法有人工收割和机械收割，人工收割干草，采用的主要工具是镰刀。

1. 人工割草

人工割草在我国农区和半农半牧区仍然是主要的割草方法。人工割草通常用镰刀或钐刀两种工具（图 4-2）。镰刀割草适用于小面积割草场，效率较低，一般每人每天能割鲜草 250～300 千克。

图 4-2 人工割草

钐刀其实是一种大镰刀，刀片宽度一般为 10～15 厘米，其柄长一般为 2.0～2.5 米的。在使用的时候，镰刀一般是单手握柄，人手臂用力向后拉，完成割草动作；而钐刀则一般双手握柄，靠人的腰部力量和臂力横向轮动钐刀，来达到割草的目的，并直接集成草垄。利用钐刀割草要比用镰刀效率高很多，一般情况下，每人每天可刈割 1200～1500 千克鲜草。

2. 机械化割草

目前，机械化收割牧草已在我国逐渐得到了推广和普及（图 4-3）。一方面一些大型牧草生产加工企业引进了国外一些先进的牧草机械设备，同时国内的牧业机械厂也积极开发生产出了一批经济实惠、适用性强的牧草机械设备。目前收获牧草的机械有以下三种型号。

① 国产小型收获机 一般用 15～18 马力的小四轮动力牵引机作动力，一般每小时收割 5～10 亩。小型收获机具有挂接简单、操作灵活、作业效率高等特点。

② 大型进口割草机 当前主要有美国约翰迪尔公司生产的 820 型往复式割草压扁机，工作效率每小时 20～25 亩，可一次性完成切割、压扁和铺条三项工作；另有美国凯斯公司生产的 8300 系列割草机，生产效率一般为每小时 20～30 亩。进口割草机维护费用

图 4-3　机械化割草

较高。

③ 国产大型牧草收割机　主要有 PGXB-1.7 型双圆盘切割压扁机，该机对各种草场适应性强、收割速度快、操作灵活、割茬低、不需要磨刀、换刀快，适宜收获密度较高的天然草地和人工种植的各种牧草，生产效率每小时 15～20 亩。

机动割草机也可分为往复式和旋转式两种。国产牵引式单刀割草机，每小时可割草 13 亩，留茬平均高度为 5.3 厘米，可用 15～30 马力拖轮式拖拉机牵引。a. 机引三刀割草机，当前进速度为 5.5 千米每小时时，可割草 3 公顷/小时。b. 属于悬挂式的割草机有手扶侧悬挂割草机，割幅 2.1 米，割茬高度最低为 5 厘米，当前进速度为 6.2 千米/小时时，可割草 0.8～1.2 公顷/小时。以上均是往复式割草机。目前旋转式割草机发展较快，它利用装在回转滚筒或圆盘上的刀片进行割草。滚筒或圆盘呈相反方向，旋转速度为 1800～3000 转/分，工作速度每小时可达 25.8 千米，工作幅宽 1.5～1.8 米。国产旋转条放割草机割幅为 3 米，割草高度可控制在 2～12 厘米，割后自动集成条堆，条堆幅宽 60～70 厘米，省去了搂草工作。若前进速度为 9 千米/小时，割草 2.7 公顷/小时，在风力为 6～7 级时仍能割草。我国当前使用的是苜蓿割草机和自动捡拾打捆机，该机机械结构简单，易操作、修理，但切割刀盘在遇到障碍物时不能升降，此外该机割下的草铰碎。目前国外大多使用滚筒式、圆盘式或水平旋转式割草机，这些割草机坚固耐用、工作速度快。这些机具一次通过就能完成刈割、压扁、成条三道工序。

第三节 干草调制

一、干草调制的意义

干草调制是把天然草地或人工种植的牧草和饲料作物进行适时收割、晾晒和贮藏的过程。刚刚收割的青绿牧草称为鲜草，鲜草的含水率大多在50%～85%，鲜草经过一定时间的晾晒或人工干燥，水分达到15%以下时，即成为干草。这些干草在干燥后仍保持一定的青绿颜色，因此也称青干草。优质干草含有家畜所必需的营养物质，是磷、钙、维生素的重要来源，干草中含蛋白质7%～14%，可消化碳水化合物40%～60%，能基本上满足日产奶5千克以下奶牛的营养需要。优质干草所含的蛋白质高于禾谷类籽实饲料。此外，还含有畜禽生产和繁殖所必需的各种氨基酸，在玉米等籽实饲料中加入富含各种氨基酸的干草或干草粉，可以提高籽实饲料中蛋白质的利用率。我国的草地牧草生产，存在着季节间的不平衡性，表现为暖季（夏、秋）在饲草的产量和品质上明显的超过冷季（冬、春），给畜牧业生产带来严重的不稳定性，形成“秋肥、冬瘦、春死”的落后局面。由于寒冷的冬季牧草停止生长，放牧家畜只能采食到残留于草地上的枯草，而枯草的营养价值较夏秋牧草的营养价值下降60%～70%，特别是优良的豆科牧草和杂类草植株上营养价值高的部分，几乎损失殆尽，如果单靠放牧采食这些质差量少的枯草，就不能满足家畜的冬季营养需要，因而发生家畜的“冬瘦”现象。遇到大雪覆盖草地的“白灾”，牲畜就连枯草也得不到，造成牲畜大批死亡。因此，建立割草地和充分准备越冬干草，对于减少冬、春家畜掉膘、死亡，解决季节饲料不平衡，具有重要意义。随着我国畜牧业的发展，人们对牛肉、羊肉、兔肉、鹅肉、牛奶等草食动物畜产品的需求量不断增加，从而大大刺激了我国草食畜禽养殖业的发展。我国草食畜禽养殖业的飞速发展，造成牧草的奇缺，据估算，我国全年的干草缺口在300万吨以上。近年国家大面积推广人工种草。这些高产的人工草地除少部分用于直接收割鲜草饲喂畜禽外，大部分调制成青干草作为畜禽冬春季的饲草供应来源，因此，调制干草的数量和质量是影响到畜牧业能否稳定发展的关键因素之一。优质干草产品还是国际贸易中的热门产品，全世界每年的贸易额高达50亿美元，在美国干草产业是十大支柱产业之一，年产值10亿美元左右。东西亚的日本、韩国和菲律宾等国及我国台湾地区是国际干草产品的主要消费市场，我国是这些国家和地区的近邻，干草运输比起从美国、加拿大运输要节省3/5的运输成本。因此说，我国大力发展牧草产业具有得天独厚的优越条件，而生产营养价值高、颜色绿、叶量丰富和气味芳香的优质干草，则成为目前干草调制的主要任务。

简而言之，青干草的生产意义为：①青干草能够常年为家畜提供均衡饲料，缓解由于牧草生长季节不平衡而造成的畜牧业生产不稳定；②尽可能多地保存鲜草中的营养物质；③做成商品用来销售，出口创汇；④调制青干草方法简单、原料丰富、成本低，又便于长期大量贮藏，在畜牧饲养上有重要作用。

二、青干草的种类

青干草按原料来源和制作方法的不同可划分为不同的类型。按原料来源分为：①豆科青干草，如苜蓿、沙打旺、草木樨、三叶草、红豆草等；②禾谷类青干草，包括天然草地的禾本科牧草和栽培的饲用谷类植物制成的青干草，如羊草、无芒雀麦、冰草、苏丹草、燕麦、大麦等；③混合青干草，如天然割草场及人工混播草地收割调制的青干草；④其他，部分农副产品可以调制成优质青干草来利用，如胡萝卜的苗。

按干燥方法分为自然干燥青干草和人工干燥青干草。

三、牧草在干燥过程中的变化

牧草的干燥是牧草生产过程中的关键环节，能否把大量的牧草变成可利用的优质牧草商品，就取决于这一环节的成败。牧草在干燥过程中，还会伴随一系列的生理生化变化以及机械物理方面的损失，因此，牧草的干燥过程是植物体内水分及营养物质散失和机械损失等几方面综合变化的过程。

1. 牧草干燥过程中水分的散失

牧草刈割以后，通常鲜草含水率在50%～80%，甚至高达90%以上，干草要达到贮藏条件其含水率应该降低到15%～18%，最高不能超过20%，而干草粉含水率则为13%～15%。在自然条件下，收割后的牧草水分散失过程有两个阶段。一是快速散失阶段。该阶段植物体内各部位水分散失的速度基本上是一致，同时失水速度很快。一般情况下，牧草含水率从80%～90%降低到45%～55%，仅仅需要5～8小时。因此，采用地面干燥法时牧草在地面的干燥时间不应过长。二是慢速散失阶段。当禾本科牧草含水率减少到40%～45%、豆科牧草减少到50%～55%时，植物体散水的速度越来越慢，牧草含水率由45%～55%降到18%～20%时需1～2天。

不同条件下牧草的干燥速度是不同的，影响牧草干燥速度的因素可归结为外因和内因两大因素。外因主要包括大气湿度、气温、风速；内因主要包括牧草的外部形态和内部结构。具体影响因素如下。

(1) 外界气候条件　牧草干燥的速度受空气湿度、空气流动速度和空气温度等多方面因素的影响，当空气湿度较小、空气温度较高和空气流动速度较大时，可加快牧草的干燥速度；相反则会降低牧草的干燥速度。

(2) 牧草的持水能力　植物因其种类不同，保蓄水分的能力也不同。在外界气候条件相同的情况下，植物保蓄水分能力越强，干燥速度越慢。豆科牧草一般比禾本科牧草保蓄水分能力大，所以，它的干燥速度比禾本科慢。例如，豆科牧草苜蓿在现蕾期刈割需要75小时才能晒干，而在抽穗期刈割的禾本科牧草，仅需27～47小时就能晒干。另外，由于幼龄植物比发育后期植物的纤维含量少，而胶体物质含量高，保蓄水分的能力较大，干燥速度较慢。

(3) 牧草不同部位　植物体的各部位，不仅含水量不同，而且它们的散水速度也不一致，所以植物体各部位的干燥速度是不均匀的。叶的表面积大，水分从内层细胞向外表层移动的距离要比茎秆近，所以叶比茎秆干燥快得多。试验证明，叶片干燥速度比茎（包括叶鞘）快5倍左右。当叶片已完全干燥时，茎的水分含量还很高。由于茎秆干燥速度慢，导致整个植物体干燥时间延长，牧草的营养成分因生理生化过程造成的损失增加，叶片和花序等幼嫩部分脱落损失。

2. 牧草干燥过程中营养物质的变化

在自然条件下晒制干草时，营养物质的变化要先后经过两个复杂的过程。

（1）饥饿代谢阶段　在此阶段，牧草被刈割以后，植物的细胞并未立即死亡，短时期内仍旧能够将从土壤吸收的营养物质合成牧草自身的成分，但比较微弱。随着因刈割后的牧草与根分离，不能继续从土壤中吸收营养物质，营养物质的供应中断，合成作用逐渐停止，转向分解作用，而且只能分解植物体内的营养物质，导致饥饿代谢。水分减少到40%～50%细胞死亡，呼吸停止，这一过程结束。这一时期植物体内总糖含量下降，少量蛋白质被分解成以氨基酸为主的氨化物，消耗了牧草自身的营养物质，使其能够供给动物的营养物质含量降低。刚刈割的牧草，由于植物呼吸作用旺盛，如果堆积过厚，致使温度升高，更加剧了牧草体内营养物质的分解破坏。此阶段营养物质的损伤一般在5%～10%。

（2）牧草干燥后期的自体溶解阶段　此阶段发生在牧草含水率由45%～55%降到18%～20%，此阶段，牧草水分以角质层蒸发为主，散失速度变慢，需要的时间较长。在牧草含水率45%～55%时，牧草细胞死亡以后，在植物体内其自身酶的参与下，在死细胞中进行的营养物质降解过程称为自体溶解阶段。这一时期碳水化合物几乎不变，但蛋白质的损失和氨基酸的破坏，随这一时期的拖长而加大，特别是牧草水分较高（大于50%）时。这一时期，维生素及可溶性营养物质损失较多，但同时牧草经阳光中紫外线的照射作用，牧草中的麦角固醇转化为维生素D；在牧草干燥后期或贮藏过程中，蜡质、挥发油、萜烯等物质氧化产生醛类、醇类，使青干草具有一种特殊的芳香气味。

四、干草调制过程中养分的损失

1. 机械作用引起的损失

调制干草过程中，由于牧草各部分干燥速度（尤其是豆科）不一致，因此在搂草、翻草、搬运、堆垛等一系列作业中，叶片、嫩茎、花序等细嫩部分易折断、脱落而损失。一般禾本科牧草损失2%～5%，豆科牧草损失15%～35%。机械作用造成损失的多少与植物种类、刈割时期及干燥技术有关。为减少机械损失，应适时刈割，在牧草细嫩部不易脱落时及时集成各种草垄或小草堆进行干燥。干燥的干草进行压捆，应在早晨或傍晚进行。或在牧草水分降到45%左右时就打捆，这样可大大减少营养物质的损失。

2. 光化学作用造成的损失

晒制干草时，阳光直射的结果是植物体所含的胡萝卜素、叶绿素及维生素C等，在阳光的漂白作用下，因氧化而被破坏，胡萝卜素损失达50%以上，其损失程度与日晒时间长短和调制方法有关。为了避免或减轻植物体内养分因光化学作用的破坏而受到严重损失，应该采取有效措施，减少阳光的直接暴晒。

3. 雨淋损失

晒制干草时，最怕淋雨。雨淋会造成营养损失，主要有两个途径：一方面，雨淋会增大牧草的湿度，延长干燥时间，从而由于呼吸作用的消耗而造成营养物质的损失；另一方面，淋雨对干草造成的破坏作用，主要发生在干草水分下降到50%以下，细胞死亡以后，这时细胞膜的渗透性提高，一些较简单的可溶性养分能自由地通过死亡的原生质薄膜而流失，而且这些营养物质的损失主要发生在叶片上，因叶片上的易溶性营养物质接近叶表面。

4. 微生物作用引起的损失

牧草表面附着有大量的微生物，但只有在牧草细胞死亡之后才能把牧草作为培养基繁殖起来。微生物的繁殖需要一定的条件，比如牧草的含水量、气温与大气湿度。细菌活动的最低要求为植物体含水率在25%以上；气温要求在25～30℃，而当空气相对湿度在85%～90%时，即可能导致干草发霉。这种情况多在阴雨连绵时发生。发霉一方面会使干草品质降低，水溶性糖和淀粉含量显著下降，发霉严重时，脂肪含量下降，含氮物质总量也显著下降，蛋白质被分解成一些非蛋白质化合物；另一方面会生成有毒物质，造成干草不能饲喂家畜，发霉的牧草易使家畜患肠胃病或流产等，尤其对马危害更大。

5. 营养物质消化率下降

牧草品质的高低主要决定于牧草可消化营养物质含量的高低。晒制成的干草的营养物质的消化率，均低于原来的青绿牧草。首先，牧草干燥时，纤维素的消化率下降。这可能是因为果胶类物质中的部分胶体转变为不溶解状态，并沉积到纤维质细胞壁上，使细胞壁加厚，使消化酶难于透过细胞壁，从而造成营养物质消化率的降低。其次，牧草干燥时易溶性碳水化合物与含氮物质的损失，在总损失量中占较大比重，影响干草中营养物质的消化率。草堆、草垛中干草发热时，有机物质消化率下降较多。如红三叶草，气温为35℃时，一天内营养物质的消化率变化不大；当升为45～50℃时，蛋白质消化率降低14%。

牧草干燥过程中，营养物质会有不同程度的损失。一般情况下，总营养价值损失20%～30%，可消化蛋白质损失30%左右。在牧草干燥过程中的总损失量里，以机械作用造成的损失为最大，可达15%～20%，尤其是豆科干草叶片脱落造成的损失；其次是呼吸作用消耗造成的损失，为10%～15%；由于酶的作用造成的损失为5%～10%；由于雨露等淋洗溶解作用造成的损失则为5%左右。

五、干草的调制方法

为了降低干草调制过程中可消化营养物质的损失，在牧草干燥过程中，必须遵循以下基本原则。

(1) 尽量加速牧草的脱水，缩短干燥时间，以减少由于生理、生化作用和氧化作用造成的营养物质损失。尤其要避免雨水淋溶。

(2) 在干燥末期应力求植物各部分的含水量均匀。

(3) 牧草在干燥过程中，应防止雨露的淋湿，并尽量避免在阳光下长期暴晒。

（4）集草、聚堆、压捆等作业，应在植物细嫩部分尚不易折断时进行。

牧草干燥方法的种类很多，但大体上可分为两类，即自然干燥法和人工干燥法。

1. 自然干燥法

包括地面干燥法、草架干燥法、发酵干燥法、加速田间干燥速度法等。其中以地面干燥法为主。

（1）地面干燥法　我国东北、内蒙古东部以及南方一些山地草原区，刈割期正值雨季，应注意使牧草迅速干燥。牧草刈割后先就地干燥4～6小时，应尽量摊晒均匀，并及时进行翻晒通风1～2次或多次。一般早晨割倒的牧草在上午11点左右翻草一次，效果比较好；第二次翻草，应该在下午2点钟左右效果较好；下午4点以后的翻草和不翻没有太明显的区别。在牧草含水率降低到50%左右时，用搂草机搂成草垄继续干燥4～5小时。当牧草含水率降到35%～40%时，应该用集草器集成草堆，过迟就会造成牧草叶片脱落，经2～3天可使水分降低到20%以下，达到干草贮藏的要求。豆科牧草的叶片在叶子含水率26%～28%时开始脱落；禾本科牧草在叶片含水率为22%～23%，即牧草全株的总含水率在35%～40%时，叶片开始脱落。为了保存营养价值高的叶片，搂草和集草作业应在此以前进行。牧草在草堆中干燥，不仅可以防止雨淋和露水打湿，而且可以减少日光的光化学作用造成的营养物质损失，增加干草的绿色及芳香气味。试验证明，搂草作业时，侧向搂草机的干燥效果优于横向搂草机。例如，干燥时期相同，使用侧向搂草机搂成的草垄中，牧草在堆成中型草堆前，含水率为17.5%，全部干燥期间，干物质损失为3.64%，胡萝卜素的损失为60.4%；而使用横向搂草机，则分别为29%、6.73%和62.1%。

（2）草架干燥法　草架主要有独木架、三角架、铁丝长架和棚架等。在用草架干燥牧草时，首先把割下的牧草在地面上干燥半天或一天，含水率降至45%～50%时用草叉将草上架，但遇雨天时应立即把牧草上架，应注意最低一层的牧草高出地面一定高度，不与地表接触；堆放牧草时应自下而上逐层堆放，草的顶端朝里。

（3）发酵干燥法　在阴雨天气下，将新割的鲜草立即堆成草堆，每层踩紧压实，使鲜草在草堆中发酵而干燥。一般要在3～4天后挑开，使水分散发。

（4）加速田间干燥速度法　为了使牧草加快干燥和干燥均匀，在干草调制过程中常创造一些条件使温度、空气相对湿度以及空气的流动能更好地作用于牧草的干燥。加速田间干燥速度的方法有翻晒草垄、压裂牧草茎秆和使用化学干燥剂。由于牧草干燥时间的长短，实际上取决于茎秆干燥时间的长短。如豆科牧草及一些杂类草当叶片含水率降低到15%～20%时，茎的水分仍为35%～40%，所以加快茎的干燥速度，就能加快牧草的整个干燥过程。使用牧草压扁机将牧草茎秆压裂，破坏茎的角质层以及维管束，并使之暴露于空气中，茎内水分散失的速度就可大大加快，基本能跟上叶片的干燥速度。这样既缩短了干燥期，又使牧草各部分干燥均匀。这种方法最适于豆科牧草，可以减少叶片脱落，减少日光暴晒时间，养分损失减少，干草质量显著提高，能调制成含胡萝卜素多的绿色芳香干草。牧草刈割后压裂，虽可造成养分的流失，但与加速干燥所减少的营养物质损失相比，还是利多弊少。目前国内外常用的茎秆压扁机有两类，即圆筒型和波齿型。圆筒型压扁机装有捡拾装置，压扁机将草茎纵向压裂；而波齿型压扁机有一定间隔将草茎压裂。一般认为：圆筒型压扁机压裂的牧草，干燥速度较快，但在挤压过程中往往会造成鲜草汁液的外溢，破坏茎叶形状，因此要合理调整圆筒间的压力，以减少损失。现代化的干草生产常将牧草的收割、茎秆压扁和铺成草垄等作业，由机器连续一次完成。牧草在草垄中晒干后（3～5天），便由干草捡拾压捆机将干草压成草捆。另外，施用化学制剂可以加速田间牧草（豆科）的干燥。近年来，国内外研究对刈割后的苜蓿喷撒碳酸钾溶液和长链脂肪酸酯，破坏植物体表的蜡质层结构，使干燥加快。

2. 人工干燥法

在自然条件下晒制干草，营养物质损失较多，若采用人工干燥法，可有效避免牧草营养物质的损失。人工干燥法目前常用的有两种方法：一种是常温鼓风干燥法；另一种是高温快速干燥法。人工干燥的原理是由于空气的高速流动带走了牧草周围的湿气，扩大牧草与大气间的水分势的差距，并且减少水分移动的阻力。使失水速度加快。

（1）常温鼓风干燥法　把刈割后的牧草压扁并在田间预干到含水率50%后就地晾晒、搂草、集草、打捆，然后转移到设有通风道的干草棚内，用鼓风机或电风扇等吹风装置进行常温鼓风干燥。这种方法在牧草收获时期的白天、早晨和晚间的相对湿度低于75%、温度高于15℃时使用。在干草棚中干燥时分层进行，第1层草先堆1.5～2米高，经过3～4天干燥后，再堆上高1.5～2米的第2层草，如果条件允许，可继续堆第3层草，但总高度不超过5米。在无雨时，人工干燥应立即停止，但在持续不良天气条件下，牧草可能发热，此时鼓风降温应继续进行。无论天气如何，每隔6～8小时鼓风降温1小时，草堆的温度不可超过40～42℃。

（2）高温快速干燥法　是将鲜草就地晾晒、搂草、切短，将切碎的牧草置于牧草烘干机中，通过高温空气，使牧草迅速干燥。干燥时间的长短，决定于烘干机的种类和型号，从几小时到几分钟，甚至数秒钟。此法的干燥过程一般分为四个阶段，即预热阶段、等速干燥阶段、降速干燥阶段和冷却阶段。高温干燥过程中，重要的是调控烘干设备使其进入最佳工作状态。烘干机的工作状态取决于原料种类、水分含量、进料速度、滚筒转速、燃料和空气的消耗量等。烘干机入口温度为75～260℃、出口温度为25～160℃，也有的入口温度为420～1160℃、出口温度为60～260℃。最高入口温度可达1000℃，出口温度下降20%～30%。虽然烘干机中热空气的温度很高，但为获取优质干草，干燥机出口温度不宜超过65℃，干草含水率不低于9%。人工干燥法使牧草的养分损失很少，但是烘烤过程中，蛋白质和氨基酸受到一定的破坏，而且高温可破坏青草中的维生素C、胡萝卜素的破坏不超过10%。缺点是需要一定的投入，加工成本较高。

在生产中，根据需要可以将自然干燥和人工干燥结合起来使用，做到既能生成优质的干草，又降低烘干时所耗能量、固定投资和生产成本，提高生产效益。

六、机械设备

青干草加工调制过程中需要的机械设备主要有收割机、收割压扁机、草垄翻晒机、打捆机械和草捆捡拾装卸车等。

（1）收割机　按照工作装置和割草方式分为旋刀式和甩刀式（往复式）收割机；按照刀头与车体的相对位置分为前置式、中置式、后置式和侧置式收割机；按照操作时的动力供给分为牵引式和自走式收割机。

（2）收割压扁机　有牵引式、自走式和收割、压扁联合机三种。目前田间生产中使用的常常是集牧草收割、茎秆压扁和搂成草垄等功能为一体的牧草割晒机。

（3）草垄翻晒机　有侧放式、滚轮式和堆卸式三种。其中侧放式草垄翻晒机应用最为广泛。在松散干草的晾晒中常使用堆卸式草垄翻晒机。滚轮式草垄翻晒机常用于地势崎岖不平的山地。

（4）打捆机械　主要有捡拾打捆机和固定式高密度二次打捆机。捡拾打捆机在田间捡拾干草条，边捡拾边压成草捆；二次高密度打捆机固定作业是将中等密度的方捆或捡拾压捆的成捆牧草进行二次压捆，以提高草捆的密度。

（5）草捆捡拾装卸车　田间大圆草捆的运输依靠3触点悬挂式拖车或前端有尖头叉的装卸车。方草捆的装运是直接将打好的草捆扔到四轮拖车上，或者将一定数量的草捆用推动杆推到光滑的拖车上或两轮集草车上，也可以直接卸到地上，再用自动草捆捡拾车装运。

七、青干草的贮藏

1. 干草水分含量的判断

当调制的干草含水率达到15%～18%时，即可进行贮藏。干草水分含量的多少对干草贮藏成功与否有直接影响，因此在牧草贮藏前应对牧草的含水量进行判断。生产上大多采用感官判断法来确定干草的含水量。其方法如下：

（1）含水率15%～16%的干草，紧握发出沙沙声和破裂声，将草束搓拧或折曲时草茎易折断，拧成的草辫松手后几乎全部迅速散开，叶片干而卷。禾本科草茎节干燥，呈深棕色或褐色。

(2) 含水率17%～18%的干草，握紧或搓揉时无干裂声，只有沙沙声。松手后干草束散开缓慢且不完全。叶卷曲，当弯折茎的上部时，放手后仍保持不断。这样的干草可以堆藏。

(3) 含水率19%～20%的干草，紧握草束时，不发出清楚的声音，容易拧成紧实而柔韧的草辫，搓拧或弯曲时保持不断。不适于堆垛贮藏。

(4) 含水率23%～25%的干草搓揉没有沙沙声，搓揉成草束时不易散开。手插入干草有凉的感觉。这样的干草不能堆垛保藏，有条件时，可堆放在干草棚或草库中通风干燥。

2. 干草贮藏过程中的变化

在干草贮藏后大约10小时，草堆发酵开始，温度逐渐上升。干草贮藏后的发酵作用，将有机物分解为二氧化碳和水。草垛中这样积存的水分会由细菌再次引起发酵作用，水分愈多，发酵作用愈盛。适当的发酵，能使草堆自行紧实，增加干草香味，提高干草的饲用价值。不够贮藏条件的干草，贮藏后温度逐渐上升，如果温度超过适当界限，干草中的营养物质就会大量消耗，消化率降低。如果草堆发酵使温度上升到130℃，牧草就会焦化，颜色发褐；上升到150℃时，如与空气接触，会引起自燃而起火；如草堆中空气耗尽，则干草炭化，丧失饲用价值。这种温度过高的现象往往出现在干草贮藏初期，在贮藏的最初一周，应经常检查草垛温度，如发现草垛温度过高，应拆开草垛散温，使干草重新干燥。

3. 散干草的堆藏

当调制的干草含水率达15%～18%时即可进行堆藏，堆藏的方法有露天堆藏和草棚堆藏。草棚堆藏操作相对简单，但要注意底部加防潮底垫，防止通过地面回潮，使底层牧草发霉变质。露天堆藏有长方形垛和圆形垛两种。长方形草垛一般长8米左右、宽4.5～5米、高6.0～6.5米，圆形草垛一般直径应4～5米、高6～6.5米。为了减少风雨损害，长方形垛的窄端必须对准主风方向；为了防止干草与地面接触而变质，必须选择高燥的地方堆垛，草垛的底层用树干、蒿秆或砖块等作底，厚度不少于25厘米。垛草时要一层一层地堆草，长方形垛先从两端开始，垛草时要始终保持中部隆起高于周边，以便于排水。堆垛过程中要压紧各层干草，特别是草垛的中部和顶部；水分较高的干草堆在草垛四周靠边处，便于干燥和散热。从草垛全高的1/2或2/3处开始逐渐放宽，使各边宽于垛底0.5米，以利于排水和减轻雨水对草垛的漏湿。垛底周围挖排水沟，沟深20～30厘米，沟底宽20厘米，沟上宽40厘米。多雨的地区，垛顶应较尖，干旱地区，垛顶坡度可稍缓。垛顶可用劣质草铺盖压紧，最后用树干或绳索等重物压住，预防风害。散干草的堆藏虽经济节约，但易受雨淋、日晒、风吹等不良条件的影响，使干草退色，不仅损失营养成分，还会造成干草霉烂变质。

4. 半干草的贮藏

在湿润地区、雨季或调制叶片易脱落的豆科牧草时，可考虑在半干时进行贮藏。在半干牧草贮藏时要加入防腐剂，以抑制微生物的繁殖，预防牧草发霉变质。

(1) 氨水处理　牧草适时刈割后，在田间短期晾晒，当含水率为35%～40%时，并加入干草重的1%～3%的氨水，氨水的浓度为25%，然后堆垛用塑料膜覆盖密封，处理时间需要3周左右。氨和铵类化合物具有较强的杀菌作用和挥发性，能减少高水分干草贮藏过程中的微生物活动，对半干草的防腐效果较好。用氨水处理半干豆科牧草后，可减少营养物质的损失，与通风干燥相比，粗蛋白质含量提高8%～10%、胡萝卜素提高30%、干草的消化率提高10%。

(2) 尿素处理　高水分干草含有脲酶，能使尿素迅速分解为氨。添加尿素与对照（无任何添加）相比草捆中减少了一半真菌，降低了草捆的温度，提高了牧草的适口性和消化率。用尿素处理紫花苜蓿时，尿素使用量是每吨紫花苜蓿干草用尿素40千克。

(3) 有机酸处理　丙酸、醋酸、丙酸铵、二丙酸铵和异丙酸铵等有机酸及其铵盐具有阻止高水分干草表面霉菌的活动和降低草捆温度的效应。对于含水率为20%～25%的小方捆来说，有机酸的用量应为0.5%～1.0%；对于含水率为25%～30%的小方捆，有机酸的使用量不低于1.5%。

（4）微生物防腐剂处理　先锋1155号微生物防腐剂是专门用于紫花苜蓿半干草的微生物防腐剂。这种防腐剂使用的微生物是分离出来的短小芽孢杆菌菌株，在空气存在的条件下，能够有效地与干草捆中的其他腐败微生物进行竞争，从而抑制其他腐败细菌的活动。

（5）干草捆的贮藏　干草捆一般露天堆垛，顶部加防护层或贮藏于干草棚中。草垛的大小一般为宽5～5.5米、长20米、高18～20层干草捆。底层草捆应和干草捆的宽面相互挤紧，窄面向上，整齐铺平，不留通风道或任何空隙。其余各层堆平（窄面在侧，宽面在上下）。为了使草捆位置稳固，上层草捆之间的接缝应和下层草捆之间的接缝错开。从第2层草捆开始，可在每层中设置25～30厘米宽的通风道，在双数层开纵向通风道，在单数层开横向通风道，通风道的数目可根据草捆的水分含量确定。干草一直堆到8层草捆高，第9层为“遮檐层”，此层的边缘突出于8层之外，作为遮檐，第10、第11、第12以后成阶梯状堆置，每一层的干草纵面比下一层缩进2/3或1/3捆长，这样可堆成带檐的双斜面垛顶，垛顶共需堆置9～10层草捆。垛顶用草帘或其他遮雨物覆盖。干草捆除露天堆垛贮藏外，还可以贮藏在专用的仓库或干草棚内。

（6）贮藏应注意的事项　为了保证垛藏青干草的品质和避免损失，对贮藏的干草要指定专人负责管理，经常检查。具体要注意以下事项。

① 要防止垛顶塌陷漏雨。干草堆垛2～3周后常常发生塌陷现象，应经常检查，及时修整。

② 要防止垛基受潮。

③ 要防止干草过度发酵和自燃。特别是贮藏后的最初一周，应经常检查温度。

八、干草的品质鉴定

一般认为青干草的品质应根据消化率和营养成分含量来评定，干草品质鉴定分为化学分析与感官判断两种。

化学分析中，粗蛋白质、胡萝卜素、中性洗涤纤维、酸性洗涤纤维是青干草品质评定的重要测定指标。我国目前正在拟定各种牧草干草的检验标准。美国以粗蛋白质等7项指标制定了豆科、禾本科、豆科与禾本科混播干草的六个等级，粗蛋白质含量大于19%为一级、17%～19%为二级、14%～16%为三级、11%～13%为四级、8%～10%为五级、小于8%为六级。

生产中常用感官判断，它主要依据下列几个方面粗略地对干草品质作出鉴定。

(1) 收割时期　适时收割的青干草一般颜色较青绿，气味芳香，叶量丰富，茎秆质地柔软，营养成分含量高，消化率高。

(2) 颜色气味　干草的颜色是反映品质优劣最明显的标志。优质干草呈绿色，绿色越深，其营养物质损失就越小，所含可溶性营养物质、胡萝卜素及其他维生素越多，品质越好。保存不好的牧草可能因为发酵产热，温度过高，颜色发暗或变褐色，甚至黑色，品质较差。优质青干草具有浓厚的芳香味，如果干草有霉味或焦灼的气味，其品质不佳。

(3) 叶片含量　干草中的叶量多，品质就好。这是因为干草叶片的营养价值较高，所含的矿物质、蛋白质比茎秆中多1～1.5倍，胡萝卜素多10～15倍，纤维素少1～2倍，消化率高40%。鉴定时取一束干草，看叶量的多少。优质豆科牧草干草中叶量应占干草总质量的50%以上。

(4) 牧草形态　初花期或以前收割的牧草，干草中含有花蕾，未结实花序的枝条也较多，叶量丰富，茎秆质地柔软，品质好；若刈割过迟，干草中叶量少，带有成熟或未成熟种子的枝条的数目多，茎秆坚硬，适口性、消化率都下降，品质变劣。

(5) 牧草组分　干草中优质豆科或禾本科牧草占有的比例大时，品质较好，而杂草数目多时品质差。

(6) 含水量　干草含水率应为15%～17%，超过20%以上时，不利于贮藏。

(7) 病虫害情况　由病虫侵害过的牧草调制成的干草，其营养价值较低，且不利于家畜健康。鉴定时抓一把干草，检查叶片、穗上是否有病斑出现，是否带有黑色粉末等，如果发现带有病斑，则不能饲喂家畜。

我国目前没有统一标准的牧草感官质量评定标准，用得比较多的是内蒙古自治区的干草等级。

一级：枝叶鲜绿色或深绿色，叶及花序损失不到5%，含水率15%～17%，有浓郁的干草芳香气味。但再生草调制的干草气味较淡。

二级：绿色，叶及花序损失不到10%，有香味，含水率15%～17%。

三级：叶色发暗，叶及花序损失不到15%，含水率15%～17%，有干草香味。

四级：茎叶发黄或发白，部分有褐色斑点，叶及花序损失大于15%，含水率15%～17%，香味较淡。

五级：发霉，有臭味，不能饲喂家畜。

第四节　草　产　品

一、草捆

打捆就是为便于运输和贮藏，把干燥到一定程度的散干草打成干草捆的过程。为了保证干草的质量，在压捆时必须掌握好其含水量。一般认为，比贮藏干草的含水量略高一些，就可压捆。在较潮湿地区适于打捆的牧草含水率为30%～35%；干旱地区含水率为25%～30%。根据打捆机的种类不同，打成的草捆分为小方草捆、大方草捆和大圆柱形草捆三种。

1. 小方草捆的制作

小型草捆打捆机有固定式和捡拾式两种。固定式打捆机一般安装在距离草库较近的地方，把散干草运回后进行打捆。这种方法适宜于产草量较低、草地面积较小并且分布零散地区牧草的打捆。捡拾式打捆机是在前引机械的牵引下，沿草垄捡拾和打捆的可走动式机械，打成的草捆为长方形。草捆常用两条麻绳或金属线捆扎，较大的捆用3条金属线捆扎。小方草捆在贮运之前一般都散放在田间，但易受外界环境条件的影响而使其营养成分降低，所以应及时从田间运走，放在有遮挡的地方贮存。小方草捆可直接在田间饲喂家畜，也可运到圈舍喂养。

2. 大方草捆的制作

由大长方形打捆机进行作业，捡拾草垄上的干草打成重0.82～0.91 吨的长方形大草捆，草捆用 6 根粗塑料绳捆扎。大方草捆在卡车上或贮藏地堆成坚固的草垛，但需加覆盖物或顶篷，以免遭受不良天气的侵害。大方形草捆需要用重型装卸机或铲车来装卸。

3. 大圆柱形草捆的制作

由大圆柱形打捆机将干草捡拾打成 600～850 千克的大圆形草捆。圆柱形草捆制作时将捡拾起的干草一层层地卷在草捆上，田间存放时有利于雨水的流散，草捆一经制成，就能抵御不良气候的侵害，可在野外较长时间存放。但圆柱形草捆的状态和容积使它很难达到与常规方草捆等同的一次装载量，因此，一般不宜作远距离运输。圆柱形草捆可存放在排水良好的地方，成行排列，使空气在草捆两侧流动，一般不宜堆放过高（不超过 3 个草捆高度），以免遇雨造成损失。圆柱形草捆可以由安装在拖拉机上的装卸器和特制的圆柱形单捆装卸车来操作。可在田间饲喂，也可运往圈舍饲喂。

在远距离运输草捆时，为了减少草捆体积，降低运输成本，可以把初次打成的小方草捆进行二次打捆。方法是把两个或两个以上的低密度（小方草捆）草捆压缩成一个高密度紧实草捆。高密度草捆的重量为 40～50 千克，草捆大小约为 30 厘米×40 厘米×70 厘米。二次打捆需要二次压捆机。二次打捆时要求干草捆的含水率为 14％～17％，如果含水量过高，压缩后水分难以蒸发容易造成草捆的变质。大部分二次打捆机在完成压缩作业后，便直接给草捆打上纤维包装膜，至此一个完整的干草产品即制作完成，可直接贮存和销售了。

二、草粉

干草体积大，运输、贮存和饲喂均不方便，且易损失。若加工成草粉，可大大减少浪费。畜牧业发达的国家草粉加工起步早、产量高，现已进入大规模工业化生产阶段；我国的草粉生产也已进入了规模化发展阶段。草粉拥有其他饲料无法取代的优点，在现代化畜牧生产中有着十分重要的意义。

1. 草粉的优点

（1）干草以原形贮存时，其养分损失较大，如果加工成草粉贮存，与空气接触面小，与其他贮存方法比较，其养分损失最小；因而利用草粉可使家畜获得更多的营养物质。例如，同样保存8个月的苜蓿干草和草粉，干草粗蛋白质损失43%，而草粉仅损失14%～20%。从干草到干草粉仅增加一道工序——粉碎，而每100千克干草粉粗蛋白质损失比同样重量的干草至少减少4千克，可见草粉是一种保存养分的良好途径。

（2）草粉是维生素和蛋白质饲料，在畜禽营养中具有不可替代的作用。

（3）草粉是浓缩饲料和全价性配合饲料的重要组分。优良豆科牧草，如紫花苜蓿草粉富含优质的植物性蛋白质，还含有叶黄素、维生素C、维生素K、维生素E、B族维生素、微量元素及其他生物活性物质，是一些畜禽日粮的重要组成成分，对畜禽健康和生产性能都具有较好的效果，可获得显著的经济效益。

（4）经济实用，加工成本低。

（5）在饲养业向专业化、集约化和工厂化发展过程中，草粉优势明显，市场潜力大。在国际市场上，苜蓿草产品的价格比玉米高50%左右。

（6）与青干草相比，草粉不但可以减少咀嚼耗能，而且在家畜体内消化过程中可减少能量的额外消耗，提高饲草消化率。

2. 草粉加工技术

加工生产草粉的生产流程一般为收割、切短、干燥、粉碎。

（1）收割　青干草粉的质量与原料的收割期有很大的关系，为获得优质草粉，务必在营养价值最高的时期进行收割。一般豆科牧草第一次收割应在孕蕾初期，以后各次收割应在孕蕾末期；禾本科牧草不迟于抽穗期。禾本科牧草虽然在营养成分含量上比不上豆科牧草，但饲用价值还是很高的，富含能量，特别有价值的是调制干草过程中不会因压力作用而破碎或掉叶；天气不好时进行干草调制，干草干燥均匀，不易霉烂。豆科牧草富含蛋白质、维生素、矿物质等，但在调制干草时，干燥不均匀，叶柄、花序及叶易干，受压易碎，容易掉落，浪费大。另外，由于豆科牧草的植株含水量大，在天气不好时调制干草，容易霉烂。据报道，全世界草粉中，由苜蓿和苜蓿干草加工而成的约占 95%，可见苜蓿是草粉最主要的原料。

（2）切短　切短是在牧草草粉生产过程中将收割的牧草进行简单加工，有利于再加工的充分粉碎；有的生产过程不进行切短，而是将收割后的牧草自然干燥后直接进行粉碎。

（3）干燥　草粉生产中最好用人工干燥法或混合脱水干燥法。混合脱水干燥法是将收割后的新鲜牧草在田间晾晒一段时间，待牧草的含水量降至一定水平，将其直接运送到牧草加工厂进行后续干燥；人工干燥是将切短的牧草放入烘干机中，通过高温空气使牧草迅速脱水。

（4）粉碎　粉碎是草粉加工中最后也是最重要的一道工序，对草粉的质量有重要影响，因此，技术要求比较高。牧草经粉碎后，增大了饲料暴露表面积，有利于动物消化和吸收。

目前我国加工草粉多采用先调制青干草，再用青干草加工草粉的办法，而发达国家多用干燥粉碎联合机组，从青草收割、切短、烘干到粉碎成草粉一次完成。

生产中用量最多的是豆科牧草和禾本科牧草。

（1）用青干草加工　选用优质青干草调制草粉，首先要除去干草中的毒草、尘沙及发霉变质部分；然后看其干燥程度，如有返潮草，应稍加晾晒干燥后粉碎。豆科干草，注意将茎秆和叶片调和均匀。牧草干燥后立即用锤式粉碎机粉碎，粉碎后过 1.6～3.2 毫米筛孔的筛底制成干草粉。根据不同家畜的要求可选择不同孔径的筛，如反刍动物需要草屑长度 1～3 毫米，家禽和仔猪需要草屑长度 1～2 毫米，成年猪需草屑长度 2～3 毫米。粉碎机的种类繁多，功率差异较大。饲料粉碎机主要有击碎、磨碎、压碎和锯切碎四种。目前各地生产的粉碎机往往是几种方法同时使用，常见的有锤片式、劲锤式、爪式和对辊式四种。粉碎饲草适用锤片式粉碎机。锤片式粉碎机的特点是生产效率高、适应性广、粉碎粒度好，既能粉碎谷物精饲料，又能粉碎青饲料、粗饲料和秸秆饲料，但动力消耗大。

影响粉碎机工作效率的主要因素包括：①被粉碎饲料的种类。粉碎饲料的种类不同，作业效率也不同。一般谷物饲料偏高，而粗饲料偏低；②饲料含水量。含水量越高，作业效率越低。一般要求含水率为15%；③主轴的转速。每一型号的粉碎机，粉碎某一类饲料时，都有一个适宜的转速，在此转速作业时耗能少、生产率高；④喂入量要适当。喂量过大，易造成堵塞；喂量过小，动力不能充分发挥，效率低。所以，喂量一定要均匀、适量、不间断。

选择饲料粉碎机时，要达到以下几点要求：①根据需要能方便地调节粉碎成品的粒度；②粒度均匀，粉末少，粉碎后不产生高热；③可方便地连续进料和出料；④单位成品能耗低；⑤工作部件耐磨，更换迅速，维修方便，标准化程度高；⑥周详的安全措施；⑦作业时粉尘少，噪音不超过环卫标准。

（2）鲜草直接加工　国外多采用直接加工法，鲜草经过1000℃左右高温烘干机，数秒钟后鲜草含水率降到12%左右，紧接着进入粉碎装置，直接加工为所需草粉。既省去了干草调制与贮存工序，又能获得优质草粉，只是草粉成本高于前者。

3. 草粉的贮存方法

草粉属季节性生产，而大量利用却是全年连续的，因而就需要贮存。草粉营养价值的重要指标是维生素和蛋白质的含量，因此，贮藏草粉期间的主要任务是如何创造条件，保持这些生物活性物质的稳定性，以减少被分解破坏。生产实践证明，只有在低温密闭的条件下，才能大大减少草粉中维生素和蛋白质等营养物质的损失。在北方寒冷地区，可利用自然条件进行低温密闭贮藏。

（1）干燥低温贮藏　草粉安全贮藏的含水率在13%～14%时，要求温度在15℃以下；含水率在15%左右时，要求温度在10℃以下。

（2）利用密闭容器换气贮藏　将青干草粉置于密闭容器内，借助气体发生器和供气管道系统，改变容器内空气的组分和含量，在这种环境条件下贮藏青草粉，可大大减少营养物质的损失。

（3）添加抗氧化剂和防腐剂贮藏　草粉中添加抗氧化剂和防腐剂可防止草粉变质。常用的抗氧化剂有乙氧喹、丁羟甲苯、丁羟甲基苯，防腐剂有丙酸钙、丙酸铜、丙酸等。

草粉贮藏过程中，一是要注意草粉库保持干燥、凉爽、避光、通风，注意防火、防潮、灭鼠及避免其他酸、碱、农药造成污染；二是要注意草粉包装和堆放，草粉袋以坚固的麻袋或编织袋为好。要特别注意贮存环境的通风，以防吸潮。单件包装质量以 50 千克为宜，以便于人工搬运及饲喂。一般库房内堆放草粉袋时，按两袋一行的排放形式，堆码成高 2 米的长方形垛。

4. 草粉的种类和级别标准

按草粉的原料和调制方法，可将草粉分为以下两类。

（1）特种草粉（叶粉）　它是豆科牧草的幼枝嫩叶，用人工干燥的方法制得的草粉。其中蛋白质、维生素和钙的含量比一般草粉高出 50%，胡萝卜素的含量不小于 150 毫克/千克，所以常称作蛋白质-维生素草粉。主要用作蛋白质和维生素补充剂，对幼畜、家禽、病畜和繁殖母畜有重要的作用。

（2）一般草粉　用自然干燥法调制成的青绿干草粉碎后制得的草粉，通常称为一般草粉。这种草粉在牧草品种、营养成分和饲用价值方面存在着很大差异，但仍然是家畜日粮中不可缺少的重要组成部分。

感官鉴定草粉质量的内容包括：①性状。有粉状、颗粒状等；②色泽。暗绿色、绿色或淡绿色；③气味。具有草香味，无变质、结块、发霉及异味；④杂物。青草粉中不允许含有毒有害物质，不得混入其他物质（如沙石、铁屑、塑料废品、毛团等杂物）。如加入氧化剂和防腐剂时，应说明所添加的成分与剂量。

草粉以含水量、粗蛋白质、粗纤维、粗脂肪、粗灰分和胡萝卜素的含量，作为控制质量的主要指标，按含量划分等级。我国苜蓿草粉质量分级见表 4-4。

5. 苜蓿草粉的饲用价值

（1）苜蓿的经济价值　苜蓿是加工草粉的主要牧草，在世界上分布较广，美国栽培面积将近 2 亿亩，占总牧草面积的 44%。我国

表 4-4 我国苜蓿草粉质量分级标准

质量等级	一级	二级	三级
粗蛋白质/%	≥18.0	≥16.0	≥14.0
粗纤维/%	<25.0	<27.5	<30.0
粗灰分/%	<12.5	<12.5	<12.5

注：各项质量指标含量均以87%干物质为基础计算。三项质量指标必须全部符合相应的等级规定。二级饲料用苜蓿草粉为中等质量标准。低于三等者为等外品。

种植苜蓿已有两千多年的历史，长期以来，不但在各地筛选和繁育了大量优良的地方品种，这些品种产量高、质量好、适应性强，而且在苜蓿加工利用方面也取得了较大的发展。在干旱条件下，每亩苜蓿可产草粉 400～600 千克，在水地和降水较多的地区每公顷产量可达 9000～15000 千克。种植苜蓿可获得的直接经济效益和通过养畜而得到的间接经济效益均远远高于粮食作物。

（2）苜蓿草粉的饲喂价值　在反刍家畜日粮中，苜蓿草粉占50%，即可维持家畜中上等膘情和正常生长发育及繁殖。在鸡的日粮中，苜蓿草粉占 3%～5%，可保证矿物质及维生素的需要，促进体内的酸碱平衡。我国农村有用苜蓿鲜草或苜蓿草粉喂猪的传统，饲喂效果很好。家兔对苜蓿草粉的消化利用率最高。用占日粮54%的苜蓿草粉饲喂，日增重可达 25～40 克，即使无精料的情况下，也能保证家兔健康生长发育和繁殖。

三、草颗粒

为了缩小草粉体积，便于贮藏和运输，可以用制粒机把干草粉压制成颗粒状，即草颗粒。草颗粒可大可小，直径为 0.64～1.27 厘米，长度为 0.64～2.54 厘米。

1. 草颗粒的优点

草颗粒饲料只有原料干草体积的 1/4 左右，便于贮存和运输；而且粉尘少有益于人、畜健康；饲喂方便，可以简化饲养手续，为实现集约化、机械化畜牧业生产创造条件；同时增加适口性，改善饲草品质。如草木樨具有香豆素的特殊气味，家畜多少有点不喜食，但制成草颗粒后，则成适口性强、营养价值高的饲草。

2. 草颗粒的加工技术

(1) 加工草颗粒最关键的技术是调节原料的含水量。首先必须测出原料的含水量，然后拌水至加工要求的含水量。据测定，用豆科饲草做草颗粒，最佳含水率为14%～16%；用禾本科饲草做草颗粒，最佳含水率为13%～15%。

(2) 草颗粒的加工通常用颗粒饲料轧粒机。草粉在轧粒过程中受到搅拌和挤压的作用，在正常情况下，从筛孔刚出来的颗粒温度达80℃左右，从高温冷却至室温，含水率一般要降低3%～5%，故冷却后的草颗粒的含水率为11%～13%。由于含水量甚低，适于长期贮存而不会发霉变质。草颗粒在压制过程中，可加入抗氧化剂，防止胡萝卜素的损失，如把草粉和草颗粒放在纸袋中，贮藏9个月后，草粉中胡萝卜素损失65%，蛋白质损失1.6%～15.7%，而草颗粒分别损失6.6%和0.35%。在生产上应用最多的是苜蓿颗粒，占90%以上，以其他牧草为原料的草颗粒较少。

(3) 草颗粒加工可以按各种家畜家禽的营养要求，配制成含不同营养成分的草颗粒。为给各种家畜家禽生产配合饲料，提高饲料的利用率。用草粉55%～60%、精料（玉米、高粱、燕麦、麸皮等）35%～40%、矿物质和维生素3%、尿素1%组成配合饲料，用颗粒饲料压粒机压制而成颗粒饲料。压制时每100千克料加水量17千克。据试验，生产8月龄的羔羊，用颗粒饲料育肥50天，日增重平均达到190克，每增重1千克。应用颗粒饲料生产肥羔，无论在牧区还是在农区均是一条促进养殖业发展的可行途径。

四、草块

和草颗粒加工具有相同的优点，具有类似的加工方法。牧草草块加工分为田间压块、固定压块和烘干压块三种类型。田间压块是由专门的干草收获机械和田间压块机完成的，能在田间直接捡拾干草并制成密实的块状产品。压制成的草块大小为30毫米×30毫米×(50～100)毫米。固定压块是由固定压块机强迫粉碎的干草通过挤压钢模，形成3.2厘米×3.2厘米×(3.7～5)厘米的干草块。烘干压块由移动式烘干压饼机完成，先将草切成2～5厘米长的草段，由运送器输入干燥滚筒，使含水率由75%～80%降至12%～

15%，干燥后的草段直接进入压饼机压成直径55～65毫米、厚约10毫米的草饼。草块压制过程中和草颗粒一样，可加入尿素、矿物质及其他添加剂。

第五节　叶蛋白饲料

叶蛋白饲料顾名思义就是从植物的叶子里面提取的蛋白质，具体讲就是以新鲜牧草或青绿植物的茎叶为原料，经压榨后，从汁液中提取出高质量的浓缩蛋白质产品。其中苜蓿是最重要的提取叶蛋白的原料植物。

目前，世界上饲用叶蛋白商品化生产意、法、俄、印发展较快，规模最大的是法国苜蓿生产联合体。该公司从事苜蓿叶蛋白生产的工厂，每小时可加工苜蓿120吨。产品的主要化学成分以干重计：粗蛋白55%、纤维素<2.5%、叶黄素1700毫克/千克、胡萝卜素900毫克/千克。国内20世纪80年代开始研究，目前尚未建立此类工厂。发展叶蛋白加工可以有效带动牧草的深加工，叶蛋白是牧草的精华，可以用作单胃动物的高蛋白饲料原料和人类食品；并且其加工副产品中的草渣可以继续供作反刍动物饲料，所得到的棕色液体可以用作饲料和肥料；并且制作叶蛋白是解决蛋白质饲料缺乏的重要途径。

一、叶蛋白提取工艺

1. 原料

用于叶蛋白提取的原料需要具备以下的条件，才能很好地提取叶蛋白：①含叶蛋白高的绿色植物，如豆科、混播牧草；②叶量丰富；③无毒；④产量高，多次刈割的牧草。

尽量选择含叶蛋白高的新鲜牧草，收割后应尽快加工处理，以免由于叶子本身的作用和微生物的污染而引起叶蛋白产量和品质下降。研究表明，绿叶在放置1天、2天、3天和4天后再进行加工处理，其叶蛋白提取率分别比割后立即加工处理的提取率下降19.3%、25.0%、40.0%、53.7%。

2. 生产流程

（1）粉碎和压榨　粉碎得越碎越好，因叶蛋白存在于植物细胞内，其主要由细胞质蛋白和叶绿体蛋白组成，其中35%～45%为难溶性的结构蛋白，55%～65%为溶解性能良好的基质蛋白。因此，必须破坏细胞结构，才能把蛋白质充分提取出来。国外生产叶蛋白采用粉碎机和多功能双螺旋压榨机。

（2）叶蛋白的凝聚　这是整个叶蛋白提取中最重要的一步。目前，工业上应用的叶蛋白的凝聚主要有三种。

① 加热凝聚法　这种凝聚物结成大的颗粒，很容易分离过滤，越是加热突然，凝聚的颗粒越大，凝聚越紧实，霉变的危险越小。为了使叶蛋白能充分提取出来，可分次加热，第一次先加热到60～70℃，快速冷却至40℃，滤出凝聚物为叶绿体蛋白，在口感、色、香、味等方面达不到食用蛋白的要求，只能用作饲料，而后再加热至80～90℃，并持续2～4分钟，滤出凝聚物为白蛋白，主要是细胞质蛋白，可作为食用蛋白。该方法的优点是很快杀死叶绿素酶，减少损失；缺点是引起蛋白质的热变性，致使叶蛋白的吸水性、溶解性及乳化性较差。

② 加碱加酸法　先加碱溶液使pH升高到8～8.6，然后再加酸使pH＝4.0～6，利用等电点原理使叶蛋白析出。

③ 发酵法　把榨出的牧草汁液放到密闭容器中，发酵48小时，利用乳酸杆菌产生的乳酸，使叶蛋白凝固沉淀。该方法的优点是：节省能源，并且经发酵凝固的叶蛋白不仅有质地较柔软，溶解性好的特点，而且具有破坏植物中的有害物质（如皂角苷等）的能力；该方法的缺点是：由于发酵时间较长，叶蛋白的酶解作用延长，因而会造成一定的营养损失，特别是蛋白损失多。故要及时接种乳酸菌，以缩短发酵时间。同时，沉淀的蛋白较软，不好离心。

（3）叶蛋白的干燥　分离出来的叶蛋白产品含水率在50%～60%，在常温下易发霉变质，必须干燥方可保存。常采用的干燥方法为热风干燥。

（4）叶蛋白的贮存　为了便于叶蛋白的保存，在打浆过程中还应加入一些防腐剂（如粗盐、小苏打等）来抑制外来菌的侵入，以免胡萝卜素及不饱和脂肪酸发生氧化，出现一种鱼腥味。

二、叶蛋白的利用

叶蛋白用作饲料，其营养物质含量相当丰富。据报道，一般叶蛋白的消化率可达80%左右。叶蛋白中营养物质含量极为丰富，其粗蛋白含量高（40%～65%），所含必需氨基酸比较完善，赖氨酸含量丰富，和鱼粉的对比饲喂结果表明，其效果与鱼粉相当。在四组幼牛的饲喂试验中，用10%、20%和30%的叶蛋白代替标准乳蛋白，以标准全奶粉作对照，饲喂50天后，试验组与对组差异不大，这说明饲喂犊牛时可以用10%、20%和30%的叶蛋白代替标准乳蛋白。叶蛋白除含有上述这些营养物质外，还富含胡萝卜素、叶黄素、叶绿素、多种维生素及矿物质等。叶黄素是天然染色剂，可使蛋壳、蛋黄达深黄色，鸡的皮肤呈黄色。

三、叶蛋白副产品的利用

草渣是新鲜牧草压榨后的剩余物，一般占牧草干重的74%～85%，其营养成分与原干草相比，粗蛋白、粗灰分和无氮浸出物较低，而粗纤维、酸性洗涤纤维、木质素和纤维素的含量较高。干草饼与其原料干草相比，营养成分差别很小，矿物质的含量也能基本满足家畜的需要。草渣可以加工成干草粉、草颗粒或草块等。

鲜叶压榨而得的绿色汁液经分离叶蛋白后的残液称为棕色液，占原料鲜重的40%～50%。其中含有许多营养物质，在苜蓿棕色液中，干物质占6.10%、粗蛋白占22.5%、钙190毫克/100克、镁130毫克/100克、钾800毫克/100克、硫80毫克/100克、磷90毫克100克（以上都以干物质为基础计），以及一些未知促生长因子等。棕色液可以直接供牲畜饮用或作为肥料，试验证明：苜蓿棕色液对提高农作物的生长发育速度及作物的产量有明显促进作用，在最好的情况下可对苜蓿枝条的产量提高41%，并能使氮、磷、钾、钙、硫、硼、锌、锰和铜的含量增加，镁的含量降低。

第六节　青贮技术

青贮饲料是指青绿新鲜饲草料或萎蔫的或者是半干的青绿饲料，在密封（隔绝空气）的条件下，利用青贮原料表面上附着的乳酸菌经过乳酸菌厌氧发酵后，或者在外来添加剂的作用下促进或抑制微生物发酵，使青贮 pH 值下降，形成的可以长期贮存的青绿多汁饲料。制作调制青贮饲料的过程称为青贮。青贮，特别是玉米青贮的应用，风靡世界，在发达国家广为流传，是现代草食动物养殖不可缺少的一种重要饲料，主要用于反刍家畜（如乳牛、肉牛、乳羊和肉羊等）。青贮饲料能长期保存青绿饲料的原有浆汁和养分，气味芳香，质地柔软，适口性好，家畜采食率高。加之青贮的规模可大可小，方法可土可洋，既实用于大中小型农牧场、养殖场，也可适用于畜禽饲养专业户和一般的农户，因此青贮在我国广大农村和农林牧区迅速推广普及。实践证明，调制青贮饲料比晒制干草和干草粉具有更大的优越性。它可以缓解青饲、放牧与饲料生长季节的矛盾，对提高饲草利用率、均衡青饲料供应、满足反刍动物冬春季节的营养需要等，都起着重要作用。全年给家畜饲喂青贮饲料，如同一年四季都可采食到青绿多汁饲料，从而使家畜终年保持高水平的营养状态和生产水平。特别是奶牛养殖业，青贮饲料已经成为维持和创造高产以及集约化经营不可缺少的重要饲料之一。其主要优点如下。

(1) 青贮饲料营养损失较少　饲料青贮过程中，其营养物质的损失一般不超过 15%，尤其是粗蛋白质和胡萝卜素的损失很少，在优良的青贮条件和方法下，甚至效果更佳。而调制干草常因机械损失等原因，使其营养物质损失 20%以上，有时高达 40%，遇到雨水淋洗或发霉变质，则损失更大。

(2) 青贮饲料适口性好，消化率高　牧草及饲料作物经过青贮后可以很好地保持青绿饲料的鲜嫩汁液，质地柔软，并且产生大量的乳酸和少部分醋酸，具有酸甜清香味，从而提高了家畜的适口性。一些蒿类植物风干后，具有特殊气味，而经青贮发酵后，异味消失，适口性增强。青贮饲料的能量、蛋白质、粗纤维消化率与同类干草相比均高。

（3）扩大饲料来源，有利于养殖业集约化经营 玉米秸和花盘等农作物秸秆都是很好的饲料来源。但是利用率低，如果能适时抢收并进行青贮，则可成为柔软多汁的青贮饲料。菊科中的一些植物和马铃薯茎叶等晒成干草后有异味，家畜不喜食，经青贮发酵后，却成为家畜良好的饲料。

（4）调制青贮饲料不受气候等环境条件的影响，并可以长期保存利用 在调制青贮饲料的过程中，不受风吹、日晒和雨淋等不利气候因素的影响，另外也不怕鼠害和火灾等。在我国很多地区，夏秋产草旺季，往往是高温高湿，不利于调制干草，但只要按青贮规程的要求进行操作，仍可以制成良好的青贮饲料。青贮饲料不仅可以常年利用，保存条件好的可贮存 20～30 年，其优良品质保持不变。

（5）可减少消化系统和寄生虫病的发生和杂草的危害 很多牧草与饲料作物原料，携带有大量的寄生虫及其虫卵或病菌，进行青贮发酵后，由于青贮窖里缺乏氧气，并且酸度较高，使寄生虫及其虫卵或病菌失去生活力，从而减少家畜寄生虫病和消化道疾病的发生。并且经过青贮后许多杂草的种子便失去发芽的能力，减少了农田杂草的危害。

一、青贮种类

青贮饲草饲料按原料含水量、原料组成、原料形状及发酵酸种类可划分为不同的类型。按原料组成分为单一青贮、混合青贮和配合青贮；按原料形状分为切短青贮和整株青贮；按发酵酸种类分为乳酸型青贮饲料、乙酸型青贮饲料、丁酸型青贮饲料等；比较常用的是按其原料含水量高低，可划分为高水分青贮、凋萎青贮和半干青贮。各种青贮饲料原料含水率不同（表 4-5）。

1. 高水分青贮

高水分青贮是指青贮的原料被刈割后，其含水率一般在 70% 以上，此时如果不经田间干燥即立即制作青贮。这种青贮方式的优

表 4-5 原料含水率与青贮

(《饲草生产学》，董宽虎，沈益新主编 . 2002)

青贮种类	原料含水率	青贮原理	青贮过程中存在的问题
高水分青贮	70%	依赖乳酸发酵	如果原料中含糖量少，容易引起养分损失大
凋萎青贮	60%～70%	依赖乳酸发酵	高水分青贮中存在的问题有所改善，但受天气影响
低水分青贮	45%～60%	通过降低水分抑制酪酸发酵	需要密封性强的青贮容器；受气候影响；晒干过程中养分损失大

点为减少了气候与天气影响和田间损失。但是水分含量越高，增加运输工作量，且高水分对发酵过程有害，需要达到更低的 pH 值，才能得到好的贮存效果，所以容易产生品质差和不稳定的青贮饲料。另外，由于渗漏，还会造成营养物质的大量流失。可以添加能促进乳酸菌或抑制不良发酵的添加剂，保障青贮质量。

2. 凋萎青贮

该技术是 20 世纪 40 年代初期开始在美国等国家广泛应用的方法，至今在牧草青贮中仍然广泛使用。是一种比较经典的制作青贮的方法。牧草或玉米刈割后，经过 4～6 小时的晾晒或风干，使原料含水率达到 60%～70%，再切碎、入窖青贮。该方法虽然干物质、胡萝卜素由于晾晒有所损失，但是，由于含水量适中，无需任何添加剂即可很容易地得到质量很好的青贮饲料，又可在一定程度上减轻流出液损失。

3. 半干青贮

也称低水分青贮，首先通过晾晒或混合其他饲料使其水分含量达到半干青贮的条件，切碎后快速装填入密封性强的青贮容器。该方法主要应用于豆科牧草，通过降低水分限制不良微生物的繁殖和丁酸发酵，达到稳定青贮饲料品质的目的。

二、青贮发酵的基本原理

青鲜饲草料—切碎—乳酸发酵（厌氧条件下、利用碳水化合物）—乳酸为主的有机酸（pH 值下降至 4.0～4.2，抑制有害微生物生长）—长期保存。所以说，青贮的基本原理是促进乳酸菌活动而抑制其他微生物活动的发酵过程。

1. 青贮发酵和微生物

虽然在青贮发酵过程中有多种微生物参与，而且这些微生物不断互相竞争，但在青贮发酵中，必须保证乳酸菌的繁殖占绝对主导地位。刚收割下来的秸秆中附生着各种微生物，其中大部分是好氧的，乳酸菌的数量极少。如果收割下来的秸秆不及时入窖青贮，好氧的腐败菌就会迅速繁殖，从而影响青贮质量（表 4-6）。

表 4-6　每克新鲜饲料上微生物的数量

（引自《饲料生产学》，王成章主编，1998）

饲料种类	腐败菌/百万个	乳酸菌/千个	酵母菌/千个	酪酸菌/千个
草地青草	12.0	8.0	5.0	1.0
野豌豆燕麦混播	11.9	1173.0	189.0	6.0
三叶草	8.0	10.0	5.0	1.0
甜菜茎叶	30.0	10.0	10.0	1.0
玉米	42.0	170.0	500.0	1.0

因此，为促使青贮过程中有益乳酸菌的正常繁殖活动，必须了解各种微生物的活动规律和对环境的要求（表 4-7），以便采取措施，抑制各种不利于青贮的微生物活动，消除一切妨碍乳酸形成的条件，创造有益于青贮的乳酸菌活动的最适宜环境。

（1）乳酸菌　乳酸菌是主要的有益微生物，在原料中附着的或在收获过程中机械上附着的乳酸菌被带入青贮窖内，并且在短时间内繁殖起来的。乳酸菌种类很多，其中对青贮有益的主要是乳酸链球菌、德氏乳酸杆菌。它们均为同质发酵的乳酸菌，发酵后只产生乳酸。此外，还有许多异质发酵的乳酸菌，除产生乳酸外，还产生大量的乙醇、醋酸、甘油和二氧化碳等。乳酸链球菌属兼性厌氧菌，在有氧或无氧条件下均能生长繁殖，耐酸能力较低，青贮饲料中含酸量达 0.5%～0.8%、pH 值 4.2 时即停止活动。乳酸杆菌为厌氧菌，只在厌氧条件下生长和繁殖，耐酸力强，青贮料中含酸量达 1.5%～2.4%，pH 值为 3 时才停止活动。

根据乳酸菌对温度要求不同，可分为好冷性乳酸菌和好热性乳酸菌两类。好冷性乳酸菌在25～35℃温度条件下繁殖最快，正常青贮时，主要是好冷性乳酸菌活动。好热性乳酸菌发酵结果，可使温度达到52～54℃，如超过这个温度，则意味着还有其他好气性腐败菌等微生物参与发酵。高温青贮养分损失大，青贮饲料品质差，应当避免。不同微生物要求的条件不同（表4-7）。

表4-7 几种微生物要求的条件

（引自《饲料生产学》. 王成章主编. 1998）

微生物种类	氧气	温度/℃	pH
乳酸链球菌	±	25～35	4.2～8.6
乳酸杆菌	—	15～25	3.0～8.6
枯草菌	+	—	—
马铃薯菌	+	—	7.5～8.5
变形菌	+	—	6.2～6.8
酵母菌	+	—	4.4～7.8
酪酸菌	—	35～40	4.7～8.3
醋酸菌	+	15～35	3.5～6.5
霉菌	+	—	—

乳酸的大量形成，一方面为乳酸菌本身生长繁殖创造了条件；另一方面产生的乳酸使其他微生物如腐败菌、酪酸菌等死亡。乳酸积累的结果使酸度增强，乳酸菌自身也受到抑制而停止活动。乳酸菌为了繁殖生长，能够以碳水化合物作为能量产生乳酸，但其体内没有蛋白分解酶，所以牧草中的蛋白基本被保存下来。

（2）酪酸菌（丁酸菌） 它是一种厌氧、不耐酸的有害细菌，又叫梭状芽孢杆菌，简称梭菌。它能使青贮饲料腐败，是鉴定青贮饲料好坏的主要标志，酪酸含量愈多，青贮饲料的品质愈坏。原料上本来不多，在缺氧条件下繁殖旺盛，耐高温，在60℃的高温下仍能繁殖。它在pH 4.7以下时不能繁殖，当pH值降到4.2以下时，即停止繁殖和生长，甚至死亡。使葡萄糖和乳酸分解产生具有挥发性臭味的丁酸，同时产生氢气和二氧化碳。酪酸菌还能分解蛋白质形成氨基酸或者胺和硫化氢等。蛋白质被分解后，形成具有刺鼻臭气的产物，伴有碱性反应，同时酪酸菌又破坏青贮料中的叶绿素，在其外表形成程度不同的黄斑。当青贮饲料中丁酸含量达到万分之几时，即影响青贮料的品质。酪酸菌广泛分布在自然界，但植物体上附着的酪酸菌数量非常少，它们主要与土壤一起带入青贮料中，或青贮窖本身被污染而带入。在青贮原料幼嫩、碳水化合物含量不足、含水量过高、装压过紧、高温贮藏、酸缓冲力高均易促使酪酸菌活动和大量繁殖。

（3）酵母菌 它是一种好氧性细菌，喜潮湿，不耐酸。在青饲料切碎尚未装贮完毕之前，酵母菌只在青贮原料表层繁殖，分解可溶性糖，产生乙醇及其他芳香类物质。待封窖后，空气越来越少，酸性物质迅速积累，便很快阻止它的活动。酵母菌在青贮中一般只生活 4～5 天。

（4）腐败菌 凡能强烈分解蛋白质的细菌统称为腐败菌。此类细菌很多，有嗜高温的，也有嗜中温或低温的。它们能使蛋白质、脂肪、碳水化合物等分解产生氨、硫化氢、二氧化碳、甲烷和氢气等，使青贮原料变臭变苦，养分损失大，不能饲喂家畜，导致青贮失败。不过腐败菌只在青贮料装压不紧、残存空气较多或密封不好时才大量繁殖；在正常青贮条件下，当乳酸逐渐形成，pH 值下降，氧气耗尽后，腐败细菌活动即迅速受到抑制，以致死亡。

（5）霉菌（又称丝状菌） 霉菌是青贮饲料的有害微生物，它是导致青贮变质的主要好气性微生物，通常仅存在于青贮饲料的表层或边缘等易接触空气的部分。它的生存需要氧气，青贮料中含水量不适当，或踩压不紧，封闭不严而透气时，便会出现白色或黄色丝状结块，特别是在青贮饲料上层和窖周围。正常青贮情况下，霉菌仅生存于青贮初期，酸性环境和厌氧条件下，足以抑制霉菌的生长。霉菌会降低青贮饲料品质，霉菌破坏有机物质，分解蛋白质产生氨，使青贮料发霉变质并产生酸败味，降低其品质，甚至失去饲用价值。某些霉菌还产生对动物有害的物质。青贮窖开封后，青贮饲料与空气接触，酵母菌与霉菌又可繁殖起来，导致青贮饲料第二次发酵。二次发酵的后果是温度升高，消耗营养物质，导致青贮饲料变质腐败。

2. 青贮发酵过程

根据环境因素、微生物种类和物质变化，将正常的青贮发酵过程大体可分为三个阶段。

(1) 有氧呼吸期　有氧呼吸阶段需要1～3天，其主要包括植物细胞的呼吸和好氧微生物的呼吸。刚收割的青绿植株中的细胞并未立即死亡，因青贮装窖密封之后，青贮容器中有空气存在，所以青贮初期植物细胞继续进行呼吸代谢作用，氧化分解可溶性碳水化合物。但如果青贮容器内残留的氧气过多，植物细胞呼吸期延长，即引起糖原过多的消耗，同时也导致青贮容器内温度升高，不仅加大各种营养成分的损失，而且削弱了乳酸菌与其他微生物的竞争能力。青贮的植物细胞受机械切割，压榨而排出汁液，内含丰富的可溶性碳水化合物等养分，此时好气性微生物开始了强烈活动、繁殖，分解蛋白质和糖类而产生氨基酸、乳酸和醋酸等物质，氨基酸进一步脱羟基后转化成营养价值较低的氨化物。从营养保存和有效发酵的角度考虑，这个阶段越短越好，如果过长时，对其后的乳酸发酵会不利。

(2) 乳酸发酵期　经过第一阶段的有氧呼吸期之后，氧气耗尽，而产生的二氧化碳使窖内形成厌氧状态，这时就开始强烈的乳酸发酵。乳酸菌迅速繁殖，分解可溶性碳水化合物而产生大量乳酸，pH值迅速降低，致使腐败细菌、酪酸菌等活动受到抑制，甚至死亡。当pH值为4.2时，乳酸菌活动也缓慢下来。此阶段大概需要2～3周。

(3) 发酵稳定期　经过旺盛的乳酸发酵，乳酸生成量达到新鲜物的1.0%～1.5%（若含水率在80%的情况下，相当于干物质中的5.0%～7.5%），当pH值降至4.0以下时，就会抑制不良细菌的繁殖，使青贮发酵进入稳定状态。如果原料中的可溶性糖含量充足，并且能保证厌氧条件，乳酸生成量一般能达到原料的1.0%～1.5%，而且pH值迅速降至4.0以下。此阶段大概需要2～3周。否则，乳酸发酵过程中所产生的乳酸转化为酪酸，并且蛋白质和氨基酸也分解成氨类物质，导致pH值升高，青贮品质下降。通常这种变化在原料被装填后一个月左右发生。若大量产生酪酸时，青贮料不仅有腐臭味，而且引起大量养分的损失。饲喂奶牛时易导致产奶量的下降，并且发生痢疾和乳房炎等疾病。

三、制作优良青贮饲料应具备的条件

1. 创造厌氧环境

青贮能否成功，在很大程度上取决于乳酸菌能否迅速而大量地繁殖。首先，必须有乳酸菌，而且它的繁殖能抑制不良细菌的生长。乳酸杆菌为厌氧菌，只在厌氧条件下生长和繁殖，所以制作优良青贮饲料的首要条件是创造厌氧环境。创造厌氧环境要做到尽量排除空气和防止空气进入，具体措施如下。

(1) 切短、压实　切短青贮原料的目的是为了便于装填紧实，增加饲料密度，提高青贮窖的利用率，同时排除原料间隙中的空气，使植物细胞渗出汁液，湿润饲料表面，利于乳酸菌的生长繁殖而促进发酵。

(2) 尽早密封青贮窖　尽早封窖使青贮尽快进入厌氧状态，大量调制青贮饲料而延长装填作业时间或者密封不充分时，容易形成好气性环境，其结果是青贮饲料表面因霉菌繁殖而出现腐败现象，青贮饲料品质下降。

2. 原料要有一定的含糖量和较小的缓冲能

(1) 糖中的葡萄糖、果糖、蔗糖等可溶性糖分含量，是决定青贮发酵品质的最重要的影响因素之一。可溶性糖分可以促进乳酸菌繁殖进而获得足够量的乳酸，一般糖含量越多所产生的乳酸就越多，而醋酸和酪酸就越低。可溶性糖也随植物生长发育而发生变化，一般生长早期可溶性糖含量高，以后逐渐减少；早熟品种比晚熟品种的可溶性碳水化合物含量高。含糖高，易青贮的有玉米、高粱、燕麦、向日葵、甜菜、胡萝卜、豌豆，难青贮的是豆科牧草，不能单独青贮的是瓜类。

(2) 牧草固有的抗 pH 变化能力——缓冲能力在很大程度上影响牧草发酵品质的好坏，多数牧草的缓冲能力主要由有机酸盐、正磷酸盐、硫酸盐、硝酸盐和氯化物等阴离子的存在。多数试验结果表明，施氮肥过多易引起缓冲能力的提高，但在青贮之前进行萎蔫处理，则可使缓冲能力降低。在很难通过正常的乳酸发酵途径产生足够的乳酸，使青贮料的 pH 值降至 4.0 以下，较难获得优质青贮料时，通常可直接加入酸类物质来降低 pH 值，其种类有无机酸类，也有有机酸类，目前较普遍使用的是甲酸。

3. 原料要有一定的水分

青贮原料只有含水量适当，才能获得良好的乳酸发酵并减少营养物质的损失。虽然在较大的含水量范围内，都可制作青贮，但是为获取优质青贮料，含水率以60％～75％为宜。原料含水量过大，可通过干燥途径提高干物质含量或与含水量低的原料混贮。调整水分的方法有如下几种。

（1）原料水分高时，可以通过晾晒的方法降低水分到比较合适的含量。

（2）也可以通过把高水分和低水分的原料混合进行混贮。

（3）原料水分低时可以通过加水的方法，调整水分到比较合适的含量。

四、青贮设施

青贮设施包括青贮容器、机械设备、切割机等。

1. 青贮容器

青贮容器，主要有青贮窖、青贮壕、青贮塔、地面青贮、青贮袋及拉伸膜裹包青贮等。对这些设施的基本要求如下。

（1）不透空气　无论用哪种材料建造青贮设施，必须做到严密不透气。可用石灰、水泥等防水材料填充和抹青贮窖、壕壁的缝隙，如能在壁内衬一层塑料薄膜更好。

（2）不透水　场址要选择在地势高燥、地下水位较低、距畜舍较近而又远离水源和粪坑的地方，不要靠近水塘、粪池，以免污水渗入。地下或半地下式青贮设施的底面，必须高于地下水位，在青贮设施的周围挖好排水沟，以防地面水流入。如有水浸入会使青贮饲料腐败。

（3）墙壁要平直　青贮容器的墙壁要平滑垂直，内壁光滑、不留死角，这会有利于青贮饲料的下沉和压实。下宽上窄或上宽下窄都会阻碍青贮饲料的下沉，或形成缝隙，造成青贮饲料霉变。

（4）要有一定的深度　青贮容器的宽度或直径一般应小于深度，宽、深比为1∶1.5或1∶2，以利于青贮饲料借助本身重力而压得紧实，减少空气，保证青贮饲料质量。

青贮设施的容量大小与青贮原料的种类、水分含量、切碎压实程度以及青贮设施种类不同等有关。常见的数据如表 4-8 所示。

表 4-8 每立方米青贮料重量

青贮窖种类 青贮原料	青贮壕(拖拉机压实)/千克	青贮塔/千克		青贮窖(人工压实)/千克
		高(深)度 3.5～6.0 米	高度 6 米以上	
全株玉米(带穗)	750	700	750	650
青玉米秸				500
向日葵	750	700	750	600
饲用甘蓝	775	750	775	675
根达菜	750	700	750	650
玉米、秣食豆混贮	775	750	775	675
三叶草、禾本科铡碎混贮	650	575	650	525
牧草(天然草地)不铡碎	575	550	575	475
禾本科牧草铡碎	575	500	575	450
禾本科牧草不铡碎	500	425	500	375
粗茎野草	475	450	475	400
甘薯藤、胡豆苗				700
块茎类				750～800

2. 不同类型的建筑设施具体要求

(1) 青贮窖　青贮窖是我国应用最普遍的青贮设施。按照窖的形状，可分为圆形窖和长方形窖两种。在地势低平、地下水位较高的地方，建造地下式窖易积水，可建造半地下、半地上式。圆形窖口大不易管理；取料时需逐层取用，若用量少，冬季表层易结冻，夏季易霉变。长方形窖适于小规模饲养户采用，便于管理。但长方形窖占地面积较大。不论圆形窖或长方形窖，都应用砖、石、水泥建造，窖壁用水泥挂面，窖底只用砖铺地面，不抹水泥，以便使多余水分渗漏。圆形窖的直径 2～4 米，深 3～5 米，窖壁要光滑。长方形窖宽 1.5～3 米，深 2.5～4 米，长度根据家畜头数和饲料多少决定。长度超过 5 米以上时，每隔 4 米砌一横墙，以加固窖壁，防止砖、石倒塌。

(2) 青贮壕　青贮壕是指大型的壕沟式青贮设施，适用于大规模饲养场使用。此类建筑最好选择在地方宽敞、地势高燥或有斜坡的地方，开口在低处，以便夏季排出雨水。青贮壕一般宽 4～6 米，便于链轨拖拉机压实。深 5～7 米，地上至少 2～3 米，长 20～40 米，必须用砖、石、水泥建筑永久窖。青贮壕是三面砌墙，地势低的一端敞开，以便车辆运取饲料。

(3) 青贮塔　青贮塔适用于机械化水平较高、饲养规模较大、经济条件较好的饲养场。塔直径 4～6 米，高 13～15 米，塔顶要有防雨设备。塔身一侧每隔 2～3 米留一规格为 60 厘米×60 厘米的窗口，装料时关闭，用完后开启。原料由机械从塔顶吹入落下，塔内要专人踩实。饲料由塔底层取料口取出。要经过专业技术设计和专业施工。青贮塔封闭严实，原料下沉紧密，发酵充分，青贮质量高。

青贮窖、青贮壕和青贮塔的共同优点是造价低，缺点是冬季冻冰，易遭鼠害。

(4) 塑料袋青贮　近年来随着塑料工业的发展，国外一些饲养场，采用质量较好的塑料薄膜制成袋，装填青贮饲料，袋口扎紧，堆放在畜舍内，使用很方便。“袋式青贮”技术，特别适合于苜蓿、玉米秸秆，高粱等的大批量青贮。该技术是将饲草切碎后，采用袋式灌装机械将饲草高密度地装入专用青贮袋。此技术可青贮含水率高达 60%～65%的饲草。一只 33 米长的青贮袋可灌装近 100 吨饲草。灌装机灌装速度可高达每小时 60～90 吨。较传统窖贮技术有如下优点：地点灵活，不受季节、日晒、降雨和地下水位的影响，可在露天堆放；青贮饲料质量好、粗蛋白质含量高，消化率高，适口性好，可以商品化；损失浪费极少，霉变损失、流液损失和饲喂损失可减少 20%～30%；保存期长，可达 1～2 年；贮存、取饲方便；节省了建窖、维修费用、建窖占用的土地和劳力。但是，塑料袋青贮成本高，易受鼠害；需放于干燥无阳光的地方；不能随意搬动。

(5) 草捆青贮　草捆青贮有以下几方面的优点。

① 在翻晒、打捆、收集和搬运等作业中可以节省大量的劳动力，节省 25%～40%的作业时间。

② 改善一系列的作业效率，减少牧草收获时的损失。

③ 根据天气状况可以自由更换作业体系。另外，草捆青贮不需要特殊设施（青贮塔、青贮窖等）。

草捆青贮的调制方法：按通常的方法收割牧草，铺成草条，用捡拾压捆机制成大圆捆。将圆草捆分别装入塑料袋，选择一块坚实而干燥的场地将草捆垛好，再把袋口系好，保持密封。技术要点如下。

① 水分含量符合半干青贮要求。

② 草捆密度越大越好，而且尽可能做到密度均匀一致。

③ 草捆与塑料袋之间的空隙不应太大，以“贴身”为最佳，减少袋内空气残留。

④ 选择结实和具有柔韧性的优质塑料袋。

优点：地点灵活；可以商品化；品质好；便于在天然草地上适时刈割；饲喂方便。注意事项：防冻；草捆高密度，越紧越好。

（6）拉伸膜裹包青贮　拉伸膜裹包青贮是在上述草捆青贮技术原理和方法基础上发展起来的新技术，也是低水分青贮的一种形式，属目前世界发达国家流行的青贮技术之一，在我国内蒙古、河南、青海、安徽、广东、北京、上海等地，对其调制方法和供给体系试验和使用，其青贮质量良好。“拉伸膜裹包青贮”是指将收割好的新鲜牧草经打捆裹包密封保存并在厌氧发酵后形成的优质草料。青贮专用塑料拉伸膜是一种很薄的、具有黏性、专为裹包草捆研制的塑料拉伸回缩膜，从而能够防止外界空气和水分进入，草捆裹包好后，形成厌氧状态，草料自行发酵产生乳酸。与传统的窖装青贮相比，拉伸膜裹包青贮有以下优点。

① 损失浪费小　传统窖装青贮由于不能及时密封和密封不严，往往造成窖上部的霉烂变质，此项可损失总量的15%左右。而草捆裹包青贮则几乎没有霉烂，也不会造成水分的渗漏，而且抗日晒、雨淋、风寒的功能很强，因此损失将降低到最低程度。

② 灵活方便　首先是制作、贮存的地点灵活，可以在农田、草场，也可以在饲养场院内及周边任何地方制作；其次是制作方便，既不用挖青贮窖，盖青贮塔，也不用大量的人力进行笨重劳动，并且在任何气候条件下都不会影响被贮饲料的质量；三是提取和运输方便。用塑料袋贮和圆捆贮开口即可拉取，取后可以很方便地扎实袋口或用拉伸膜封裹。

③ 青贮制品质量好　由于制作速率快，被贮饲料高密度挤压

结实，密封性能好，所以乳酸菌可以充分发酵，据现场对比饲养试验，用此青贮料饲喂肉牛 10 头，不仅在内蒙古 9～12 月的寒冷季节没有掉膘，反而平均日增重 0.63 千克；而饲喂干草的牛，平均每日减少体重 0.1 千克。饲喂 2 岁以下肉牛，集中育肥 3 个月，屠宰时比对照组的肉牛每头平均多增重 50 千克。从 7 月份开始用青贮草捆饲喂奶牛，产乳高峰期延长 2 个月，日平均产奶量增加 5～7 千克。

④ 不污染环境　窖贮制作过程中渗漏不但会降低饲料营养品质，而且还会污染土壤和水源，青贮裹包草捆无渗漏，不污染环境，使农村环境更优雅卫生。

⑤ 成本低、效益高　传统窖贮，由于霉烂变质，干物质流失、加之日晒、雨淋或地下水的浸泡造成较大损失，据调查，损失量占总贮量的 30%左右。相对损失而言，塑料拉伸膜成本较低，效益高。

⑥ 保存期长　拉伸膜裹包青贮不受季节、气温、日晒、雨淋、风寒、地下水位的影响，可在露天堆放，长达 1～2 年不变质。

⑦ 节省了建窖占用土地，节省建窖投资费用和维修费用。

⑧ 便于草料的商品化生产。

但也存在以下一些缺点。

① 裹包机使用方法和拉伸膜选择上出现失误时容易造成密封性不良等问题，在搬运和保管拉伸膜青贮饲料过程中要防止拉伸膜的损伤。

② 不同草捆之间或同一草捆的不同部位之间水分含量参差不齐，出现发酵品质差异，给饲料营养设计带来困难，难以精确掌握恰当的供给量。

③ 整个制作过程需要机械化操作，初期投入较大。

④ 青贮料饲喂过程中如果不切碎而直接饲喂，容易加大损失，因此最好配备专用切碎机。

⑤ 废旧拉伸膜的处理回收仍未很好地解决，会造成白色污染。

技术要点：压捆要牢固、结实，这样才能保持高密度；草捆表面要平整均匀，以免草捆和拉伸膜之间产生空洞，或与膜之间的粘贴性不良，从而发生霉变。拉伸膜裹包作业打好的草捆应在当天迅速裹包，使拉伸膜青贮料在短时间内进入厌氧状态，抑制酪酸菌的繁殖。

五、常规青贮饲料操作规程

由于制作青贮饲料具有季节性，要求连续作业、突击工作、短期内完成。

1. 原料的适时收割

优质青贮原料是调制优良青贮饲料的物质基础。在适当的时期对青贮原料进行刈割，可以获得最高产量和最佳养分含量。具体知识已经在干草调制里面讲过，这里不再赘述。

2. 调节水分

适时收割时其原料含水率通常为75％～80％或更高。要调制出优质青贮饲料，必须调节含水量。尤其对于含水量过高或过低的青贮原料，青贮时均应进行处理。一般青贮饲料适宜的含水率为65％～75％。以豆科牧草作原料时，其含水率以60％～70％为宜。如果含水量过高，则糖分被过分稀释，不适于乳酸菌的繁殖；含水量过低时，则青贮物不易压缩，残留空气太多，霉菌和其他杂菌滋生蔓延，产生更高的热度，会使饲料变褐，降低蛋白质的消化性，导致青贮腐烂变质，甚至有发生火灾的可能。一般来说，将青贮的原料切碎后，握在手里，手中感到湿润但不滴水，这个时机较为适宜。如果水分偏高，收割后可晾晒一天再贮。青贮原料如果含水率不足，可以添加清水（井水、河水、自来水）。水分过多的饲料，青贮前应晾晒，使其水分含量达到要求后再行青贮；有些情况下（如雨水多的地区）通过晾晒无法达到合适水分含量，可以采用混合青贮的方法，以期达到适宜的水分含量。加水量要根据原料的实际含水多少计算应加水量。

3. 切碎和装填

原料的切断和压裂是促进青贮发酵的重要措施（图 4-4）。切碎的优点概括起来有如下几个方面。

(1) 装填原料容易，青贮窖内可容纳较多原料（干物质），并且节省时间。

图 4-4 切短

(2) 使植物细胞渗出汁液润湿饲料表面，有利于乳酸菌的繁殖和青贮饲料品质的提高。

(3) 便于压实，节约踩压的时间；有利于排除青贮窖内的空气，尽早进入密封状态，阻止植物呼吸，形成厌氧条件，减少养分损失。

(4) 如使用添加剂时，能均匀撒在原料中。切碎的程度取决于原料的粗细、软硬程度、含水量、饲喂家畜的种类和铡切的工具等。对牛、羊等反刍动物来说，禾本科和豆科牧草及叶菜类等切成2～3 厘米，大麦、燕麦、牧草等茎秆柔软，切碎长度为 3～4 厘米。

4. 青贮原料的填装与压实

切碎的原料在青贮设施中都要装匀和压实（图 4-5），而且压得越实越好，尤其是靠近壁和角的地方不能留有空隙，以减少空气，利于乳酸菌的繁殖和抑制好气性微生物的活力。如果是土窖，窖的四周应铺垫塑料薄膜，以避免饲料接触泥土被污染和饲料中的水分被土壤吸收而发霉。砖、石、水泥结构的永久窖则不需铺塑料薄膜。小型青贮窖可人力踩踏，大型青贮窖则用履带式拖拉机来压实。用拖拉机压实注意不要带进泥土、油垢、金属等污染物，压不到的边角可人力踩压。青贮原料装填过程应尽量缩短时间，小型窖应在 1 天内完成，中型窖 2～3 天，大型窖 3～4 天。

图 4-5 压实

5. 密封与管理

原料装填压实之后，应立即密封和覆盖。其目的是隔绝空气与原料接触，并防止雨水进入。使原料高出窖口 40～50 厘米，长方形窖呈鱼脊背式，圆形窖呈馒头状，然后进行密封和覆盖。

密封和覆盖的方法：可先盖一层细软的青草，草上再盖一层塑料薄膜，并用泥土堆压靠在青贮窖或壕壁处，然后用适当的盖子将其盖严（图 4-6）；也可在青贮料上盖一层塑料膜，然后盖 30～50 厘米的湿土；如果不用塑料薄膜，需在压实的原料上面加盖 3～5 厘米厚的软青草一层，再在上面覆盖一层 35～45 厘米厚的湿土，并很好地踏实。窖四周要把多余泥土清理好，挖好排水沟，防止雨水流入窖内。封窖后应每天检查盖土下沉的状况，并将下沉时盖顶上所形成的裂缝和孔隙用泥巴抹好，以保证高度密封，在青贮窖无棚的情况下，窖顶的泥土必须高出青贮窖的边缘，并呈圆顶形，以免雨水流入窖内。规模小的羊场可以做塑料袋青贮，简单易于操作（图 4-7）。

六、半干青贮技术

半干青贮又叫低水分青贮，把原料（细茎牧草）在田间晾晒使其凋萎，含水率在 45%～50%，然后进行青贮。半干青贮调制技术主要在牧草尤其是豆科牧草上应用。我国现行推广的玉米秸秆黄贮或青黄贮均属于低水分青贮。拉伸膜青贮和袋装青贮也属此类。

图 4-6 青贮池封存

图 4-7 塑料袋青贮

1. 半干青贮饲料的特点

其特点介于青干草和青贮饲料两者之间，其优点如下。

（1）发酵品质良好，淡淡的酸香味，半干青贮饲料中几乎不存在酪酸，并且氨态氮含量极少，适口性好。

（2）营养物质损失少。

（3）对原料的含糖量要求低，容易制作成功。

（4）干物质含量高，便于运输，饲喂方便。

(5) 可以避免营养物质的流失。水分过多时，流出的干物质损失超过10%。青贮之前采取凋萎措施便可减轻营养物质的流出损失，当调节含水率降至50%左右时，几乎不存在流出损失。

2. 半干青贮的基本原理

青贮原料收割后，经风干晾晒，含水率降至45%～50%，此时植物细胞的渗透压达到60个大气压时，各种微生物的活动处于生理干旱状态，好气性霉菌和腐败菌的活动受到抑制，乳酸菌活动也微弱，进行轻微发酵；加之高度厌氧，就阻止了喜欢高水分的梭菌的活动，阻碍了酪酸的产生和蛋白质的分解。其结果是在有机酸形成量少和相对较高的pH值（5.6左右）条件下也能获得品质优良的青贮饲料。

3. 半干青贮技术要点

半干青贮的调制方法与普通青贮基本相同，区别在于牧草收割后，晾晒1～2天，当含水率达到45%～55%时才能装贮，并且贮藏过程和取用过程中要保证密封。

(1) 晾晒　半干青贮晾晒时间越短越好，最好控制在24～36小时之内。半干原料的含水量的判断，可采用田间观测法和公式法。田间观测：禾草经晾晒后，茎叶失去鲜绿色，叶片卷成筒状，茎秆基部尚保持鲜绿状态；豆科牧草晾晒至叶片卷成筒状，叶片易折断，压迫茎秆能挤出水分，茎表面可用指甲刮下，这时的含水率约50%。公式计算：$R=(100-W)/(100-X)$ [其中R：每100千克青贮原料晒干至要求含水量时的重量（千克）；W：青贮原料最初含水量（每100千克中的重量）；X：青贮时要求的含水量（每100千克中的重量）]。

(2) 切碎　切碎的目的是提高密度排除空气而不是促进发酵。所以，原料的含水量越低，应切得越短。最好铡成2厘米左右的碎段后入窖。

(3) 青贮原料的装填　原料的装填要遵循快速而压实的原则，分层装填，分层镇压，压得越实越好。

(4) 青贮密封和覆盖　青贮饲料装满压实后，需及时密封和覆盖。具体方法是装填镇压完毕后，在上面盖聚乙烯薄膜，薄膜上盖沙土5厘米厚即可。

七、青贮添加剂

目前世界各国约70%的青贮饲料使用添加剂。青贮饲料添加剂种类繁多，无论何种添加剂，它必须对家畜是无毒的，尤其是对瘤胃发酵不能有副作用。根据使用目的和效果可分为发酵促进剂、发酵抑制剂、好气性腐败菌抑制剂及营养性添加剂四类（表4-9）。其目的分别是促进乳酸发酵、抑制不良发酵、控制好气性变质和改善青贮饲料的营养价值。

表4-9 青贮添加剂分类

发酵促进剂		发酵抑制剂		好气性腐败菌抑制剂	营养性添加剂
培养细菌	碳水化合物类	酸	其他		
乳酸菌	葡萄糖	无机酸	甲醛	丙酸	尿素
	蔗糖	甲酸	对甲醛	乙酸	氨
	糖蜜	乙酸	$NaNO_3$	山梨酸	双缩脲
	谷类	乳酸	SO_2	NH_3	矿物质
	乳清	苯甲酸	NaCl		
	萝卜渣	丙烯酸	抗生素		
	马铃薯	H_2SO_4	NaOH		
	橘渣	苹果酸	乌洛托品		
	纤维素酶	山梨酸	$NaHSO_4$		

1. 发酵促进剂

（1）乳酸菌制剂　添加乳酸菌制剂是人工扩大青贮原料中乳酸菌群体的方法。添加乳酸菌制剂可以保证初期发酵所需的乳酸菌数量，取得早期进入乳酸发酵优势。调制青贮的专用乳酸菌添加剂应具备如下特点：①生长旺盛，在与其他微生物的竞争中占主导地位；②产生最多的乳酸；③具有耐酸性，尽快使pH值降至4.0以下；④能使葡萄糖、果糖、蔗糖和果聚糖发酵，则戊糖发酵更好；⑤生长繁殖温度范围广；⑥在低水分条件下也能生长繁殖。

（2）酶制剂　添加的酶制剂主要是多种细胞壁分解酶，大部分商品酶制剂是包含多种酶活性的粗制剂，主要是分解原料细胞壁的纤维素和半纤维素，产生被乳酸菌可利用的可溶性糖类。作为青贮添加剂的纤维素分解酶应具备以下条件：①添加之后能使青贮早期产生足够的糖分；②在 pH 值 4.0～6.5 范围内起作用；③不存在蛋白分解活性。

（3）糖类和富含糖分的饲料　当进行豆科牧草单独青贮和含水量高的原料青贮时，原料可溶性糖分不足时，添加糖和富含糖分的饲料可明显改善发酵效果。这类添加剂除糖蜜以外，还有葡萄糖、糖蜜饲料、谷类米糠类等。糖蜜加入量：禾本科为1%、豆科为3%。

2. 发酵抑制剂

（1）无机酸　由于无机酸对青贮设备、家畜和环境不利，目前使用不多。

（2）甲酸　通过添加甲酸快速降低 pH 值，抑制原料呼吸作用和不良细菌的活动，使营养物质的分解限制在最低水平，从而保证饲料品质。浓度为 85%的甲酸，禾本科牧草添加量为湿重的 0.3%，豆科牧草为 0.5%，混播牧草为 0.4%。

（3）甲醛　甲醛具有抑制微生物生长繁殖的特性，还可阻止或减弱瘤胃微生物对食入蛋白质的分解。一般可按青贮原料中蛋白质的含量来计算甲醛添加量，建议甲醛的安全和有效用量为 3%～5%粗蛋白质。

3. 好气性腐败菌抑制剂

有乳酸菌制剂、丙酸、己酸、山梨酸和氨等。对牧草或玉米添加丙酸调制青贮饲料时，单位鲜重添加 0.3%～0.5%时有效，而增加到 1.0%时效果更明显。

4. 营养性添加剂

营养性添加剂主要用于改善青贮饲料营养价值，而对青贮发酵一般不起作用。目前应用最广的是尿素，将尿素加入青贮饲料中，可降低青贮物质的分解，提高青贮饲料的营养物质；同时还兼有抑菌作用。

八、青贮饲料的饲用技术及品质鉴定

青贮饲料是一种优质多汁饲料，第一次饲喂青贮饲料，有些家畜可能不习惯，可将少量青贮饲料放在食槽底部，上面覆盖一些精饲料，等家畜慢慢习惯后，再逐渐增加饲喂量。青贮饲料的饲喂量如表 4-10。

表 4-10 不同家畜青贮饲料的饲喂量

家畜种类	适宜喂量/[千克/(日·头)]	家畜种类	适宜喂量/[千克/(日·头)]
产奶牛	15～20	犊牛(初期)	5～9
育成牛	6～20	犊牛(后期)	4～5
役　牛	10～20	羔羊	0.5～1.0
肉　牛	10～20	羊	5～8
育肥牛	12～14	仔猪(1.5月龄)	开始训饲
育肥牛(后期)	5～7	妊娠猪	3～6
马、驴、骡	5～10	初产母猪	2～5
兔	0.2～0.5	哺乳猪	2～3
鹿	6.5～7.5	育成猪	1～3

1. 取用青贮饲料的注意事项

（1）饲喂青贮饲料的饲槽要保持清洁卫生。每天必须清扫干净饲槽，以免剩料腐烂变质。

（2）注意饲喂数量。青贮饲料具有酸味，在开始饲喂时，有些家畜不习惯采食，为使家畜有个适应过程，喂量宜由少到多，循序渐进。

（3）及时密封窖口。青贮饲料取出后，应及时密封窖口，以防青贮饲料长期暴露在空气中发生变质，饲喂后引起中毒或其他疾病。

（4）注意合理搭配。青贮饲料虽然是一种优质饲料，但饲喂时必须按家畜的营养需要与精料和其他饲料进行合理搭配。刚开始饲喂时，可先喂其他饲料；也可将青贮饲料和其他饲料拌在一起饲喂，以提高饲料利用率。

（5）青贮饲料的第二次发酵。即好气败坏的过程，青贮成功后，中间漏气或开窖后好气微生物引起的发酵。预防方法有压紧、加防腐剂、加强管理、注意合理取用等。

2. 青贮饲料的品质鉴定

(1) 感官鉴定　感官鉴定就是根据青贮料的颜色、气味、口味、质地、结构等指标，通过感官评定其品质好坏的方法称为感官鉴定。适用于在农牧场或其他现场情况下，青贮饲料的感官评定可以按德国农业协会（DLG）青贮质量感官评分标准来评定（表4-11、表4-12）。

表 4-11　青贮饲料感官鉴定标准

等级	气味	酸味	颜色	质地
优等	芳香味重，给人以舒适感	较浓	绿色或黄绿色有光泽	湿润，松散柔软，不粘手，茎叶花能辨认清楚
中等	有刺鼻酒酸味，芳香味淡	中等	黄褐色或暗绿色	柔软，水分多，茎、叶、花能分清
劣等	有刺鼻的腐败味或霉味	淡	黑色或褐色	腐烂、发黏、结块或过干、分不清结构

表 4-12　青贮饲料感官评定标准

<table>
<tr><th>指标</th><th colspan="4">评分标准</th><th>分数/分</th></tr>
<tr><td rowspan="4">气味</td><td colspan="4">无丁酸臭味，有芳香果味或明显的面包香味</td><td>14</td></tr>
<tr><td colspan="4">有微弱的丁酸臭味，或较强的酸味、芳香味弱</td><td>10</td></tr>
<tr><td colspan="4">丁酸味颇重，或有刺鼻的焦煳臭或霉味</td><td>4</td></tr>
<tr><td colspan="4">有很强的丁酸臭味或氨味，或几乎无酸味</td><td>2</td></tr>
<tr><td rowspan="4">结构</td><td colspan="4">茎叶结构保持良好</td><td>4</td></tr>
<tr><td colspan="4">叶子结构保持较差</td><td>2</td></tr>
<tr><td colspan="4">茎叶结构保存极差或发现有轻度霉菌或轻度污染</td><td>1</td></tr>
<tr><td colspan="4">茎叶腐烂或污染严重</td><td>0</td></tr>
<tr><td rowspan="3">色泽</td><td colspan="4">与原料相似，烘干后呈淡褐色</td><td>2</td></tr>
<tr><td colspan="4">略有变色，呈淡黄色或淡褐色</td><td>1</td></tr>
<tr><td colspan="4">变色严重，墨绿色或退色呈黄色，呈较强的霉味</td><td>0</td></tr>
<tr><td>总分/分</td><td>16～20</td><td colspan="2">10～15</td><td>5～9</td><td>0～4</td></tr>
<tr><td>等级</td><td>1级优良</td><td colspan="2">2级尚好</td><td>3级中等</td><td>4级腐败</td></tr>
</table>

(2) 实验室鉴定　实验室鉴定的内容包括青贮料的氢离子浓度(pH值)、各种有机酸含量、微生物种类和数量、营养物质含量变化以及青贮料可消化性及营养价值等。

① 测定氢离子浓度（pH值）　氢离子浓度测定是衡量青贮料品质好坏的重要指标之一。超过要求说明青贮料在发酵过程中腐败菌、酪酸菌等活动较为强烈。对常规青贮来说，pH值4.2以下为优；4.2～4.5为良；4.6～4.8为可利用；4.8以上不能利用。但半干青贮饲料不以pH值为标准，而根据感官鉴定结果来判断。

② 有机酸含量　有机酸包括乳酸、乙酸、丙酸和丁酸。青贮料中乳酸占总酸的比例越大，说明青贮料的品质越好。一般乳酸的测定用常规法，而挥发性脂肪酸用气相色谱仪来测定。

③ 氨态氮　利用蒸馏法或其他方法来测定。根据氨态氮与总氮的比例进行评价，数值越大，品质越差。标准为：10％以下为优；10％～15％良；15％～20％一般；20％以上劣。

第七节　牧草去毒加工

饲草料的中毒：指饲草料本身含有毒物质，或因在其加工调制过程中方法不当，或饲喂使用不科学，或因其发霉腐败而引起中毒的总称。

一、中毒原因

牧草能够引起动物中毒的原因可归结为以下两个方面。

1. 内因

即本身含有有害物质。有很多牧草或植物含有有毒成分，但在限量饲喂条件下并不会引起动物中毒，但如果一次性大量食入就会引起中毒或疾病，如苜蓿含有臌胀因子；乌头、狼毒、马铃薯茎叶中含有龙葵素，羊食入沙打旺胃发苦，鸡则可能引起死亡。

2. 外因

即因为加工饲喂方法不当，产生有毒成分。新鲜嫩绿的青饲料，煮一夜后会产生大量的亚硝酸盐，所以新鲜嫩绿的青饲料忌长时间焖捂；蛋白质含量高的饲料不能发酵，发酵后大量的蛋白质会被降解为氨态氮，氨态氮很容易被动物的消化道所吸收，从而会引起动物氨中毒。

饲料配合比例不当，混合不匀，使家畜中毒，如微量矿物元素毒性比较强，如果混合不均匀，就会造成部分家畜摄入量过多，可能引起中毒；一次性补盐过多，也会引起中毒，所以补盐要陆续进行；随饮水喂尿素会引起动物氨中毒；青苜蓿（大量）补后不能立即饮水。

饲料贮藏、保管不当，使霉菌、腐败菌大量繁殖，或保存过程中产生有毒物质，如草木樨在保存过程中其含有的无毒的香豆素会转化为有毒的双香豆素。

虫害危害的饲草料，病虫害侵袭，可使饲草变质产生有毒物质。

二、影响饲草料毒物含量的因素

（1）种和品种　燕麦、苏丹草、玉米、大麦等禾本科为硝酸盐积累者，如不同品种间燕麦硝酸盐含量的高低相差一倍，高粱品种间氢氰酸含量差别可达50%以上。

（2）不同植物个体　同一种植物的个体之间，有毒成分不同。如有的黄芪属牧草含有3-硝基丙醇，有的则含3-硝基丙酸，苏丹草和白三叶受损后，有些植株产生氢氰酸，有些则不产生。

（3）不同的生育期　随牧草生育期的推移，有毒成分下降，苜蓿在孕蕾前硝酸盐含量为0.18%，结实后下降到0.12%。

（4）同一植株的不同部位　植株部位不同则有毒成分的含量不同，如玉米、燕麦茎秆的硝酸盐含量高于叶子和花序。

（5）刈割次数和刈割高度　燕麦刈割再生易发生中毒，收玉米、高粱后又出苗，产生氰酸。

（6）施肥　施肥可增加牧草中有毒成分，施氮肥增加生物碱的含量。

三、几种低毒牧草去毒加工

1. 苜蓿

（1）有毒成分　皂苷、光过敏物质红叶质。主要吃新鲜苜蓿时，皂苷在瘤胃中易引起产生大量的持久泡沫，反刍动物瘤胃膨胀，严重时导致家畜死亡。光过敏物质破坏血管运动神经和血管壁，引起红斑和皮炎等疾病。

(2) 去毒加工

① 苜蓿地与其他牧草地轮牧，或青刈其他饲草搭配使用，混喂。

② 晒制成干草，皂苷溶于水而挥发。

③ 青贮，可以使皂苷分解成寡糖和甾体化合物，或三萜类。

④ 浸泡，皂苷溶于水。

⑤ 添加胆固醇或含胆固醇多的物质，结合为复合体。

2. 草木樨

(1) 主要有两种有毒成分——香豆素和双香豆素，花中最高，中午最高，香豆素本身无毒，双香豆素有毒。香豆素加霉菌为双香豆素，双香豆素国内测定在5毫克/千克以下，营养期较高，开花期次之，结实期较低。

(2) 机理　凝血因子在肝脏中合成时，需维生素K参与，而双香豆素结构与维生素K相近，与维生素K发生竞争性拮抗作用，竞争结果妨碍了维生素K的利用，从而使肝脏中凝血酶原和凝血因子的合成受阻，不能合成凝血因子，导致出血不止。

双香豆素进入畜体后，需待血浆中原有的凝血因子耗尽后(1～2周)才能发挥作用，因此中毒多在采食后2～3周发生。

(3) 去毒加工和预防方法

① 适时收割　宜在孕蕾期前进行收割。

② 科学调制防止发霉　草木樨干草比青鲜草安全，在调整干草时，将收割后的草木樨薄薄铺在地上暴晒一段时间，然后阴干。干草不宜打捆贮藏。

③ 科学配比　饲喂时应与其他青饲料掺混饲喂。

④ 浸泡　饲用前用清水浸泡，草粉与水的比例为1∶8，浸泡24小时。也可用1%的石灰浸泡4～8小时，再用清水冲洗后饲喂。可使大部分的双香豆素、香豆素转化成可溶性盐而被除掉。

⑤ 治疗　停喂，加维生素K青绿饲料，同时内服维生素K

制剂。

3．沙打旺

沙打旺种完后，不能有其他草的生长，4 年后荒废。因吸水，肥力极强，强于树，不能与林木间作，不能混播。

（1）有毒成分　多种脂肪族化合物，代谢产生 3-硝基丙醇（有毒）和 3-硝基丙酸（微毒），前者毒性大于后者。

（2）中毒机制　进入血液，影响中枢神经，血红蛋白转变为高价血红蛋白，使机体运氧功能受阻，一般牛、羊不易中毒，瘤胃发苦，鸡、猪易中毒，不能大量喂，新鲜的适口性差。

（3）去毒加工

① 加工成干草或干草粉，苦味减少，适口性提高。

② 青贮，原理是：3-硝基丙醇（有毒）＋乳酸（或醋酸）→酯化（无毒）去毒，且适口性好。

③ 调制人工瘤胃发酵饲料、仿生饲料。

④ 限制喂量，鸡饲料中 6％，猪饲料中可以调制到 20％～30％。

4．青绿饲料

（1）有毒成分　亚硝酸盐，青绿饲料含有的硝酸盐在硝化细菌的作用下生成有毒的亚硝酸盐。硝酸盐含量达中毒水平且已发生过中毒的青绿饲料有小白菜、白菜、包心菜、萝卜叶、菠菜、苋菜、甜菜、灰菜、油菜、燕麦、小麦、黑麦、玉米等的茎叶。致毒原因：低铁血红蛋白氧化成高铁血红蛋白，使红细胞失去携氧功能，从而造成缺氧，呼吸中枢麻痹、窒息而死。

（2）去毒加工与预防

① 新鲜饲料要鲜喂，暂时喂不完要散开，不堆放。

② 蒸煮时，加大火力，不能慢煮，立即捞出。

③ 碳酸氢铵去毒法，蒸煮好的饲料，添加适量健胃的小苏打。

④ 青贮，乳酸菌大量繁殖，杀死反硝化细菌。

⑤ 科学地饲喂，多喂含糖类高的饲料，不要长期单喂。

（3）检测　肼苯胺法，将联苯铵 10％与 10％醋酸混合（A），被测物青绿饲料汁挤于滤纸上，将 A 液滴上，如呈橘红色，则不能饲喂（饲料中含亚硝酸盐）。

5. 马铃薯

(1) 有毒成分　龙葵素，又称马铃薯素、茄碱，由于保存时间长或保存不当引起发芽、变绿、变质、腐烂时，含量增加。当含量为0.02%以上的薯块和新鲜茎叶饲喂家畜时，或引起家畜中毒。

(2) 去毒加工及预防

① 加入食醋和水蒸煮，龙葵素被水解为无毒的茄啶和一些糖类。

② 茎叶制成青贮料和干草粉后饲喂，也可用开水浸泡或煮熟滤去喂。

③ 科学饲喂。

6. 菜籽饼

(1) 有毒成分　芥子苷，被芥子酶水解为硫氰酸酯、异硫氰酸酯和噁唑烷硫酮等，硫氰酸酯和噁唑烷硫酮可引起家畜甲状腺肿大，并且干扰甲状腺的生成、内分泌腺，使营养物质的利用率下降。

(2) 去毒加工

① 结合榨油脱毒，在榨油过程中干热钝化、溶解浸出、蒸汽脱溶等步骤脱毒。

② 坑埋。

③ 水浸。

④ 碱性脱毒。

⑤ 发酵：菜籽饼、麸皮、糠以1.5∶1.5∶2的比例混合，然后加入菌种进行发酵。

⑥ 添加剂脱毒。使用菜籽饼粕脱毒剂6107进行脱毒。

⑦ 限量饲喂。

第五章
种草养羊适宜选择的绵羊和山羊品种

全世界现有绵羊品种1314个、山羊品种570个。我国绵羊和山羊品种（遗传资源）十分丰富，据不完全统计，现有绵羊、山羊品种（遗传资源）168个，其中绵羊品种（遗传资源）98个，包括地方品种44个、培育品种21个、引入（并介绍）国外品种33个；山羊品种（遗传资源）70个，包括地方品种56个、培育品种9个、引入国外品种5个。中国地域辽阔，各地生态经济条件差异很大。根据自然生态条件、饲草料和牧地资源、社会生产力发展水平以及市场需求等条件，从羊产业角度考量，我国不同品种绵羊、山羊分别分布在不同生态经济区内。南方和北方饲养的绵羊、山羊品种的生产类型也不完全一样。

第一节　适合我国北方饲养的主要绵羊、山羊品种

我国北方主要养羊省份有内蒙古、新疆、山东、河南、甘肃、黑龙江、山西、辽宁、甘肃、西藏、青海、河北、陕西、安徽等省，羊只存栏量500万只以上。

一、北方饲养的主要绵羊品种

1. 新疆细毛羊

1954年育成于新疆维吾尔自治区巩乃斯种羊场，是我国育成的第一个细毛羊品种（图5-1）。

新疆细毛羊剪毛后体重成年公羊88.0千克，高达143.0千克；成年母羊48.6千克，高达94.0千克。剪毛量成年公羊

11.57 千克，高达 21.2 千克；成年母羊 5.24 千克，高达 12.9 千克。净毛率 48.06%～51.53%。12 个月羊毛长度成年公羊 9.4 厘米，成羊母羊 7.2 厘米。羊毛主体细度 64 支。经产母羊产羔率 130%左右。2.5 岁以上的羯羊经夏季牧场放牧后的屠宰率为 49.47%～51.39%。

图 5-1 新疆细毛羊

2. 中国美利奴羊

中国美利奴羊是 1972—1985 年间在新疆的巩乃斯种羊场、紫泥泉种羊场、内蒙古嘎达苏种畜场和吉林查干花种畜场联合育成，1985 年经鉴定验收正式命名（图 5-2）。

根据 1985 年 6 月鉴定时统计，四个育种场羊只总数达 4.6 万余只，其中基础母羊 18 万只左右。四个育种场达到攻关指标的特级母羊剪毛后平均体重 45.84 千克，毛量 7.21 千克，体侧净毛率 60.87%，平均毛长 10.5 厘米。一级母羊平均剪毛后体重 40.9 千克，剪毛量 6.4 千克，体侧净毛率 60.84%，平均毛长 10.2 厘米，这一生产水平已达到国际同类羊的先进水平。羊毛经过试纺，64 支的羊毛平均细度 22 微米，净毛率 55%左右。毛纤维长度在 8.5 厘米以上。油汗呈白色，油汗高度占毛丛长度 2/3 以上。各场经产母羊产羔率 120%以上。近年来，根据各地引用中国美利奴羊与细毛羊进行大量杂交试验证明，平均可提高毛长 1.0 厘米，净毛量 300～500 克，净毛率 5%～7%，大弯曲和白油汗比例在 80%以

图 5-2　中国美利奴羊

上，羊毛品质显著改善，由于净毛产量的增加和羊毛等级的提高，经济效益也显著提高。

3. 东北细毛羊

东北细毛羊是在东北三省的辽宁小东种畜场、吉林双辽种羊场、黑龙江银浪种羊场等育种基地采取联合育种育成的。1967 年由农业部组织鉴定验收，定名为“东北毛肉兼用细毛羊”，简称“东北细毛羊”（图 5-3）。1981 年国家标准局颁布了《东北细毛羊（GB 2416—81）》国家标准。东北细毛羊体质结实、结构匀称，公羊有螺旋形角，颈部有 1～2 个完全或 2 个不完全的横皱褶；母羊无角，颈部有发达的纵皱褶，体躯无皱褶。被毛白色，毛丛结构良好，呈闭合型。羊毛密度大，弯曲正常，油汗适中。羊毛覆盖头部至两眼连线，前肢达腕关节，后肢达飞节。

成年公羊体重 83.7 千克，成年母羊 45.4 千克。剪毛量成年公羊 13.4 千克，成年母羊 6.1 千克，净毛率 35％～40％。成年公羊毛丛长度 9.3 厘米，成年母羊 7.4 厘米，羊毛细度 60～64 支。成年公羊（1.5～5 岁）的屠宰率平均为 43.6％，净肉率为 34.0％，同龄成年母羊相应为 52.4％和 40.8％。初产母羊的产羔率为 111％，经产母羊为 125％。

图 5-3 东北细毛羊

4. 内蒙古细毛羊

内蒙古细毛羊育成于内蒙古自治区锡林郭勒盟的典型草原地带(图 5-4)。内蒙古细毛羊体质结实，结构匀称。公羊大部分有螺旋形角，颈部有 1～2 个完全或不完全的横皱褶，母羊无角。颈部有发达的纵皱褶，体躯皮肤宽松无皱褶。被毛闭合良好，油汗为白色或浅黄色，油汗高度占毛丛 1/2 以上。细毛着生于头部至眼线，前肢至腕关节，后肢至飞节。

成年公、母羊平均体重为 91.4 千克和 45.9 千克，剪毛量 11.0 千克和 6.6 千克，平均毛长为 8～9 厘米和 7.2 厘米。羊毛细度 60～64 支，64 支为主。净毛率为 36%～45%。4.5 岁羯羊相应为 80.8 千克和 48.4%；5 月龄放牧肥育的羯羔相应为 39.2 千克和 44.1%。经产母羊的产羔率为 110%～123%。

5. 甘肃高山细毛羊

甘肃高山细毛羊育成于甘肃皇城绵羊育种试验场皇城区和天祝藏族自治县境内的场、社。1981 年甘肃省人民政府正式批准为新品种，命名为“甘肃高山细毛羊”，属毛肉兼用细毛羊品种（图 5-5)。甘肃高山细毛羊体格中等，体质结实，结构匀称，体躯长，胸宽深，后躯丰满。公羊有螺旋形大角，母羊无角或有小角。公羊颈部有 1～2 个横皱，母羊颈部有发达的纵垂皮，被毛闭合良好，密度中等。细毛着生于头部至两眼连线，前肢至腕关节，后肢至飞节。

图 5-4　内蒙古细毛羊

成年公羊、母羊剪毛后体重为 80.0 千克和 42.91 千克，剪毛量为 8.5 千克和 4.4 千克，平均毛丛长度 8.24 厘米和 7.4 厘米。主体细度 64 支，净毛率为 43%～45%。油汗多白色和乳白色，黄色较少。经产母羊的产羔率为 110%。本品种羊产肉和沉积脂肪能力良好，肉质鲜嫩，膻味较轻。在终年放牧条件下，成年羯羊宰前活重 57.6 千克，胴体重 25.9 千克，屠宰率为 44.4%～50.2%。

图 5-5　甘肃高山细毛羊

6. 青海高原半细毛羊

青海高原半细毛羊于 1987 年育成，经青海省政府批准命名，是“青海高原毛肉兼用半细毛羊品种”的简称（图 5-6）。育种基地主要分布于青海的海南藏族自治州、海北藏族自治州和海西蒙古族、藏族、哈萨克族自治州的英德尔种羊场、河卡种羊场、海晏县、乌兰县巴音乡、都兰县巴隆乡和格尔木市乌图美仁乡等地。青海高原半细毛羊分为罗茨新藏和茨新藏两个类型。罗茨新藏型头稍宽短，体躯粗深，四肢稍矮，蹄壳多为黑色或黑白相间，公、母羊均无角。茨新藏型体型外貌近似茨盖羊，体躯较长，四肢较高，蹄壳多为乳白色或黑白相间，公羊多有螺旋形角，母羊无角或有小角。成年公羊剪毛后体重 70.1 千克，成年母羊为 35.0 千克。剪毛量成年公羊 5.98 千克，成年母羊 3.10 千克，净毛率 60.8%。成年公羊羊毛长度 11.7 厘米，成年母羊 10.01 厘米。羊毛细度 50～56 支，以 56～58 支为主。羊毛弯曲呈明显或不明显的波状弯曲。油汗多为白色或乳黄色。公、母羊一般都在 1.5 岁时第一次配种，多产单羔，繁殖成活率 65%～75%。成年羯羊屠宰率 48.69%。

图 5-6 青海高原半细毛羊

7. 蒙古羊

蒙古羊产于蒙古高原，是一个十分古老的地方品种，也是在中国分布最广的一个绵羊品种，除分布在内蒙古自治区外，东北、华北、西北均有分布。蒙古羊属短脂尾羊，其体形外貌由于所处自然生态条件、饲养管理水平不同而有较大差别（图 5-7）。一般表现为体质结实，骨骼健壮，头略显狭长。公羊多有角，母羊多无角或有小角，鼻梁隆起，颈长短适中，胸深，肋骨不够开张，背腰平直，四肢细长而强健。体躯被毛多为白色，头、颈与四肢则多有黑色或褐色斑块。繁殖力不高，产羔率低，一般一胎一羔。蒙古羊被毛属异质毛，一年春秋共剪两次毛，成年公羊剪毛量 1.5～2.2 千克，成年母羊为 1～1.8 千克。春毛毛丛长度为 6.5～7.5 厘米。各类型纤维重量比，不同地区差异较大。

图 5-7 蒙古羊

8. 西藏羊

西藏羊又称藏羊、藏系羊，是中国三大粗毛绵羊品种之一。西藏羊产于青藏高原的西藏和青海，四川、甘肃、云南和贵州等省也有分布（图 5-8）。

由于藏羊分布面积很广，各地的海拔、水热条件差异大，在长期的自然和人工选择下，形成了一些各具特点的自然类群。主要有高原型（草地型）和山谷型两大类型。各省、区根据本地的特点，又将藏羊分列出一些中间或独具特点的类型。如西藏将藏羊分为雅鲁藏布型藏羊、三江型西藏羊；青海省分出欧拉型藏羊；甘肃省将草地型西藏羊分成甘加型、欧拉型和乔科型三个型；云南省分出一个腾冲型；四川省又分出一个山地型西藏羊。

图 5-8 草地型藏羊

(1) 高原型藏羊体质结实，体格高大，四肢较长，体躯近似方形。公、母羊均有角，公羊角长而粗壮，呈螺旋状向左右平伸，母羊角细而短，多数呈螺旋状向外上方斜伸。鼻梁隆起，耳大。前胸开阔，背腰平直，十字部稍高，紧贴臀部有扁锥形小尾。体躯被毛以白色为主，被毛异质，毛纤维长，两型毛含量高，光泽和弹性好，强度大。两型毛和有髓毛较粗，绒毛比例适中，因此由它织成的产品有良好的回弹力和耐磨性，是织造地毯、提花毛毯等的上等原料。这一类型藏羊所产羊毛，即为著名的“西宁毛”。

高原型藏羊成年公、母羊体重约为 51.0 千克和 43.6 千克，公、母羊剪毛量为 1.40～1.72 千克和 0.84～1.20 千克，净毛率 70%左右。被毛纤维类型组成中，按重量百分比计，无髓毛占 53.59%，两型毛占 30.57%，有髓毛占 15.03%，干死毛占 0.81%。无髓毛羊毛细度为 20～22 微米，两型毛为 40～45 微米，有髓毛为 70～90 微米，体侧毛辫长度 20～30 厘米。

高原型藏羊繁殖力不高，母羊每年产羔一次，每次产羔一只，双羔率极少。屠宰率 43.0%～47.5%。藏羊的小羔皮、二毛皮和大毛皮为制裘的良好原料。

(2) 山谷型藏羊　主要分布在青海省南部的班玛、昂欠两县的部分地区，四川省阿坝南部牧区，云南的昭通、曲靖、丽江等地区及保山市腾冲县等。

山谷型藏羊体格较小，结构紧凑，体躯呈圆桶状，颈稍长，背腰平直。头呈三角形，公羊多有角，短小，向后上方弯曲，母羊多无角，四肢矫健有力，善爬山远牧。被毛主要有白色、黑色和花色，多呈毛丛结构，被毛中普遍有干死毛，毛质较差。剪毛量一般0.8～1.5 千克。成年公羊体重 40.65 千克，成年母羊为 31.66 千克。屠宰率约为 48%。

(3) 欧拉型藏羊具有草地型藏羊的外形特征，体格高大粗壮，头稍狭长，多数具肉髯。公羊前胸着生黄褐色毛，而母羊不明显。被毛短，死毛含量很高，头、颈、四肢多为黄褐色花斑，全白色羊极少。成年公羊体重 75.85 千克，剪毛重 1.08 千克，成年母羊体重 58.51 千克，剪毛量 0.77 千克。欧拉型藏羊产肉性能较好，成年羯羊宰前活重 76.55 千克，胴体重 35.18 千克，屠宰率为 50.18%。

9. 哈萨克羊

哈萨克羊主要分布在新疆天山北麓、阿尔泰山南麓和塔城等地，甘肃、青海、新疆三省（区）交界处也有少量分布（图 5-9）。

图 5-9 哈萨克羊

哈萨克羊体质结实，公羊多有粗大的螺旋形角，母羊多数无角，鼻梁明显隆起，耳大下垂。背腰平直，四肢高、粗壮结实。异质被毛，毛色棕褐色，纯白或纯黑的个体很少。脂肪沉积于尾根而形成肥大椭圆形脂臀，称为“肥臀羊”，属肉脂兼用品种，具有较高的肉脂生产性能。

成年公、母羊春季平均体重为60.34千克和44.90千克，周岁公、母羊为42.95千克和35.80千克。成年公、母羊剪毛量2.03千克和1.88千克，净毛率分别为57.8%和68.9%。成年公羊体侧部毛股自然长度约为13.57厘米。哈萨克羊肌肉发达，后躯发育好，产肉性能高，屠宰率45.5%。初产母羊平均产羔率为101.24%，成年母羊为101.95%，双羔率很低。

10. 大尾寒羊

大尾寒羊主要分布于河北南部的邯郸、邢台和沧州地区的部分县，山东聊城地区、临清、冠县、高唐以及河南的郏县等地（图5-10）。大尾寒羊头稍长，鼻梁隆起，耳大下垂，公、母羊均无角。体躯矮小，颈细长，胸窄，前躯发育差，后肢发育良好，尻部倾斜，乳房发育良好。尾大肥厚，超过飞节，有的接近或拖及地面。被毛白色，少数羊头、四肢及体躯有色斑。

图5-10 大尾寒羊

成年公、母羊平均体重为72.0千克和52.0千克，一般成年母羊尾重10千克左右，种公羊最重者达35千克。成年公、母羊年平均剪毛量为3.30千克和2.70千克，毛长约为10.40厘米和10.20厘米。早熟，肉用性能好，6～8月龄公羊屠宰率52.23%，2～3.5

岁公羊为54.76%。大尾寒羊性成熟早。一年四季均可发情配种，可年产两胎或两年三胎。产羔率185%～205%。

11. 小尾寒羊

小尾寒羊主要分布在山东省西南部，河南新乡、开封地区，河北南部、东部和东北部，安徽、江苏北部等。是我国著名的地方优良品种（图5-11）。

图5-11 小尾寒羊

小尾寒羊体质结实，身躯高大，四肢较长。短脂尾，尾长在飞节以上。鼻梁隆起，耳大下垂，公羊有螺旋形角，母羊有小角。公羊前胸较深，背腰平直。毛色多为白色，少数在头部及四肢有黑褐色斑块。

小尾寒羊生长发育快，成年公、母羊为94.1千克和48.7千克。小尾寒羊产肉性能好，3月龄羔羊屠宰率为50.60%，净肉率为39.21%，周岁公羊为55.60%和45.89%。公、母羊年平均剪毛量为3.5千克和2.1千克，净毛率为63.0%。小尾寒羊全年发情，性成熟早，母羊5～6月龄即可发情，公羊7～8月龄可配种。母羊可一年两胎或两年三胎。每胎多产2～3羔，最多可产7羔，产羔率为270%左右。

12. 乌珠穆沁羊

乌珠穆沁羊主产于内蒙古自治区锡林郭勒盟东北部乌珠穆沁草

原，主要分布在东乌珠穆沁旗和西乌珠穆沁旗，以及毗邻的阿巴哈纳尔旗、阿巴嘎旗部分地区。是肉脂兼用短脂尾粗毛羊品种（图5-12）。

图 5-12　乌珠穆沁羊

乌珠穆沁羊体质结实，体格高大，体躯长，背腰宽平，肌肉丰满。公羊多数有角，呈螺旋形，母羊多数无角。耳大下垂，鼻梁隆起。胸宽深，肋骨开张良好，背腰宽平，后躯发育良好，有较好的肉用羊体型。尾肥大，尾中部有一纵沟，将尾分成左右两半。毛色全身白色者较少（约占 10%），体躯花色者约占 11%，体躯白色、头颈黑色者占 62%左右。

乌珠穆沁成年公、母羊年平均剪毛量为 1.9 千克和 1.4 千克，周岁公、母羊为 1.4 千克和 1.0 千克，为异质毛，各类型毛纤维重量百分比为：成年公羊绒毛占 52.98%、粗毛占 1.72%、干毛占 27.9%、死毛占 17.4%，成年母羊相应为 31.65%、12.5%、26.4%和 29.5%。净毛率 72.3%。产羔率 100.69%。

乌珠穆沁羊生长发育较快，早熟，肉用性能好。6～7 月龄的公、母羊体重达 39.6 千克和 35.9 千克。成年公羊体重 74.43 千克，成年母羊为 58.4 千克，屠宰率 50.0%～51.4%。

13. 阿勒泰羊

阿勒泰羊是哈萨克羊中的一个优良分支，属肉脂兼用粗毛羊

(图 5-13)。主要分布在新疆维吾尔自治区北部阿勒泰地区。阿勒泰羊体格大,体质结实。公羊鼻梁隆起,具有较大的螺旋形角,母羊 60%以上的个体有角,耳大下垂。胸宽深,背平直,肌肉发育良好。四肢高而结实,股部肌肉丰满,沉积在尾根基部的脂肪形成方圆形大尾,下缘正中有一浅沟将其分成对称的两半。母羊乳房大,发育良好。背毛 41.0%为棕褐色,头为黄色或黑色,体躯为白色的占 27%,其余的为纯白、纯黑羊,比例相当。

图 5-13　阿勒泰羊

成年公、母羊平均体重为 85.6 千克和 67.4 千克;1.5 岁公、母羊为 61.1 千克和 52.8 千克;4 月龄断奶公、母羔为 38.93 千克和 36.6 千克。3～4 岁羯羊屠宰率 53.0%,1.5 岁羯羊为 50.0%。长度为 9.8 厘米,净毛率为 71.24%。产羔率为 110.0%。

14. 和田羊

和田羊是短脂尾粗毛羊,以产优质地毯毛著称,主要分布在新疆南部的和田地区。根据考古出土文物,和田地区在东汉时期就饲养有可供手工织制毛织品的白羊(图 5-14)。

和田羊头部清秀,额平,脸狭长,鼻梁隆起,耳大下垂,公羊多数有螺旋形角,母羊多数无角。胸深而窄,肋骨不够开张。四肢细长,蹄质结实,短脂尾。毛色杂,全白占 21.86%,体白而头肢杂色的占 55.54%,全黑或体躯有色的占 22.60%。成年公羊剪毛量 1.62 千克,成年母羊 1.22 千克,净毛率 70%。成年公羊体重

图 5-14　和田羊

38.95 千克，成年母羊 33.76 千克。净毛率为 78.52%。屠宰率 37.2%～42.0%，产羔率 101.52%。

15. 滩羊

滩羊是我国独特的裘皮用绵羊品种，主要生产二毛皮（图 5-15）。分布于宁夏和甘肃、内蒙古、陕西与宁夏毗邻的地区，但以宁夏境内的黄河以西和贺兰山以东的平罗、贺兰和银川等地所产二毛皮质量最好。

图 5-15　滩羊

滩羊体格中等，体质结实。公羊鼻梁隆起，有螺旋形大角向外伸展，母羊一般无角或有小角。背腰平直，体躯窄长，四肢较短，尾长下垂，尾根宽阔，尾尖细长呈“S”状弯曲或钩状弯曲，达飞节以下。被毛绝大多数为白色，头部、眼周围和两颊多有褐色、黑色、黄色斑块或斑点，两耳、嘴端、四蹄上部也有类似的色斑，纯黑、纯白者极少。成年公羊体重 47.0 千克，成年母羊 35.0 千克。被毛异质，成年公羊剪毛量 1.6～2.65 千克，成年母羊 0.7～2.0 千克，净毛率 65%左右。产羔率 101.0%～103.0%。

二毛皮是滩羊主要产品，是羔羊生后 30 天左右（一般在 24～35 天）宰杀剥取的羔皮。这时平均活重 6.51 千克，毛股长度达 8～9厘米。皮板面积平均为 2029 厘米^2，鲜皮重 0.84 千克。生干皮皮板厚度 0.5～0.9 毫米。鞣制好的二毛皮平均重为 0.35 千克，毛股紧实，有美丽的花穗，毛色洁白，光泽悦目，毛皮轻便，十分美观，具有保暖、结实、轻便和不黏结等特点。

二毛皮的毛纤维较细而柔软，有髓毛平均细度为 26.6 微米，无髓毛为 17.4 微米，两者的重量百分比为 15.3%和 84.7%。

二、北方饲养的主要山羊品种

1. 辽宁绒山羊

辽宁绒山羊产区位于辽东半岛的步云山区周围（图 5-16），属长白山余脉，产区主要分布在盖州、庄河、岫岩、凤城、宽甸、瓦房店、新宾、恒仁、辽阳 9 个县（市）。2008 年辽宁绒山羊产区存栏量 350 万只。

辽宁绒山羊体格大，毛色纯白，公、母羊都有角，公羊角粗大并向两侧平直伸展，母羊角较小，向后上方生长，体质结实，结构匀称，头较大，颈宽厚，背平直，后躯发达，四肢健壮有力，被毛光泽好。成年公羊体重（81.7±4.8）千克（n=20 只），成年母羊（43.2±2.6）千克（n=586 只）；绒毛长度成年公羊 6.8 厘米，净绒率 76.37%。

辽宁绒山羊产肉性能良好，成年公羊（n=16）宰前体重 49.84 千克，胴体重 24.33 千克，净肉重 11.54 千克，屠宰率 50.65%；成年母羊（n=18）相应为 41.50 千克、20.74 千克、14.07 千克、52.66%。

图 5-16 辽宁绒山羊

辽宁绒山羊公、母羊 7～8 月龄开始发情，周岁产羔，羔羊初生重 2.5 千克左右，平均产羔率 120%～130%。

2. 内蒙古绒山羊

内蒙古绒山羊主要产于内蒙古西部地区，根据产区不同特点，分为三个类型，即阿尔巴斯型、阿拉善型和二狼山型。内蒙古绒山羊所产白山羊绒品质优良，国内外享有盛誉，是我国著名的白绒山羊品种。2006 年被农业部再次列入《国家级畜禽品种资源保护名录》。

内蒙古绒山羊体格较大，体质结实，结构匀称，毛色全白。头中等大小，公、母羊均有角，公羊角大，母羊角小。鼻梁微凹，眼大有神，耳大向两侧半下垂。体躯深而长，近似方形，背腰平直，后躯略高，尻略斜，尾短小上翘，四肢粗壮结实。成年公羊体重 45～52 千克，成年母羊 30～45 千克（图 5-17）。

不同类型内蒙古绒山羊主要生产性能见表 5-1。

表 5-1 不同类型内蒙古绒山羊主要生产性能

类　型	羊绒产量/克	羊绒长度/厘米	羊绒细度/微米	净绒率/%
阿尔巴斯型	623±86.32	12.45±2.29	15.2±1.1	37.76±5.82
二狼山型	415.0	4.35	13～15	50.04
阿拉善型	404.5±76.97	5.0±0.57	14.46±0.56	66.89±6.58

图 5-17 内蒙古白绒山羊

该品种羊繁殖率较低，多产单羔，羔羊发育快，成活率高。产羔羊率 100%～105%。屠宰率 40%～50%。

3. 河西绒山羊

河西绒山羊主要分布在甘肃省酒泉、武威、张掖三市的各县，主产区为肃北蒙古族自治县和肃南裕固族自治县。该品种羊体质结实，结构紧凑（图 5-18）。公、母羊均有弓形的扁角，分黑色和白色两种，公羊角较粗长，向上并略向外伸展。四肢粗壮，被毛光

图 5-18 河西绒山羊

亮，白色为主，也有黑色、青色、棕色和花杂色等。

成年公羊体重 38.51 千克，体高 60 厘米；产绒 323.5 克，最高达 656 克；成年母羊体重 26.03 千克，体高 58 厘米，产绒 279.9 克。绒毛长度 4～5 厘米，细度 14～16 微米，净绒率 56%。河西绒山羊羔羊生长发育较快，5 月龄体重可达 20 千克。屠宰率为 43.6%～44.3%。

河西绒山羊 6 月龄左右性成熟，一般 1 年 1 胎，多产单羔。

4. 新疆山羊

新疆山羊在新疆维吾尔自治区全区均有分布，主要分布于南疆的喀什、和田及塔里木河流域，北疆的阿勒泰、昌吉和哈密地区的荒漠草原及干旱贫瘠的山地牧场（图 5-19）。属古老的地方品种，具有耐粗饲、攀登能力强、抗病力强、生长快、繁殖力高和产奶多等特点。

图 5-19　新疆山羊

新疆山羊头中等大小，额平宽，耳小半下垂，鼻梁平直或下凹，公、母羊多有角，角呈半圆形弯曲，或向后上方直立，角尖微向后弯。背平直，前躯、乳房发育较好，尾小而上翘。被毛以白色为主，次为黑色、棕色、青色。

新疆山羊体格依地区不同而不同。北疆型山羊体格大，体重大于南疆型山羊，以哈密地区的山羊为代表，成年公羊平均体重 58.4 千克，成年母羊 36.9 千克；南疆型山羊以阿克苏地区为代表，成年公羊平均体重为32.6千克，成年母羊为27.1千克。

新疆山羊羊绒品质优良，细度在12～16微米，富有光泽。北疆型成年公羊产绒量为232～310克，成年母羊为178.7～196.8克。南疆阿克苏地区成年羊产绒量为150克。

新疆山羊秋季发情，初配年龄为1.5岁，繁殖率为111.7%～116%。成年羯羊屠宰率41.4%。

5. 西藏山羊

西藏山羊主要分布在青藏高原的西藏自治区、青海省、四川省阿坝州、甘孜州以及甘肃省南部，是藏族人民因长期生活在气候寒冷、温差很大的高寒地区，为解决生产和生活中对毛、皮、肉、奶的需要，经长期选育形成的优良地方品种（图5-20）。

图5-20 西藏山羊

西藏山羊体质结实，体躯结构匀称。额宽，耳较长，鼻梁平直。公、母羊均有角、有额毛和髯。颈细长，前胸发达，胸部宽深，背腰平直，肋骨开张良好，腹大而不下垂。被毛颜色较杂，纯白色很少，多为黑色、青色以及头和四肢花色者。

西藏山羊体格较小，成年公羊平均体重24.2千克，成年母羊21.4千克。成年羯羊屠宰率为48.31%，成年母羊43.78%。性成熟较晚，初配年龄为1～1.5岁，一年1胎，多在秋季配种，产羊羔率110%～135%。

6. 太行山羊

太行山羊原产于太行山东西两侧的河北、山西、河南等省有关县市，具有体质健壮，放牧适应性强等特点（图 5-21）。该品种羊头大小适中，耳小向前伸。公、母羊颌下有髯，大部分有角，少数无角或有角基。颈短粗，胸深宽，背腰平直，后躯比前躯高。四肢强健，蹄质坚实，尾短上翘。被毛以黑色为主，少数为褐色、青色、灰色、白色。成年公羊体重 36.7 千克，成年母羊 32.8 千克；成年公羊产绒量 275 克，成年母羊产绒量 160 克，绒纤维自然长度 2.36 厘米，绒纤维细度 14.1～14.4 微米；2.5 岁羯羊，宰前体重 39.9 千克，屠宰率 52.8%，肉质细嫩，脂肪分布均匀。公、母羊一般在 6～7 月龄性成熟，1.5 岁配种，一年一产，产羔率130%～143%。

图 5-21 太行山羊

7. 承德无角山羊

承德无角山羊是产于河北省承德市的地方山羊良种，产区属燕山山脉的冀北山区，故又名燕山无角山羊。承德无角山羊体质健壮，结构匀称，肌肉丰满，体躯深广，侧视呈长圆桶形。头大小适中，公、母羊均无角，但有角痕，有髯。头颈高扬，公羊颈短而宽，母羊颈扁而长，颈、肩、胸结合良好，背腰平直，四肢强健，蹄质坚实。被毛以黑色为主，也有白色或杂色。

根据刘中（1988 年）的研究资料，成年公羊体重为（54.50±12.30)千克，成年母羊为（41.50±12.30)千克。承德无角山羊黑色成年公羊宰前活重 38.9 千克，胴体重 17.07 千克，净肉重 13.54 千克，屠宰率 43.9%；白色成年公羊宰前活重 43.6 千克，胴体重 18.78 千克，净肉率 12.99 千克，屠宰率 43.03%。羊肉细嫩，脂肪分布均匀，膻味小。板皮品质好。

承德无角山羊 5 月龄左右性成熟，公羊初配年龄为 1.5 岁，母羊为 1 岁，一般年产 1 胎，产羔率 110%。

8. 莱芜黑山羊

莱芜黑山羊，俗称莱芜大黑山羊，为肉绒兼用型山羊。2009 年通过国家畜禽遗传资源委员会鉴定，被列入国家级畜禽遗传资源（图 5-22)。

图 5-22　莱芜黑山羊

莱芜黑山羊体格中等，体型呈长方形，四肢健壮结实，结构匀称。尾短瘦，上翘。被毛以纯黑为主，占 90%，少数为“火焰腿”（即背侧部为黑色），四肢、腹部、肛门周围、耳内毛及面部为深浅不一的黄色。皮肤均为黑色。

成年公羊体重平均 46.3 千克，产绒量 348.7 克，成年母羊体重 28.9 千克，产绒量 203.4 克。莱芜黑山羊所产羊绒属于紫绒类，其原绒洗净率平均为 87.22%±2.13%，含脂率 6.64%±1.05%。

莱芜黑山羊公、母羊一般在 4～6 月龄性成熟，周岁公羊即可用于配种，母羊初配年龄为 7～9 月龄。母羊可四季发情，但以春秋季较为集中，占年发情配种总数的 80%以上；发情周期平均为 20 天，发情持续期为 28～34 小时，平均产羔率为 164%。

第二节　适合我国南方饲养的主要绵羊、山羊品种

我国南方地区生态气候多样，地形复杂，经过长期自然和人工的选择，形成了丰富的羊品种资源。因南方地区夏季湿热、冬季阴冷，受气候和自然条件以及消费者饮食习惯的影响，且国内大多数绵羊品种（除湖羊等少数品种外）难以适应南方夏季的湿热环境，南方肉羊产业逐渐形成了以山羊养殖为主、绵羊养殖为辅的养殖格局。2010 年年底南方存栏羊 2966.0 万头，其中山羊 2617.8 万头、占 88.26%，绵羊 348.2 万头、占 11.74%。

一、南方饲养的主要山羊品种

1. 马头山羊

马头山羊产区在湖北省的郧阳、恩施地区和湖南省常德、黔阳地区，以及湘西自治州各县，具有早熟、繁殖力高、产肉性能和板皮品质好等特性（图 5-23）。

马头山羊体格大，头大小适中，公、母羊均无角，有的有退化的角痕，两耳向前略下垂，颌下有髯，少数羊颈下有一对肉垂。公羊颈粗短，母羊颈细长，胸部发达，体躯呈长方形，后躯发育良好。被毛以白色为主，其次为黑色、麻色及杂色，毛短粗。成年公羊体重 43.8 千克，成年母羊 33.7 千克。

马头山羊是我国著名的肉用山羊品种，生后两个月断奶的羯羔在放牧和补饲条件下，7 月龄体重可达 23 千克，胴体重 10.5 千克，屠宰率 52.34%；成年羯羊屠宰率 60%左右。性成熟早，母羊

图 5-23　马头山羊

常年发情，产羔率 190％～200％。板皮幅面大，毛洁白、弹性好。

2. 南江黄羊

南江黄羊是以奴比亚山羊、成都麻羊、金堂黑山羊为父本，南江县本地山羊为母本，采用复杂育成杂交方法培育而成的，其间曾导入吐根堡奶山羊血液。1998 年，农业部批准为肉羊新品种（图 5-24）。主要分布在四川省南江县，具有体格大、生长发育快、四季发情、繁殖率高、泌乳力好、抗病力强、耐粗放、适应能力强、产肉力高及板皮品质好等特性。

南江黄羊公、母羊大多数有角，头形较大，颈部较粗，体格高大，背腰平直，后躯丰满，体躯近似圆桶形，四肢粗壮。被毛呈黄褐色，面部多呈黑色，鼻梁两侧有一条浅黄色条纹；从头顶部至尾根沿背脊有一条宽窄不等的黑色毛带；前胸、颈、肩和四肢上端着生黑而长的粗毛。成年公羊体重（66.87±5.03)千克，成年母羊体重（45.64±4.48)千克。

南江黄羊在放牧条件下，8 个月龄屠宰前体重可达（22.65±2.33)千克，屠宰率 47.63％±1.48％，12 月龄屠宰率为 49.41％±1.10％，成年屠宰率为 55.65％±3.70％。

南江黄羊母羊常年发情，8 月龄时可配种，能年产两胎或两年

图 5-24 南江黄羊

三胎，双羔率可达 70%以上，多羔率 13%，群体产羔率 205.42%。

我国很多地方（如浙江、陕西、河南等 22 个省区）已引入南江黄羊饲养，并同当地山羊进行杂交改良，取得了较好的效果。

3. 成都麻羊

成都麻羊产于成都平原及其四周的丘陵和低山地区。因被毛为棕黄色且带有黑麻的感觉，故称麻羊（图 5-25）。

图 5-25 成都麻羊

产区为农业区，气候温和，雨量充沛，年均气温 18.5℃，四季常青，适宜养羊，加之劳动人民的长期选育，育成了这一乳、肉、皮兼用的地方良种。

成都麻羊体格中等，头中等大小，两耳侧伸，额宽微突，公、母羊多有角，结构匀称，被毛呈棕黄色，为短毛型。成年公羊体重43.0千克，成年母羊32.6千克；公羊体高66.0厘米，母羊体高60厘米；公羊体长67厘米，母羊体长59厘米。

成都麻羊生长发育较快，周岁龄体重可达成年羊体重的70%～75%；产肉性能较好，周岁羯羊胴体重约14千克，成年羯羊屠宰率可达54%。产奶性能好，泌乳期5～8个月，产奶量为150～250千克，乳脂率6.8%。

成都麻羊以其板皮质地细密、拉力强闻名。板皮质地柔软，弹性好，为优质皮革原料。

成熟较早，繁殖力强，4～8月龄开始发情。母羊全年发情，1年可产2胎，每胎产羔2～3只，产羔率210%。

4. 陕南白山羊

产于陕西南部汉江两岸的安康、紫阳、旬阳等十余县。具有早熟、抓膘能力强、产肉力好等特点（图5-26）。

图5-26　陕南白山羊

陕南白山羊公、母羊多无角，鼻梁平直，颈短而宽厚，胸部发达，肋骨开张良好，背腰平直，四肢粗壮，尾短上翘。被毛90%

以上为白色，其余为黑、褐有色个体，按被毛状况可分为短毛型和长毛型两类。成年公羊体重 33 千克，成年母羊 27 千克。肉用性能好，早熟，羯羊屠宰率 50%以上。母羊性成熟早，常年发情，产羔率 259%。

5. 雷州山羊

雷州山羊原产于广东省湛江地区的徐闻县，分布于雷州半岛和海南省，具有成熟早、生长发育快、肉质和板皮品质好、繁殖率高等特点（图 5-27）。

图 5-27 雷州山羊

雷州山羊公、母羊均有角，颈细长，耳中等大，向两侧竖立开张，颌下有髯。背腰平直，臀部倾斜，胸稍窄，腹大，乳房发育较好呈球形。被毛多为黑色，也有少量麻色或褐色者，为短毛型品种，无绒毛，被毛有光泽。成年公羊体重 54.0 千克、母羊 47.7 千克，屠宰率 50%～60%。产奶量较高，板皮品质较好。

雷州山羊性成熟早，5～8 月龄配种，有部分羊 1 岁龄即可产羔。多数母羊 1 年 2 产，少数 2 年 3 产，产羔率 150%～200%。

雷州山羊耐湿热，耐粗饲，适应性和抗病力强，是适应热带地区的地方优良肉用山羊品种。

6. 黄淮山羊

原产于黄淮平原的广大地区，如河南省周口、商丘地区，安徽省及江苏省徐州地区也有分布。具有性成熟早、生长发育快、板皮品质优良、四季发情及繁殖率高等特性（图 5-28)。

图 5-28　黄淮山羊

该品种羊鼻梁平直，面部微凹，颌下有髯。分有角和无角两个型，有角者公羊角粗大，母羊角细小，向上向后伸展呈镰刀状。胸较深，肋骨开张，背腰平直，体形呈桶形。母羊乳房发育良好，呈半圆形。被毛白色，毛短有丝光，绒毛很少。成年公羊平均体重 34 千克，成年母羊为 26 千克。

产区习惯于 7～10 月龄屠宰，此时胴体重平均为 10.9 千克，屠宰率 49.3%，而成年羯羊屠宰率为 46%。板皮呈蜡黄色，细致柔软，油润光亮，弹性好，是优良的制革原料。

黄淮山羊性成熟早，初配年龄一般为 4～5 月龄。母羊常年发情，能一年产两胎或两年产三胎，产羔率平均为 238.66%。

7. 建昌黑山羊

建昌黑山羊主要产于云贵高原与青藏高原之间的横断山脉延伸地带，主要分布在四川省的凉山彝族自治州的会理和会东海拔 2500 米以下的地区（图 5-29)。

建昌黑山羊体格中等，体躯匀称，略呈长方形。公、母羊大多数有角。毛被光泽好，大多为黑色，少数为白色、黄色和杂色，毛

图 5-29 建昌黑山羊

被内层生长有短而稀的绒毛。成年公羊体重 31 千克，体长 60.6 厘米，体高 57.7 厘米；成年母羊体重 28.9 千克，体长 58.9 厘米，体高 56.0 厘米。

建昌黑山羊生长发育快，周岁公羊体重相当于成年公羊体重的 71.6%，周岁母羊相当于成年母羊体重的 76.4%。成年羯羊屠宰率 51.4%，净肉率 38.2%。其皮板幅张大，面积为 5000～6400 厘米^2，厚薄均匀，富于弹性，是制革的好原料。性成熟早，产羔率平均为 116.0%。

8. 福清山羊

福清山羊原产于福建东南部沿海冲积平原地区，中心产区在福清、平潭两县（图 5-30）。

福清山羊体格中等，公、母羊均有角，耳薄小，胸宽，背平直。四肢短细，蹄黑。毛色一般为深浅不一的褐色或灰褐色，背部自颈脊开始有一带状黑毛向后延伸，四肢及腹部也为黑毛，体躯背毛粗短。成年公羊体重 27.9 千克，体长 58.3 厘米，体高 53.4 厘米；成年母羊为 26.0 千克，体长 55.1 厘米，体高 49.1 厘米。经肥育的 8 月龄羯羊，体重平均可达 23.0 千克，1.5 岁的羯羊可达 40.5 千克，羯羊屠宰率（以带皮胴体重计算）平均为 55.84%。产区群众喜食当年羯羊，习惯上吃带皮羊肉。

图 5-30　福清山羊

福清山羊 3 月龄达性成熟，5 月龄即可配种，能年产 2 胎，一胎产羔率平均为 179.6%。

9. 隆林山羊

隆林山羊原产于广西西北部山区，广西隆林县为中心产区，具有生长发育快、产肉性能好、繁殖力高、适应性强等特点（图 5-31）。

图 5-31　隆林山羊

该品种羊体质结实，结构匀称，公、母羊头大小适中，均有角和髯，少数母羊颈下部有肉垂。肋骨开张良好，体躯近似长方形，四肢粗壮。毛色较杂，其中白色占 38.3%，黑白花色占 27.9%，褐色占 19.1%，黑色占 14.7%。成年公羊体重平均 57 千克，成年母羊为 44.7 千克。成年羯羊胴体重平均为 31.05 千克，屠宰率为 57.8%；肌肉丰满，胴体脂肪分布均匀，肌纤维细，肉质好，膻味小。

隆林山羊性成熟早，母羊可全年发情，一般两年产 3 胎，每胎多产双羔，一胎产羔率平均为 195.18%。

10. 贵州白山羊

原产于贵州省东北部乌江中下游的沿河、思南，以及铜仁、遵义等 20 余个地县，具有产肉性能好、繁殖力强、板皮质量好等特点（图 5-32）。

图 5-32　贵州白山羊

贵州白山羊头宽额平，公、母羊均有角，公羊额上有卷毛，少数母羊颈下有一对肉垂。胸深、背宽平、体躯呈圆桶状，体长，四肢较矮。被毛以白色为主，其次为麻、黑、花色，为短毛型品种。成年公羊体重为 32.8 千克，母羊为 30.8 千克。肉用性能好，肉质细嫩，肌肉间有脂肪分布，膻味轻。一岁羯羊屠宰率 47.5%，成年羯羊为 48.9%。板皮品质好，柔软、弹性强，是上等革皮原料，性成熟早，母羊常年发情，产羔率 273.6%。

11. 宜昌白山羊

宜昌白山羊原产于湖北西部及与其毗邻的湖南、四川等地，具有板皮品质好、肉质细嫩等特性（图 5-33）。

图 5-33 宜昌白山羊

宜昌白山羊公、母羊均有角，耳中等大，颌下有髯，少数羊颈下有肉垂，颈细长。背腰平直，后躯丰满，十字部高。被毛白色，公羊毛长，母羊毛短，有的母羊背部和四肢上端有少量长毛。成年公羊体重为 35.7 千克，母羊为 27 千克。皮板呈杏黄色，厚薄均匀、致密，弹性好，拉力强，油性足，具有坚韧、柔软等特点，为鞣制皮革的好原料。

周岁羊屠宰率为 41.6%，2～3 岁羊为 47.5%。性成熟早，部分母羊可年产 2 胎或 2 年产 3 胎，1 胎的产羔率为 172.7%。

12. 长江三角洲白山羊

长江三角洲白山羊原产于我国东海之滨的长江三角洲，主要分布在江苏省的南通、苏州、扬州、镇江，浙江省的嘉兴、杭州、宁波、绍兴以及上海市郊区县。

该品种羊体格中等偏小，公、母羊均有角，前躯较窄，后躯丰满，背腰平直，全身被毛色白而短直，羊毛洁白，挺直有峰，具光泽，弹性好，是制造毛笔的优良原料（图 5-34）。因而长江三角洲白山羊是我国生产笔料毛的独特品种。成年公羊体重 28.6 千克，体长 75.7 厘米，体高 61.6 厘米；成年母羊体重为 18.4 千克，体

图 5-34 长江三角洲白山羊

长 51.2 厘米，体高 49.2 厘米。

该品种繁殖能力强，性成熟早，可两年产 3 胎，年产羔率 228.5%。产区喜欢吃山羊肉，而且以连皮吃者居多，该品种羊肉肥嫩，味鲜美，连皮山羊屠宰率一岁羊为 48.7%、两岁羊为 51.7%。

13. 大足黑山羊

大足黑山羊中心产区在重庆市大足县铁山、季家、珠溪等乡镇，分布于重庆市大足县及与其接壤的周边乡镇（图 5-35）。大足黑山羊体型较大，结构匀称。头清秀，中等大小，两耳侧伸，额宽微突，公、母羊多有角有髯，角粗壮光滑，向侧后方伸展呈倒“八”字形，鼻梁平直，颈部细长，与肩结合良好，背腰平直，肋骨拱张良好，尻部略斜，尾短尖上翘，四肢粗壮，蹄质坚实呈黑色。全身被毛纯黑发亮，为短毛型。公羊两侧睾丸发育对称，呈椭圆形；母羊乳房大、发育良好，呈梨形；乳头均匀对称，少数母羊有副乳头。

大足黑山羊成年公、母羊体重分别为 59.5 千克和 40.2 千克。12 月龄宰前活重公羊为 35.10 千克、母羊为 24.04 千克，公、母羊屠宰率分别为 44.93% 和 44.72%，净肉率为 34.24% 和

图 5-35　大足黑山羊

33.18%。该种群具有性成熟早、繁殖力高的基本特性。公羊在2～3月龄即表现出性行为，一般初配年龄为 7～8 月龄。母羊在 3 月龄出现初情，6 月龄开始配种。初产母羊平均产羔率为 218.0%，2～6 胎经产母羊产羔率为 272.2%。

14. 黔北麻羊

黔北麻羊是产区劳动人民长期选育和自然选择形成的短毛型皮肉兼用山羊，2009 年通过国家畜禽遗传资源委员会鉴定。主产于贵州北部的习水、仁怀两（市）县，邻近的赤水市、遵义县以及金沙县、桐梓县也有分布。黔北麻羊体格中等，体质结实。公、母羊均有角有髯，颈部粗壮，胸宽深，背腰平直，四肢较高。被毛有茶褐色及淡褐色两种，有黑色背线和黑色颈带，腹毛为草白色。两角基部至鼻端有上宽下窄的白色条纹两条。幼年公羊背脊及颈部被毛较短，毛色较浅，两条基部至鼻端的白色条纹明显。成年后背脊及颈部被毛较长，毛色变深，两角基部至鼻端的白色条纹呈阴影。

成年公羊体重为（41.49±7.28)千克，母羊为（39.83±7.11)千克。据 2006 年测定：周岁公羊宰前活重（31.16±3.62）千克、胴体重（14.80±2.40）千克、屠宰率 46.63%±2.92%、净肉率 35.62%±2.47%。板皮质地致密，油性足，富有弹性。

黔北麻羊的性成熟早，公、母羊 4 月龄性成熟，8 月龄左右开始配种，母羊无明显的发情季节，2 年 3 胎，产羔率 196%。

15. 川中黑山羊

主要分布在四川省金堂县、乐至县，分为金堂和乐至两个类型，安岳、雁江、中江、青白江、安居、大英等县区也有分布（图 5-36）。

图 5-36 乐至型川中黑山羊

川中黑山羊是四川中部浅丘地区肉皮兼用的地方山羊，体型高大，体质结实。头中等大，有角或无角。公羊角粗大，向后弯曲并向两侧扭转；母羊角较小，呈刀状。耳中等偏大，有垂耳、半垂耳、立耳。公羊鼻梁微拱，母羊平直。公羊和部分母羊颌下有毛髯。颈长短适中，部分羊有肉垂。背腰宽平，四肢粗壮，蹄质坚实。公羊体态雄壮，前躯发达；母羊后躯发达，肌肉发育良好。全身被毛黑色，具有光泽，冬季着生短而细密的绒毛。乐至型中部分羊头部有栀子花状白毛。

川中黑山羊生长发育快，体格高大，母羊常年发情，繁殖性能很高。夏季以舍饲和放牧相结合，冬季一般以舍饲为主。饲料以种植牧草、杂草和农作物的秸秆、苗藤、枇壳稻草等为主。一般使用青贮、粗加工等技术对作物秸秆进行处理。并根据季节、饲料情况和羊群生产和体况进行合理补饲。周岁公羊体重 33.5 千克，周岁母羊 31.3 千克；成年公羊体重 44.4 千克，成年母羊 43.4 千克。

川中黑山羊性成熟早，母羊产羔率初产 189.3%、经产 245.4%；乐至型母羊产羔率初产 206.0%、经产 252.0%。羔羊成活率 91%。

二、南方饲养的主要绵羊品种

1. 湖羊

湖羊产于太湖流域，分布在浙江省的湖州市（原吴兴县）、桐乡、嘉兴、长兴、德清、余杭、海宁和杭州市郊，江苏省的吴江等县以及上海的部分郊区县。湖羊以生长发育快、成熟早、四季发情、多胎多产、所产羔皮花纹美观而著称，为我国特有的羔皮用绵羊品种，也是目前世界上少有的白色羔皮品种（图 5-37）。

图 5-37 湖羊

湖羊头狭长，鼻梁隆起，眼大突出，耳大下垂（部分地区湖羊耳小，甚至无突出的耳），公、母羊均无角。颈细长，胸狭窄，背平直，四肢纤细。短脂尾，尾大呈扁圆形，尾尖上翘。全身白色，少数个体的眼圈及四肢有黑色、褐色斑点。成年公羊体重为 42～50 千克，成年母羊为 32～45 千克。湖羊毛属异质毛，成年公、母羊年平均剪毛量为 1.7 千克和 1.2 千克。净毛率 50%左右。成年母羊的屠宰率为 54%～56%。

羔羊生后 1～2 天内宰剥的羔皮称为“小湖羊皮”，为我国传统出口商品。羔皮毛色洁白光润，有丝一般光泽，皮板轻柔，花纹呈波浪形，紧贴皮板，扑而不散，在国际市场上享有很高的声誉，有“软宝石”之称。羔羊生后60天以内时屠剥的皮称为“袍羔皮”，皮板轻薄，毛细柔，光泽好，也是上好的裘皮原料。

湖羊繁殖能力强，四季发情，可年产两胎或两年三胎，每胎多产，产羔率平均为229%。湖羊对潮湿、多雨的亚热带产区气候和长年舍饲的饲养管理方式适应性强。

2. 威宁绵羊

威宁绵羊是分布于贵州省的毕节、赫章、大方、纳雍、水城、盘县、黔西、织金、金沙等县市的一个毛用品种。产区海拔高，气温低，牧地广阔。威宁绵羊公羊多数有角，母羊少数有角。公羊多为半圆形角，少数有螺旋形角；母羊仅为退化的小角。鼻梁凸隆，颈细长，体躯较窄，腹较大，腰欠丰满，后躯比前躯高，臀部略倾斜。骨骼较细，腿较长，尾短瘦呈锥形。全身被毛为白色，头部及四肢下部多有黑色、黄褐色的斑点，全身白色者极少。

威宁绵羊成年公羊平均体重为（34.6±8.5)千克，成年母羊为(32.5±6.3)千克。成年羯羊的屠宰率为45.3%。一般1年1胎1羔，繁殖成活率为55%～62%。

3. 昭通绵羊

昭通绵羊主要分布于云南省昭通市彝良、镇雄、大关、永善、巧家、昭阳、鲁甸等县。昭通绵羊属藏系短毛型山地粗毛羊。头长适中而较深，鼻梁稍隆起，颈细长，多数无角，有角的仅占5%左右，鬐甲稍高，背腰平直而窄，胸较深，肋骨微拱，四肢较长，行动敏捷，善于爬山，尾呈锥形，长12～25厘米。被毛多为白色、异质毛，头、四肢多有黑、黄花斑，体躯毛色全白占98%以上。

昭通绵羊以终年放牧为主，一般只在大雪封山或冰冻的短期内实行圈养，补给一些豆科类秸秆和麦草，加少量的玉米及马铃薯、萝卜等饲草饲料。

成年公、母羊体重分别为46.30千克、41.55千克，成年公羊胴体重20.38千克，净肉重16.35千克，屠宰率50%，净肉率

40.24%；周岁母羊上述指标相应为 14.42 千克、11.14 千克、46.18%、36.11%。

昭通绵羊性成熟较早，公羊 4～5 月龄即有性行为，初配年龄在 1～1.5 岁；母羊性成熟在 9～10 月龄，初配年龄一般在 1.5～2 岁，春秋发情。产羔率 98%，双羔较少。

4. 迪庆绵羊

迪庆绵羊主产于云南省香格里拉县、德钦县的高寒坝区，在全州河谷二半山区也有零星分布。迪庆绵羊属藏系短毛型山地粗毛羊，体型差异大，体质结实，结构紧凑。头长额宽平，公、母羊均有角，角形为向后向外旋转开张，耳小平伸，鼻梁稍隆起，颈短细，胸深肋骨开张良好，背腰平直、结合紧凑，尻稍斜，尾锥形。四肢粗壮，蹄质结实。全身被毛以黑褐色、黑白花、白色为主，其中以纯白色、黑褐色居多，被毛短粗，异质毛含量高。

成年公羊胴体重 10.28 千克、净肉重 7.22 千克、屠宰率 44.5%、净肉率 30.04%；成年母羊上述指标相应为：11.15 千克、7.82 千克、44.92%、30.75%。

迪庆绵羊相对晚熟，繁殖性能较低。一般公羊 1～1.5 岁性成熟，1.5～2 岁初配；母羊 1 岁性成熟，1.5 岁配种。高寒地区 6～9 月发情配种，半山区于 5～6 月、10～11 月发情配种，多为一年产一羔，母羊平均年产羔率 95%。

5. 腾冲绵羊

腾冲绵羊主要产于云南省保山市腾冲县北部。腾冲绵羊是腾冲本地长期饲养的土种绵羊品种。腾冲绵羊属藏系粗毛型山地肉毛兼用品种。体格高大，体质结实，四肢粗壮。头深额短，公、母羊均无角，耳窄长，鼻梁隆起，颈细长。鬐甲高而狭窄，胸部欠宽，肋骨略拱，背平直，身躯较长，臀部窄而略倾斜，尾呈长锥形，长 21～30 厘米。头和四肢多为花色斑块，体躯部位多为白色。被毛覆盖面积差，头、阴囊或乳房及前肢膝关节以下，后肢飞节以下均为刺毛，腹毛粗而覆盖度差。

腾冲绵羊一年四季均以放牧为主。成年公羊体重（50.98±3.29)千克，成年母羊（48.36±4.64）千克。成年公羊胴体重

20.69 千克，净肉重 8.49 千克，屠宰率 47.30%；周岁母羊上述指标相应为：19.05 千克、7.8 千克、46.96%。

腾冲绵羊性成熟较晚，公、母羊性成熟一般在 12 月龄，初配年龄为 18 月龄左右，发情季节多集中在 5 月和 10 月，产羔率 101.4%。

6. 兰坪乌骨绵羊

兰坪乌骨绵羊的中心产区为云南省玉屏山脉，集中分布在兰坪县通甸镇。兰坪乌骨绵羊是当地彝族和普米族长期饲养、经自繁自育而形成的地方绵羊品种，属藏系山地粗毛羊（图 5-38）。最早发现于 20 世纪 70 年代，90 年代后期兰坪乌骨绵羊引起兰坪县畜牧局等有关部门的重视。

图 5-38　兰坪乌骨绵羊

兰坪乌骨绵羊是肉毛兼用的地方特色品种。头大小适中，绝大多数无角，只有少数公、母羊有角，角形呈半螺旋状向两侧后弯，颈短无皱褶，鬐甲低，胸深宽，背平直，体躯相对短，四肢粗壮有力，尾短小，呈圆锥形。头及四肢被毛覆盖较差，被毛粗，被毛颜色中纯黑色约占 30%、纯白色占 35%、其他杂色占 35%左右。

在春、夏、秋季以放牧为主，冬季多为放牧与舍饲相结合，并补喂土豆、荞麦、燕麦以及农作物秸秆。一年剪毛 2 次，每次公羊产毛 1 千克，母羊产毛 0.7 千克。

成年公羊体重（47.0±9.53）千克、母羊体重（37.3±5.4）千克。成年公羊胴体重为（22.76±0.66）千克、屠宰率 49.5%±1.62%、净肉率 40.3%±1.06%；成年母羊上述指标相应为：（15.75±1.78）千克、48.8%±1.78%、37.0%±1.75%。

兰坪乌骨绵羊性成熟较晚，公羊性成熟期为 8 月龄、母羊 7 月龄；公羊初配年龄为 18 月龄，母羊初配年龄为 12 月龄；发情多集中在秋季，母羊一年产一胎，产羔率 95%左右。

7. 宁蒗黑绵羊

宁蒗黑绵羊主产于云南省丽江市宁蒗县，玉龙、永胜、华坪等县也有分布。宁蒗黑绵羊是当地少数民族长期选择形成的地方品种（图 5-39）。宁蒗黑绵羊是毛肉兼用型的地方品种。鼻隆起，耳大前伸，颈部长短适中，头颈、颈肩结合良好；鬐甲稍高而宽，胸宽深，肋骨开张，背腰平直，体躯丰满而较长，尻部匀称。四肢粗壮结实，蹄质坚实，尾细而稍长。骨骼粗壮结实，肌肉丰满。体躯被毛全黑，额、尾、四肢蹄缘有白色特征者占 66.5%，被毛稀粗异质。

图 5-39 宁蒗黑绵羊

根据体型、外貌、被毛结构差异，宁蒗黑绵羊分为纠永型和鼻永型。公羊多数有螺旋形角，母羊一般无角。

纠永型（大型）：头长，额宽微凹，鼻隆起，兔头形。头部被毛着生在耳后枕骨，四肢毛着生在肘和膝关节处，被毛细而密度差，胸深。

鼻永型（小型）：头长，额宽稍平，鼻梁略隆起，似锐角三角形，头部被毛着生至两耳联线上，四肢着生至肱骨和小腿骨上三分之一处。被毛粗而稍密，胸宽。

宁蒗黑绵羊以终年放牧为主。一年剪毛一次，鼻永型公羊产毛量 0.91 千克、母羊 0.55 千克；纠永型公羊产毛量 0.6～0.8 千克、母羊 0.5～0.6 千克。

成年公、母羊体重分别为 42.55 千克、37.84 千克；成年公羊胴体重 15.74 千克、净肉重 12.05 千克、屠宰率 46.1%、净肉率 33.95%；成年母羊上述指标相应为 16.16 千克、12.0 千克、45.94%、32.2%。

公羊一般在 7 月龄性成熟，初配年龄一般为 1～1.5 岁，母羊一般在 12 月龄配种，配种季节在 6～9 月，一年产一胎，多数产单羔，产羔率 95.75%。

8. 石屏青绵羊

石屏青绵羊分布于云南省石屏县北部山区，主产于龙武镇、哨冲镇、龙朋镇。石屏青绵羊是长期自然选择和当地彝族群众饲养驯化形成的肉毛兼用型地方品种，至今已有 200 多年的历史。

石屏青绵羊被毛覆盖良好，颈、背、体侧被毛以青色为主，占 85%，棕褐色占 15%；头部、腹下、前肢腕关节以下、后肢飞节以下毛短而粗，为黑色刺毛。被毛油汗适中。公、母羊多数无角（占 90%），少数有角或退化角（占 10%），角粗，呈倒八字，灰黑色。体躯近似长方形，背腰平直，尻部稍斜，尾短细；四肢细长，蹄质坚硬结实，行动灵活、善爬坡攀岩。

石屏青绵羊一年四季以放牧为主，极少补饲。公、母羊一年剪毛 2 次，公羊年均产毛 0.74 千克、母羊 0.46 千克，羊毛自然长度 7.41 厘米。

成年公羊体重（35.8±2.5）千克，成年公羊胴体重（13.21±2.22）千克、净肉重（9.67±1.72）千克、屠宰率 40.87%、净肉率 29.92%；成年母羊相应为：（33.8±3.6）千克、（11.81±2.19）千克、(8.15±1.92)千克、39.6%、27.33%。

公羊7月龄进入初情期，12月龄达到性成熟，18月龄用于配种；母羊8月龄进入初情期，12月龄达到性成熟，16月龄用于配种。公羊利用年限3～4年，母羊利用年限6～8年，发情以春季较为集中，一般年产一胎，产羔率95.8%。

第六章
养羊生产实用技术

第一节　各类羊的饲养管理技术

一、种公羊的饲养管理

种公羊的基本要求是体质结实，不肥不瘦，精力充沛，性欲旺盛，精液品质好。种公羊精液的数量和品质，取决于日粮的全价性和饲养管理的科学性与合理性。据研究，种公羊 1 次射精量 1 毫升，需要可消化蛋白质 50 克。在饲养上，应根据饲养标准配合日粮。应选择优质的天然或人工草场放牧。补饲日粮应富含蛋白质、维生素和矿物质，品质优良、易消化、体积较小和适口性好等。在管理上，可采取单独组群饲养，并保证有足够的运动量。实践证明，种公羊最好的饲养方式是放牧加补饲。种公羊的饲养管理可分为配种期和非配种期两个阶段。

在我国西北地区，体重 100～130 千克种公羊的配种期日粮，如在 2001—2005 年间，甘肃省永昌肉用种羊场，配种期种公羊每日每只采精 2～3 次，每天青干草（苜蓿、红豆草、冰草、青玉米苗及野杂草晒制而成）自由采食，补饲混合精料 0.7～1.0 千克、鸡蛋 2～3 枚和豆奶粉 200 克。混合精料组成是：玉米 54%，豆类 16%（配种期增加到 30%），饼粕 12%，麸皮 15%，食盐 2%，石粉 1%。在中原地区，河南省洛阳市洛宁县，国家现代肉羊产业技术体系洛阳综合试验站，体重 100～120 千克种公羊的配种期日粮，如在 2011—2014 年间，配种期种公羊每日每只采精 2 次，每天青干草（苜蓿）自由采食，补饲混合精料 1.0 千克、鸡蛋 2 枚。混合精料组成是：玉米 54%，豆粕 25%，麸皮 15%，预混料 5%，食盐 1%。不同地区饲料资源不同，饲养的品种也不同，在我国现有条件下，可参考中国绵羊、山羊的饲养标准和营养需要进行配制饲料。育成公羊和后备公羊营养需要量分别见表 6-1 和表 6-2。

表 6-1 育成公绵羊营养需要量

体重/千克	日增重/(千克/天)	DMI/(千克/天)	DE/(兆焦/天)	ME/(兆焦/天)	粗蛋白质/(克/天)	钙/(克/天)	总磷/(克/天)	食用盐/(克/天)
20	0.05	0.9	8.17	6.70	95	2.4	1.1	7.6
20	0.10	0.9	9.76	8.00	114	3.3	1.5	7.6
20	0.15	1.0	12.20	10.00	132	4.3	2.0	7.6
25	0.05	1.0	8.78	7.20	105	2.8	1.3	7.6
25	0.10	1.0	10.98	9.00	123	3.7	1.7	7.6
25	0.15	1.1	13.54	11.10	142	4.6	2.1	7.6
30	0.05	1.1	10.37	8.50	114	3.2	1.4	8.6
30	0.10	1.1	12.20	10.00	132	4.1	1.9	8.6
30	0.15	1.2	14.76	12.10	150	5.0	2.3	8.6
35	0.05	1.2	11.34	9.30	122	3.5	1.6	8.6
35	0.10	1.2	13.29	10.90	140	4.5	2.0	8.6
35	0.15	1.3	16.10	13.20	159	5.4	2.5	8.6
40	0.05	1.3	12.44	10.20	130	3.9	1.8	9.6
40	0.10	1.3	14.39	11.80	149	4.8	2.2	9.6
40	0.15	1.3	17.32	14.20	167	5.8	2.6	9.6
45	0.05	1.3	13.54	11.10	138	4.3	1.9	9.6
45	0.10	1.3	15.49	12.70	156	5.2	2.9	9.6
45	0.15	1.4	18.66	15.30	175	6.1	2.8	9.6
50	0.05	1.4	14.39	11.80	146	4.7	2.1	11.0
50	0.10	1.4	16.59	13.60	165	5.6	2.5	11.0
50	0.15	1.5	19.76	16.20	182	6.5	3.0	11.0
55	0.05	1.5	15.37	12.60	153	5.0	2.3	11.0
55	0.10	1.5	17.68	14.50	172	6.0	2.7	11.0
55	0.15	1.6	20.98	17.20	190	6.9	3.1	11.0

续表

体重/千克	日增重/(千克/天)	DMI/(千克/天)	DE/(兆焦/天)	ME/(兆焦/天)	粗蛋白质/(克/天)	钙/(克/天)	总磷/(克/天)	食用盐/(克/天)
60	0.05	1.6	16.34	13.40	161	5.4	2.4	12.0
60	0.10	1.6	18.78	15.40	179	6.3	2.9	12.0
60	0.15	1.7	22.20	18.20	198	7.3	3.3	12.0
65	0.05	1.7	17.32	14.20	168	5.7	2.6	12.0
65	0.10	1.7	19.88	16.30	187	6.7	3.0	12.0
65	0.15	1.8	23.54	19.30	205	7.6	3.4	12.0
70	0.05	1.8	18.29	15.00	175	6.2	2.8	12.0
70	0.10	1.8	20.85	17.10	194	7.1	3.2	12.0
70	0.15	1.9	24.76	20.30	212	8.0	3.6	12.0

注：1. 表中日粮干物质进食量（DMI）、消化能（DE）、代谢能（ME）、粗蛋白质（CP）、钙、总磷、食用盐每日需要量推荐数值参考自内蒙古自治区地方标准《细毛羊饲养标准》（DB 15/T 30—92）。

2. 日粮中添加的食用盐应符合 GB 5461 中的规定。

表 6-2 后备公山羊营养需要量

体重/千克	日增重/(千克/天)	DMI/(千克/天)	DE/(兆焦/天)	ME/(兆焦/天)	粗蛋白质/(克/天)	钙/(克/天)	总磷/(克/天)	食用盐/(克/天)
12	0	0.48	3.78	3.10	24	0.8	0.5	2.4
12	0.02	0.50	4.10	3.36	32	1.5	1.0	2.5
12	0.04	0.52	4.43	3.63	40	2.2	1.5	2.6
12	0.06	0.54	4.74	3.89	49	2.9	2.0	2.7
12	0.08	0.56	5.06	4.15	57	3.7	2.4	2.8
12	0.10	0.58	5.38	4.41	66	4.4	2.9	2.9
15	0	0.51	4.48	3.67	28	1.0	0.7	2.6
15	0.02	0.53	5.28	4.33	36	1.7	1.1	2.7
15	0.04	0.55	6.10	5.00	45	2.4	1.6	2.8

续表

体重/千克	日增重/(千克/天)	DMI/(千克/天)	DE/(兆焦/天)	ME/(兆焦/天)	粗蛋白质/(克/天)	钙/(克/天)	总磷/(克/天)	食用盐/(克/天)
15	0.06	0.57	5.70	4.67	53	3.1	2.1	2.9
15	0.08	0.59	7.72	6.33	61	3.9	2.6	3.0
15	0.10	0.61	8.54	7.00	70	4.6	3.0	3.1
18	0	0.54	5.12	4.20	32	1.2	0.8	2.7
18	0.02	0.56	6.44	5.28	40	1.9	1.3	2.8
18	0.04	0.58	7.74	6.35	49	2.6	1.8	2.9
18	0.06	0.60	9.05	7.42	57	3.3	2.2	3.0
18	0.08	0.62	10.35	8.49	66	4.1	2.7	3.1
18	0.10	0.64	11.66	9.56	74	4.8	3.2	3.2
21	0	0.57	5.76	4.72	36	1.4	0.9	2.9
21	0.02	0.59	7.56	6.20	44	2.1	1.4	3.0
21	0.04	0.61	9.35	7.67	53	2.8	1.9	3.1
21	0.06	0.63	11.16	9.15	61	3.5	2.4	3.2
21	0.08	0.65	12.96	10.63	70	4.3	2.8	3.3
21	0.10	0.67	14.76	12.10	78	5.0	3.3	3.4
24	0	0.60	6.37	5.22	40	1.6	1.1	3.0
24	0.02	0.62	8.66	7.10	48	2.3	1.5	3.1
24	0.04	0.64	10.95	8.98	56	3.0	2.0	3.2
24	0.06	0.66	13.27	10.88	65	3.7	2.5	3.3
24	0.08	0.68	15.54	12.74	73	4.5	3.0	3.4
24	0.10	0.70	17.83	14.62	82	5.2	3.4	3.5

注：日粮中添加的食用盐应符合 GB 5461 中的规定。

负责管理种公羊的人员，应当是年富力强、身体健康、工作认真负责、具有丰富的绵羊、山羊放牧饲养管理经验者。同时，管理种公羊的人员，非特殊情况时要保持相对稳定，切忌经常更换。

种公羊在配种前一个月开始采精，检查精液品质。开始采精时，一周采精 1 次，继后一周 2 次，以后两天 1 次。到配种时，每天采精 1～2 次，成年公羊每日采精最多可达 3～4 次。多次采精者，两次采精间隔时间至少为 2 小时。对精液密度较低的公羊，可增加动物性蛋白质和胡萝卜的喂量；对精子活力较差的公羊，需要增加运动量。当放牧运动量不足时，每天早上可酌情定时、定距离和定速度增加运动量。

种公羊饲养管理日程，因地而异。种公羊在非配种期，虽然没有配种任务，但仍不能忽视饲养管理工作。除放牧采食外，应补给足够的能量、蛋白质、维生素和矿物质饲料。以甘肃省永昌肉用种羊场的种公羊非配种期的饲养管理日程为例：在冬、春季节，每天每只羊饲喂玉米青贮 2.0 千克、混合精料 0.5～0.7 千克、青苜蓿干草 1.0～2.0 千克。在天气好时坚持适当的放牧和运动。

二、繁殖母羊的饲养管理

对繁殖母羊，要求常年保持良好的饲养管理条件，以完成配种、妊娠、哺乳和提高生产性能等任务。繁殖母羊的饲养管理，可分为空怀期、妊娠期和哺乳期三个阶段。

1. 空怀期的饲养管理

这个时期的主要管理任务是恢复母羊的体况。由于各地产羔季节安排得不同，母羊的空怀期长短各异，如在年产羔一次的情况下，母羊的空怀期一般为 5～7 月。在这期间牧草繁茂，营养丰富，注重放牧，一般经过 2 个月抓膘可增重 10～15 千克，为配种做好准备。

2. 妊娠期的饲养管理

母羊妊娠期一般分为前期（3 个月）和后期（2 个月）。

（1）妊娠前期　在母羊妊娠前期，体内胎儿发育较慢，所增重量仅占羔羊初生重的 10%。此间，牧草尚未枯黄，放牧羊通过加强放牧能基本满足母羊的营养需要；随着牧草的枯黄，除放牧外，必须补饲，每只日补饲优质干草 1.0～2.0 千克或青贮饲料 1.0～2.0 千克。

（2）妊娠后期　母羊到了妊娠后期，体内胎儿生长发育快，所增重量占羔羊初生重的 90%，营养物质的需要量明显增加。据研究，妊娠后期的母羊和胎儿一般增重 7～8 千克，能量代谢比空怀母羊提高 15%～20%。此期正值严冬枯草期，如果缺乏补饲条件，胎儿发育不良，母羊产后缺奶，羔羊成活率低。因此，加强对妊娠后期母羊的饲养管理，保证其营养物质的需要，对胎儿毛囊的形成、羔羊生后的发育和整个生产性能的提高都有利。在我国西北地区，妊娠后期的肉用高代杂种或纯种母羊，一般日补饲精料 0.5～0.8 千克、优质干草 1.5～2.0 千克、青贮饲料 1.0～2.0 千克，禁喂发霉变质和冰冻饲料。在管理上，仍需坚持放牧，每天放牧，游走距离 5 千米以上。母羊临产前 1 周左右，不得远牧，以便分娩时能回到羊舍。但不要把临近分娩的母羊整天关在羊舍内。在放牧时，做到慢赶、不打、不惊吓、不跳沟、不走冰滑地和出入圈不拥挤。饮水时应注意饮用清洁水，早晨空腹不饮冷水，忌饮冰冻水，以防流产。在中原地区，河南省洛阳市洛宁县国家肉羊综合试验站，妊娠后期小尾寒羊一般日补饲精料 0.8 千克、冬季优质干草 2.0 千克（夏季优质鲜苜蓿 3.0 千克）、青贮饲料 2.5 千克，禁喂发霉变质和冰冻饲料。妊娠母绵羊营养需要量见表 6-3。

表 6-3 妊娠母绵羊营养需要量

妊娠阶段	体重/千克	日增重/(千克/天)	DMI/(千克/天)	DE/(兆焦/天)	ME/(兆焦/天)	粗蛋白质/(克/天)	钙/(克/天)	总磷/(克/天)
前期[a]	40	1.6	12.55	10.46	116	3.0	2.0	6.6
	50	1.8	15.06	12.55	124	3.2	2.5	7.5
	60	2.0	15.90	13.39	132	4.0	3.0	8.3
	70	2.2	16.74	14.23	141	4.5	3.5	9.1
后期[b]	40	1.8	15.06	12.55	146	6.0	3.5	7.5
	45	1.9	15.90	13.39	152	6.5	3.7	7.9
	50	2.0	16.74	14.23	159	7.0	3.9	8.3
	55	2.1	17.99	15.06	165	7.5	4.1	8.7
	60	2.2	18.83	15.90	172	8.0	4.3	9.1
	65	2.3	19.66	16.74	180	8.5	4.5	9.5
	70	2.4	20.92	17.57	187	9.0	4.7	9.9

续表

妊娠阶段	体重/千克	日增重/(千克/天)	DMI/(千克/天)	DE/(兆焦/天)	ME/(兆焦/天)	粗蛋白质/(克/天)	钙/(克/天)	总磷/(克/天)
后期[c]	40	1.8	16.74	14.23	167	7.0	4.0	7.9
	45	1.9	17.99	15.06	176	7.5	4.3	8.3
	50	2.0	19.25	16.32	184	8.0	4.6	8.7
	55	2.1	20.50	17.15	193	8.5	5.0	9.1
	60	2.2	21.76	18.41	203	9.0	5.3	9.5
	65	2.3	22.59	19.25	214	9.5	5.4	9.9
	70	2.4	24.27	20.50	226	10.0	5.6	11.0

注：1. 表中日粮干物质进食量（DMI）、消化能（DE）、代谢能（ME）、粗蛋白质（CP）、钙、总磷每日需要量推荐数值参考自内蒙古自治区地方标准《细毛羊饲养标准》（DB 15/T 30—92）。

2. 日粮中添加的食用盐应符合 GB 5461 中的规定。

a. 指妊娠期的第 1 个月至第 3 个月。

b. 指母羊怀单羔妊娠期的第 4 个月至第 5 个月。

c. 指母羊怀双羔妊娠期的第 4 个月至第 5 个月。

3. 哺乳期的饲养管理

母羊哺乳期可分为哺乳前期（0～1.5 个月）和哺乳后期（1.5～2 个月）。母羊的补饲重点应在哺乳前期。

（1）哺乳前期　母乳是羔羊主要的营养物质来源，尤其是出生后 15～20 天内，几乎是唯一的营养物质。应保证母羊全价饲养，以提高产乳量，否则母羊泌乳力下降，影响羔羊发育。

（2）哺乳后期　这个时期，母羊泌乳力下降，加之羔羊已逐步具备了采食植物性饲料的能力。此时，羔羊依靠母乳已不能满足其营养需要，需加强对羔羊补料。但哺乳后期母羊除放牧采食外，也可酌情补饲。泌乳后期母绵羊和泌乳后期母山羊营养需要量分别见表 6-4 和表 6-5。

表 6-4 泌乳后期母绵羊营养需要量

体重/千克	日泌乳量/(千克/天)	DMI/(千克/天)	DE/(兆焦/天)	ME/(兆焦/天)	粗蛋白质/(克/天)	钙/(克/天)	总磷/(克/天)	食盐/(克/天)
40	0.2	2.0	12.97	10.46	119	7.0	4.3	8.3
40	0.4	2.0	15.48	12.55	139	7.0	4.3	8.3
40	0.6	2.0	17.99	14.64	157	7.0	4.3	8.3
40	0.8	2.0	20.5	16.74	176	7.0	4.3	8.3
40	1.0	2.0	23.01	18.83	196	7.0	4.3	8.3
40	1.2	2.0	25.94	20.92	216	7.0	4.3	8.3
40	1.4	2.0	28.45	23.01	236	7.0	4.3	8.3
40	1.6	2.0	30.96	25.10	254	7.0	4.3	8.3
40	1.8	2.0	33.47	27.20	274	7.0	4.3	8.3
50	0.2	2.2	15.06	12.13	122	7.5	4.7	9.1
50	0.4	2.2	17.57	14.23	142	7.5	4.7	9.1
50	0.6	2.2	20.08	16.32	162	7.5	4.7	9.1
50	0.8	2.2	22.59	18.41	180	7.5	4.7	9.1
50	1.0	2.2	25.10	20.50	200	7.5	4.7	9.1
50	1.2	2.2	28.03	22.59	219	7.5	4.7	9.1
50	1.4	2.2	30.54	24.69	239	7.5	4.7	9.1
50	1.6	2.2	33.05	26.78	257	7.5	4.7	9.1
50	1.8	2.2	35.56	28.87	277	7.5	4.7	9.1
60	0.2	2.4	16.32	13.39	125	8.0	5.1	9.9
60	0.4	2.4	19.25	15.48	145	8.0	5.1	9.9
60	0.6	2.4	21.76	17.57	165	8.0	5.1	9.9
60	0.8	2.4	24.27	19.66	183	8.0	5.1	9.9
60	1.0	2.4	26.78	21.76	203	8.0	5.1	9.9
60	1.2	2.4	29.29	23.85	223	8.0	5.1	9.9
60	1.4	2.4	31.8	25.94	241	8.0	5.1	9.9
60	1.6	2.4	34.73	28.03	261	8.0	5.1	9.9
60	1.8	2.4	37.24	30.12	275	8.0	5.1	9.9

续表

体重/千克	日泌乳量/(千克/天)	DMI/(千克/天)	DE/(兆焦/天)	ME/(兆焦/天)	粗蛋白质/(克/天)	钙/(克/天)	总磷/(克/天)	食盐/(克/天)
70	0.2	2.6	17.99	14.64	129	8.5	5.6	11.0
70	0.4	2.6	20.50	16.70	148	8.5	5.6	11.0
70	0.6	2.6	23.01	18.83	166	8.5	5.6	11.0
70	0.8	2.6	25.94	20.92	186	8.5	5.6	11.0
70	1.0	2.6	28.45	23.01	206	8.5	5.6	11.0
70	1.2	2.6	30.96	25.10	226	8.5	5.6	11.0
70	1.4	2.6	33.89	27.61	244	8.5	5.6	11.0
70	1.6	2.6	36.40	29.71	264	8.5	5.6	11.0
70	1.8	2.6	39.33	31.80	284	8.5	5.6	11.0

注：1. 表中日粮干物质进食量（DMI）、消化能（DE）、代谢能（ME）、粗蛋白质（CP）、钙、总磷、食用盐每日需要量推荐数值参考自内蒙古自治区地方标准《细毛羊饲养标准》（DB 15/T 30—92）。

2. 日粮中添加的食用盐应符合 GB 5461 中的规定。

表 6-5　泌乳后期母山羊营养需要量

体重/千克	泌乳量/(千克/天)	DMI/(千克/天)	DE/(兆焦/天)	ME/(兆焦/天)	粗蛋白质/(克/天)	钙/(克/天)	总磷/(克/天)	食用盐/(克/天)
10	0	0.39	3.71	3.04	22	0.7	0.4	2.0
10	0.15	0.39	4.67	3.83	48	1.3	0.9	2.0
10	0.25	0.39	5.30	4.35	65	1.7	1.1	2.0
10	0.50	0.39	6.90	5.66	108	2.8	1.8	2.0
10	0.75	0.39	8.50	6.97	151	3.8	2.5	2.0
10	1.00	0.39	10.10	8.28	194	4.8	3.2	2.0
15	0	0.53	5.02	4.12	30	1.0	0.7	2.7
15	0.15	0.53	5.99	4.91	55	1.6	1.1	2.7
15	0.25	0.53	6.62	5.43	73	2.0	1.4	2.7
15	0.50	0.53	8.22	6.74	116	3.1	2.1	2.7

续表

体重/千克	泌乳量/(千克/天)	DMI/(千克/天)	DE/(兆焦/天)	ME/(兆焦/天)	粗蛋白质/(克/天)	钙/(克/天)	总磷/(克/天)	食用盐/(克/天)
15	0.75	0.53	9.82	8.05	159	4.1	2.8	2.7
15	1.00	0.53	11.41	9.36	201	5.2	3.4	2.7
20	0	0.66	6.24	5.12	37	1.3	0.9	3.3
20	0.15	0.66	7.20	5.9	63	2.0	1.3	3.3
20	0.25	0.66	7.84	6.43	80	2.4	1.6	3.3
20	0.50	0.66	9.44	7.74	123	3.4	2.3	3.3
20	0.75	0.66	11.04	9.05	166	4.5	3.0	3.3
20	1.00	0.66	12.63	10.36	209	5.5	3.7	3.3
25	0	0.78	7.38	6.05	44	1.7	1.1	3.9
25	0.15	0.78	8.34	6.84	69	2.3	1.5	3.9
25	0.25	0.78	8.98	7.36	87	2.7	1.8	3.9
25	0.5	0.78	10.57	8.67	129	3.8	2.5	3.9
25	0.75	0.78	12.17	9.98	172	4.8	3.2	3.9
25	1.00	0.78	13.77	11.29	215	5.8	3.9	3.9
30	0	0.90	8.46	6.94	50	2.0	1.3	4.5
30	0.15	0.90	9.41	7.72	76	2.6	1.8	4.5
30	0.25	0.90	10.06	8.25	93	3.0	2.0	4.5
30	0.50	0.90	11.66	9.56	136	4.1	2.7	4.5
30	0.75	0.90	13.24	10.86	179	5.1	3.4	4.5
30	1.00	0.90	14.85	12.18	222	6.2	4.1	4.5

注：1. 泌乳前期指泌乳第1～第30天。

2. 日粮中添加的食用盐应符合GB 5461中的规定。

三、育成羊的饲养管理

育成羊是指羔羊断乳后到第一次配种前的幼龄羊，多在4～18月龄。羔羊断奶后5～10个月生长很快，一般肉用和毛肉兼用品种公、母羊增重可达15～30千克，营养物质需要较多。若此时营养供应不足，则会出现四肢高、体狭窄而浅、体重小、增重慢、剪毛量低等问题。育成羊的饲养管理，应按羊的品种类别、按性别单独组群。夏、秋季主要是抓好放牧，安排较好的草场，放牧时控制羊群，放牧距离不能太远。羔羊在断奶并组群放牧后，仍需继续补喂一段时间的饲料。在冬、春季节，除放牧采食外，还应适当补饲干草、青贮饲料、块根块茎饲料、食盐和饮水。补饲量应根据羊的品种类别和各养殖单位的具体条件而定。

四、羔羊的饲养管理

羔羊主要指断奶前处于哺乳期间的羊只。目前，我国羔羊多采用在 3～4 月龄时断奶。有的国家对羔羊采用早期断奶，即在生后 1 周左右断奶，然后用代乳品进行人工哺乳；还有采用生后 45～50 天断奶，断奶后饲喂植物性饲料，或在优质人工草地上放牧。

1. 羔羊的饲养

羔羊出生后，应尽早吃到初乳。初乳中含有丰富的蛋白质（17%～23%）、脂肪（9%～16%）、矿物质等营养物质和抗体，对增强羔羊体质、抵抗疾病和排出胎粪等具有重要的作用。据研究，初生羔羊不吃初乳，将导致生产性能下降，死亡率增加。在羔羊 1 月龄内，要确保双羔和弱羔能吃到奶。对初生孤羔、缺奶羔羊和多胎羔羊，在保证吃到初乳的基础上，应找保姆羊寄养或人工哺乳，可用山羊奶、绵羊奶、牛奶、奶粉和代乳品等。人工哺乳务必做到清洁卫生、定时、定量和定温（35～39℃），哺乳工具用奶瓶或饮奶槽，但要定期消毒，保持清洁，否则易使羔羊患消化道疾病。对初生弱羔、初产母羊或护仔行为不强的母羊所产羔羊，需人工辅助羔羊吃乳。母羊和初生羔羊一般要共同生活 7 天左右，才有利于初生羔羊吮吸初乳和建立母子感情。羔羊 7～10 日龄就可以开始训练吃草料，以刺激消化器官的发育，促进心、肺功能健全。在圈内安装羔羊补饲栏（仅能让羔羊进去）让羔羊自由采食，少给勤添；待全部羔羊都会吃料后，再改为定时、定量补料，每只日补喂精料 50～100 克。羔羊生后 7～20 天内，晚上母仔应在一起饲养，白天羔羊留在羊舍内，母羊在羊舍附近草场上放牧，中午回羊舍喂一次奶。为了便于“对奶”，可在母、仔体侧编上相同的临时编号，每天母羊放牧归来，必须仔细地对奶。羔羊 20 日龄后，可随母羊一起放牧。

羔羊 1 月龄后，逐渐转变为以采食植物性饲料为主，除哺乳、放牧采食外，放牧羔羊可补给一定量的草料。例如，肉用羊和细毛羊，1～2 月龄每天喂 2 次，补精料 100～150 克；3～4 月龄，每天喂 2～3 次，补精料 150～250 克。饲料要多样化，最好有玉米、豆类、麦麸等三种以上的混合饲料和优质干草等优质饲料。胡萝卜切碎，最好与精料混合饲喂羔羊，饲喂甜菜每天不能超过 50 克，否则会引起拉稀，继发胃肠病。羊舍内设自动饮水器或水槽，放置矿物质等舔砖、盐槽，也可在精料中混入 1.5%～2.0%的食盐和 2.5%～3.0%的矿物质饲喂。

羔羊断奶一般不超过 4 月龄。羔羊断奶后，有利于母羊恢复体况，准备配种，也能锻炼羔羊的独立生活能力。羔羊断奶多采用一次性断奶方法，即将母、仔分开后，不再合群。母羊在较远处放牧，羔羊留在原羊舍饲养。母、仔隔离 4～5 天，断奶成功。羔羊断奶后按性别、体质强弱分群放牧饲养，或分圈舍饲。

2. 羔羊的编号

为了识别羔羊、便于科学地饲养管理及以后选种、选配等工作，需要对羔羊进行编号。羔羊出生后 15～20 天，即可进行个体编号。编号的方法主要有耳标法、刺字法等。

（1）耳标法　耳标是固定在羊耳上的标牌。制作耳标的材料有铝片和塑料。根据耳标的形状分为圆形和长方形两种。一般编号的方法是第一字母表示出生年号，其后为个体号，公羔编单号，母羔编双号。各养殖单位应建立自己的编号制度、系统和方法，由专门部门分管，并长期相对稳定。

（2）刺字法　刺字是用特制的刺字钳和十字钉进行羊只个体编号。刺字编号时，先将需要编的号码在刺字钳上排列好，在耳内毛较少的部位，用碘酒消毒后，夹住耳加压，刺破耳内皮肤，在刺破的点线状的数字小孔内涂上蓝色或黑色染料，随着染料渗入皮内，而将号码固定在皮肤上，伤口愈合后可见到个体号码。刺字编号的优点是经济方便。缺点是随着羊耳的长大，字体容易模糊。因此，在刺字后，经过一段时间，需要进行检查，如不清楚则需重刺。此法不适于耳部皮肤有色的羊只。

3. 羔羊的断尾

尾巴细长的羊，粪便易污染羊毛，而且也妨碍配种，所以羔羊生后1周左右应断尾。

断尾方法有断尾器断尾和胶皮圈断尾。断尾器断尾，是用一个留有圆孔的木板将尾巴套进，掩着肛门部位，然后用灼热的烧烙式断尾器在羔羊的第3～4尾椎节间处切断尾巴。烧烙时，要随烧烙轻度扭转羊尾，直至烙断。断尾后创口出血可再烧烙。胶皮圈断尾，是将胶皮圈套在羔羊第3～4尾椎节间处，以阻止血液流通，经10～15天羊尾自然干枯脱落。

五、育肥期的饲养管理

1. 肥育方式

（1）放牧肥育　是我国农牧区最普遍且经济的一种肥育方式，投资少，若安排得当可获得理想的经济效益。主要是利用天然草地、人工草地和秋季作物茬地，对当年非种用羔羊和淘汰的公、母羊进行肥育。这种肥育方式具有较强的季节性，一般集中在夏末至秋末，入冬前后上市出售。

（2）舍饲肥育　这种肥育方式是根据市场供销动态安排肥育规模和时间，一般不受季节限制，能够适应市场羊肉供应不均衡状态。舍饲肥育规模的大小不等，农牧民家庭或农牧场可视具体情况进行不同规模的肥育。可在牧区繁殖、在农区肥育。牧区通过商业渠道将繁殖的羔羊或成年羊销售到农区，农区利用当地丰富的农副产品和谷物饲料进行肥育，供应市场消费。这样做可减轻牧区天然草原的压力，也可充分利用农村饲草饲料资源。大规模集约化肥育在国外较为普遍，工厂化生产不受季节限制，一年四季按市场需求进行有计划的规模化、产业化生产，操作高度自动化、机械化，生产周期短，但需要的投资大。

（3）混合肥育　是放牧肥育和舍饲肥育相结合的方式。在放牧肥育的基础上，对秋末尚未达到所要求体重或膘情的羊，进行一段时间的舍饲肥育，使其在短期（30～40天）内达到上市标准。与放牧肥育一样，此种方式也有季节性特点。

2．早期断奶羔羊肥育

羔羊早期断奶强化舍饲肥育是一项新技术。一般在羔羊出生后7～8周龄断奶，也可在5～6周龄断奶，随即进行肥育。

此项技术是利用羔羊瘤网胃机能尚未发育完全、生长最快和对精料利用率最高的生理阶段，采用高能量、高蛋白全精料型饲粮进行肥育，以减少瘤胃微生物降解饲料营养物质的损失，提高饲料转化效率和产肉率。

实行羔羊早期断奶，母羊和羔羊对营养水平和饲养管理的要求均更高，断奶前母羊要有较高的泌乳量，以促进羔羊充分发育。在羔羊断奶前15天实行隔离补饲，定时哺乳，使其习惯采食固体饲料，为断奶后肥育奠定基础。断奶前补充饲料与断奶后饲料应相同，避免因饲粮类型改变而影响采食量和生长。

羔羊活动场应干燥、通风良好、能遮雨，在卧息处铺少量垫草。肥育前接种有关疫苗，以防传染病发生。

3．3～4月龄断奶羔羊肥育

这是羔羊肥育生产的主要方式。断奶羔羊除少量留作种用外，大部分出售或用于肥育，断奶羔羊肥育的方式灵活多样，可根据草地状况和羔羊断奶时间以及市场需求，选择放牧肥育、舍饲肥育或放牧加补饲肥育。冬羔在4～6月份断奶，可进行放牧肥育。春羔在7～9月份断奶，可分批进行舍饲肥育或放牧加补饲肥育。农区可利用秋末冬初的作物茬地进行放牧肥育。受产羔时间的制约，羔羊肥育也具有季节性。

要合理搭配舍饲肥育羔羊的饲粮，根据肥育要求、羔羊体况及饲料种类和市场价格高低调整饲粮能量和蛋白质水平，或采取不同饲粮类型。一般饲粮的粗蛋白质含量应在14%左右（不低于10%），每千克干物质的代谢能浓度不宜低于10兆焦，各种矿物质和维生素均应按标准供给。月龄小的羔羊以肌肉生长为主，饲粮蛋白质含量应高些，且品质要好；随月龄和体重增加，蛋白质含量可逐渐降低，相应提高能量水平，以利于体脂肪沉积。

羔羊肥育应有2周左右的预备期，让羔羊熟悉环境和适应肥育饲粮。经长途运输的羔羊，入舍后需保持安静，充分供应饮水，开始1～3天只喂干草，不喂精料；从第4～15天起，分2～3个阶段肥育，逐渐改变饲粮组成，使羔羊逐渐适应采食肥育期饲粮。

4. 成年羊的肥育

在我国较普遍采用农牧区不能繁殖的母羊和部分羯羊进行肥育。根据具体情况采取不同的方式，目标是提高肥育效果，降低成本，增加经济效益。成年羊肥育主要是增加体脂肪，改善肉的风味。饲粮中能量水平应较高，每千克风干料代谢能在9～10兆焦，蛋白质含量为10%左右。以农作物秸秆作为粗饲料，应配制能量和蛋白质平衡的混合精料，以满足瘤胃微生物对氮源和能源的需要，提高粗饲料的消化率。有些地方将秸秆切碎或粉碎，撒适量水拌以混合精料饲喂，可提高秸秆采食量。成年羊体况及体重有差别，应分群进行肥育饲养。对较瘦的羊应增加精料比例，提高能量摄入量，加快其脂肪沉积，使之按期达到上市标准。肥育绵羊和山羊营养需要量分别见表6-6和表6-7。

表6-6 肥育绵羊营养需要量

体重/千克	日增重/(千克/天)	DMI/(千克/天)	DE/(兆焦/天)	ME/(兆焦/天)	粗蛋白质/(克/天)	钙/(克/天)	总磷/(克/天)	食用盐/(克/天)
20	0.10	0.8	9.00	8.40	111	1.9	1.8	7.6
20	0.20	0.9	11.30	9.30	158	2.8	2.4	7.6
20	0.30	1.0	13.60	11.20	183	3.8	3.1	7.6
20	0.45	1.0	15.01	11.82	210	4.6	3.7	7.6
25	0.10	0.9	10.50	8.60	121	2.2	2	7.6
25	0.20	1.0	13.20	10.80	168	3.2	2.7	7.6
25	0.30	1.1	15.80	13.00	191	4.3	3.4	7.6
25	0.45	1.1	17.45	14.35	218	5.4	4.2	7.6
30	0.10	1.0	12.00	9.80	132	2.5	2.2	8.6
30	0.20	1.1	15.00	12.30	178	3.6	3	8.6
30	0.30	1.2	18.10	14.80	200	4.8	3.8	8.6
30	0.45	1.2	19.95	16.34	351	6.0	4.6	8.6

续表

体重/千克	日增重/(千克/天)	DMI/(千克/天)	DE/(兆焦/天)	ME/(兆焦/天)	粗蛋白质/(克/天)	钙/(克/天)	总磷/(克/天)	食用盐/(克/天)
35	0.10	1.2	13.40	11.10	141	2.8	2.5	8.6
35	0.20	1.3	16.90	13.80	187	4.0	3.3	8.6
35	0.30	1.3	18.20	16.60	207	5.2	4.1	8.6
35	0.45	1.3	20.19	18.26	233	6.4	5.0	8.6
40	0.10	1.3	14.90	12.20	143	3.1	2.7	9.6
40	0.20	1.3	18.80	15.30	183	4.4	3.6	9.6
40	0.30	1.4	22.60	18.40	204	5.7	4.5	9.6
40	0.45	1.4	24.99	20.30	227	7.0	5.4	9.6
45	0.10	1.4	16.40	13.40	152	3.4	2.9	9.6
45	0.20	1.4	20.60	16.80	192	4.8	3.9	9.6
45	0.30	1.5	24.80	20.30	210	6.2	4.9	9.6
45	0.45	1.5	27.38	22.39	233	7.4	6.0	9.6
50	0.10	1.5	17.90	14.60	159	3.7	3.2	11.0
50	0.20	1.6	22.50	18.30	198	5.2	4.2	11.0
50	0.30	1.6	27.20	22.10	215	6.7	5.2	11.0
50	0.45	1.6	30.03	24.38	237	8.5	6.5	11.0

注：1. 表中日粮干物质进食量（DMI）、消化能（DE）、代谢能（ME）、粗蛋白质（CP）、钙、总磷、食用盐每日需要量推荐数值参考自新疆维吾尔自治区企业标准《新疆细毛羔羊舍饲肥育标准》(1985)。

2. 日粮中添加的食用盐应符合 GB 5461 中的规定。

表 6-7　肥育山羊营养需要量

体重/千克	日增重/(千克/天)	DMI/(千克/天)	DE/(兆焦/天)	ME/(兆焦/天)	粗蛋白质/(克/天)	钙/(克/天)	总磷/(克/天)	食用盐/(克/天)
15	0	0.51	5.36	4.40	43	1.0	0.7	2.6
15	0.05	0.56	5.83	4.78	54	2.8	1.9	2.8

续表

体重/千克	日增重/(千克/天)	DMI/(千克/天)	DE/(兆焦/天)	ME/(兆焦/天)	粗蛋白质/(克/天)	钙/(克/天)	总磷/(克/天)	食用盐/(克/天)
15	0.10	0.61	6.29	5.15	64	4.6	3.0	3.1
15	0.15	0.66	6.75	5.54	74	6.4	4.2	3.3
15	0.20	0.71	7.21	5.91	84	8.1	5.4	3.6
20	0	0.56	6.44	5.28	47	1.3	0.9	2.8
20	0.05	0.61	6.91	5.66	57	3.1	2.1	3.1
20	0.10	0.66	7.37	6.04	67	4.9	3.3	3.3
20	0.15	0.71	7.83	6.42	77	6.7	4.5	3.6
20	0.20	0.76	8.29	6.80	87	8.5	5.6	3.8
25	0	0.61	7.46	6.12	50	1.7	1.1	3.0
25	0.05	0.66	7.92	6.49	60	3.5	2.3	3.3
25	0.10	0.71	8.38	6.87	70	5.2	3.5	3.5
25	0.15	0.76	8.84	7.25	81	7.0	4.7	3.8
25	0.20	0.81	9.31	7.63	91	8.8	5.9	4.0
30	0	0.65	8.42	6.90	53	2.0	1.3	3.3
30	0.05	0.70	8.88	7.28	63	3.8	2.5	3.5
30	0.10	0.75	9.35	7.66	74	5.6	3.7	3.8
30	0.15	0.80	9.81	8.04	84	7.4	4.9	4.0
30	0.20	0.85	10.27	8.42	94	9.1	6.1	4.2

注：1. 表中干物质进食量（DMI）、消化能（DE）、代谢能（ME）、粗蛋白质（CP）数值来源于中国农业科学院畜牧所（2003）。

2. 日粮中添加的食用盐应符合 GB 5461 中的规定。

六、羊场饲养管理日程

我国不同地区地理条件和气候条件差别很大，不同地区对羊只的饲喂程序各不相同，另外，同一地区、同一饲养场在不同的季节也会采取不同的饲喂程序，以河南省洛阳市洛宁县国家肉羊试验站饲养的湖羊的饲喂程序为例，见表 6-8。

表 6-8　羊场饲养管理日程表（冬季）

时间	内　　容
6:20	清扫圈舍、母羊试情
6:40	喂羔羊精料(100 克/只)
7:20	喂青贮饲料(羔羊 1 千克/只、其他各类羊 2 千克/只)
8:30	喂精饲料(公羊 0.5 千克/只、空怀母羊 0.15 千克/只、妊娠母羊 0.2～0.4 千克/只、哺乳母羊 0.2～0.4 千克/只)
9:00	采精、配种
12:30	喂羔羊精饲料(100 克/只)
14:00	清理饲槽
15:00	喂青贮饲料(羔羊 1.5 千克/只、其他各类羊 2 千克/只)
16:30	喂精饲料(羔羊 100 克/只、公羊 0.5 千克/只、空怀母羊 0.15 千克/只、妊娠母羊 0.2～0.4 千克/只、哺乳母羊 0.2～0.4 千克/只)
18:00	喂干草(羔羊 1 千克/只、其他各类羊 2 千克/只)
18:30	采精、配种
全天	自由饮水

第二节　羊的草料补饲

一、绵羊的饲养与补饲

1. 季节补饲的必要性

我国广大牧区和农牧交错地区的绵羊均以放牧为主。夏、秋青草季节完全放牧；冬、春枯草期，除少数育种羊场对核心群进行舍饲外，大多数地区的羊群是以放牧为主加补饲的方式，且补饲量常不足，一年内有 6 个月以上营养消耗大于摄入。由于有效营养物质减少、牧草营养成分的季节性不平衡、北方地区草原以禾本科牧草为主、豆科牧草相对较少而造成蛋白质供应量少、牧草提供的可发酵氮不足影响瘤胃微生物发酵效率，降低了对各种营养物质的消化率，这些综合因素造成放牧绵羊营养季节性障碍。完全依靠放牧，绵羊采食的营养物质远不能满足需要。营养的季节性不平衡是绵羊生产的限制因素，所以贮备足够的饲草、饲料，适时足量补饲是十分必要的。

2. 季节补饲的技术

（1）生产和贮备优质饲草　优质禾本科和豆科干草是绵羊冬春获得能量、蛋白质、矿物质和维生素的良好来源。为获得优质干草，必须把握好种、收、藏三个环节。

（2）贮备一定比例的精饲料　玉米、大麦、燕麦、青稞、豆类和油饼（粕）、糠麸都是羊补饲的常用饲料。补充料中加少量能量饲料和蛋白质饲料，可促进羊只较好地采食和利用粗饲料，尤其是低质粗饲料。

（3）合理搭配　科学配制补充饲料是提高补饲效果的重要手段。配制补充饲料应参照饲养标准，并考虑羊只从牧地上获取牧草的数量、质量和补饲草料的质量；应以粗料为主，用精料和一些添加剂补充调整，提高其营养物质的平衡性。在无条件按饲养标准配制补充料时，应用多种饲料配成混合料，使营养物质互补，改变有啥喂啥和补喂单一饲料的习惯做法。

根据当地情况，补充一些矿物质元素添加剂，对改善羊只健康和提高生产力会有明显的作用。可将相应的矿物盐混合在精料中补饲（一定要混合均匀），也可制成含盐的舔块，供羊自由舔食。经检测确定缺乏的元素，可按需要量的100％加入；不能确定是否缺乏的元素，可按需要量的50％加入。

（4）合理补饲　对实行放牧加补饲的羊群，既要使羊只充分采食草地牧草，又要保证绵羊健康，胎儿正常生长发育和生产潜力的发挥，还要考虑经济效益，不是补饲越多越好。补饲量多，牧草采食量就少，但不能因此就少补或不补。要根据营养需要、历年补饲经验、牧草状况、羊的膘情及生理阶段来确定补饲量。补饲应有侧重，优羊优饲，优先保证基础羊群正常生产，安全过冬。

（5）做好羊群的越冬管理　注意防寒保温，减少能量的消耗。

改变饲养方式和饲粮类型要逐渐进行，特别是补饲精料时要逐渐增加给量。应定期驱虫，减少寄生虫的危害。

3. 不同生理阶段绵羊的补饲技术

（1）配种前催情补饲　产春羔母羊的配种期一般在10～12月，此时天气逐渐变冷，牧草质量降低，绵羊体重开始下降。故在配种前应给予一定的补饲，以提高受胎率和胎儿的存活率，对体质较弱的绵羊更要加强补饲。据测定，秋末绵羊从牧草中获得的能量，较NRC催情营养需要约低40%，补饲一定量（0.3～0.4千克）谷物籽实，可补充能量不足。

（2）妊娠母羊的补饲　母羊配种后1个月内，应给予较好的营养，以维持母羊体重稳定，防止体重急剧下降，以利胎儿在子宫壁上着床。妊娠前3个月胎儿体重仅为初生重的15%左右，但胎盘及胎产物生长发育很快，子宫重量增加6～7倍，如果母羊体重不增加，实际已动用体组织营养物质供应胎儿及胎产物的发育。妊娠前期营养不良，会导致胎盘组织发育不足，影响胎儿后期生长发育。妊娠后期胎儿发育很快，此期间的增重占羔羊初生重的90%左右。胎儿体内能量沉积量迅速增加，而饲料代谢能转化为胎儿沉积能的效率低（仅为13%左右），加上母羊乳房组织快速发育及其维持需要，使母羊对能量和其他营养物质的需要量急剧增加。为不使母羊体组织损失，怀单、双羔母羊需要的饲料几乎是非妊娠羊的2倍和2.5倍以上。然而，在实际饲养中难以满足这样高的需要量，胎儿体积逐渐增大会影响母羊采食量，经济上也不合算。故母羊需在一定程度上利用体组织的营养物质来补足进食量与需要量之间的差额，这是母羊在妊娠后期减重的原因之一。体况好的母羊可以承受这种负担，而体弱的母羊就会因此严重消瘦，影响胎儿和乳房发育，产出的羔羊初生重小、体弱，母羊泌乳量低，影响羔羊出生后的生长发育。所以，对体弱母羊应在妊娠前期加强营养，改善其体况，以利后期胎儿的发育。

根据对中国美利奴羊放牧采食营养物质量的测定值进行统计分析，按其中值和上、下限设计出母羊妊娠前期、后期补饲方案（表6-9）。

表 6-9 中国美利奴羊母羊每日补饲方案

阶段	体重/千克	置信区间	干物质/千克	代谢能/兆焦	粗蛋白质/克	钙/克	磷/克
妊娠前期（前十五周）	40	上	0.8	6.3	75	1.7	1.9
		中	0.6	4.6	67	—	0.6
		下	0.3	3.3	59	—	—
	50	上	0.9	7.5	89	0.8	1.8
		中	0.6	5.4	80	—	0.3
		下	0.4	3.8	71	—	—
	60	上	1.0	8.0	102	0.3	1.9
		中	0.7	6.3	92	—	0.2
		下	0.4	4.2	81	—	—
妊娠后期（后六周）	40	上	1.0	9.6	110	2.9	2.1
		中	0.9	9.6	88	1.9	0.1
		下	0.7	9.2	66	0.9	—
	50	上	1.2	11.3	131	2.2	2.3
		中	1.0	11.3	105	1.0	—
		下	0.8	10.5	79	—	—
	60	上	1.4	13.4	149	1.9	2.5
		中	1.1	13.0	120	0.5	—
		下	0.9	12.1	90	—	—

资料来源：中国美利奴羊饲养标准研究协作组，1992。

一些种羊场在冬春季节均进行补饲，其补饲量为：新疆巩乃斯种羊场对产冬羔母羊进行舍饲，对山区产春羔母羊每只每天补饲混合精料 0.35～0.60 千克；新疆紫泥泉种羊场对产春羔母羊每只每天补饲混合精料 0.54 千克和少量青贮料；吉林查干花种畜场对中国美利奴羊妊娠前期进行抢茬放牧，妊娠后期每只日补饲混合精料 0.2 千克、干草 0.5 千克、青贮料和块根饲料各 0.5 千克。

（3）泌乳母羊的补饲　泌乳母羊从饲料中获得的营养物质，除用于维持外，主要用于产奶。每产 1 千克奶需 6.61 兆焦代谢能。泌乳羊的营养需要比妊娠羊高，在产奶头几周，母羊需动用体组织的营养物质提供产奶的部分需要，应给予足够的补饲。我国大部分绵羊产春羔，此时虽气候逐渐变暖，牧草开始萌发，但补饲仍是十分必要的。中国美利奴羊泌乳期补饲方案见表 6-10。

表 6-10 中国美利奴羊母羊泌乳期每日补饲方案

体重/千克	置信区间	干物质/千克	代谢能/兆焦	粗蛋白质
40	上	0.8	6.7	56
	中	0.6	6.7	—
	下	0.4	6.3	—
50	上	0.8	7.5	42
	中	0.6	7.5	—
	下	0.4	7.1	—
60	上	0.9	7.9	29
	中	0.6	7.5	—
	下	0.3	7.5	—

资料来源：中国美利奴羊饲养标准研究协作组，1992。

（4）育成羊的补饲　育成期是羊生长发育较快的时期，饲养管理好坏对成年体重、生产能力和种用价值有直接的影响。育成羊有两个关键时期须特别注意：一是刚断奶后的一段时间，由于羔羊生活方式的突然改变，不能适应新的环境和饲养方式，焦躁不安，影响采食和增重，甚至减重。羔羊对新饲养方式的适应，与体重和日龄有关，但最关键的是羔羊采食饲草饲料的能力，故一定要在断奶前尽早训练羔羊习惯采食固体饲料。断奶羔羊的放牧采食能力还较差，要继续补饲精料，有条件的地方在青草期也应补料。二是第一个越冬期，这是羔羊出生后经受的第一个寒冷的枯草期，必须加强饲养管理，可采取舍饲或补饲为主的饲养方式，供给优质青干草、青贮料、多汁料、混合精料和矿物质、维生素补充料等，使营养平衡并满足其需要。一些育种场在冬春对育成羊实行舍饲或补饲，如吉林查干花种羊场美利奴育成羊的冬春补饲定额为：混合精料 120

千克（公羊）和100千克（母羊），干草和青贮料各约200千克，对特培羊施行常年补饲。在150天补饲期中，东北细毛羊公、母羊的补饲定额粗料分别为230千克和155千克，青贮料各为300千克和50千克，块根饲料相应为80千克和50千克，精料均为50千克。中国美利奴育成羊补饲方案见表6-11。

表6-11　中国美利奴育成羊每日补饲方案

类别	体重/千克	日增重/克	干物质/千克	代谢能/兆焦	粗蛋白质/克	钙/克	磷/克
育成母羊	20	50	0.6	5.0	51	1.2	1.0
		100	0.5	6.7	65	2.1	1.4
		150	0.7	7.9	80	3.1	1.9
	30	50	0.7	6.3	58	1.5	1.3
		100	0.6	7.9	73	2.4	1.8
		150	0.8	10.0	87	3.3	2.2
	40	50	0.8	7.5	64	1.8	1.6
		100	0.7	9.2	79	2.7	2.0
		150	0.9	11.3	93	3.6	2.4
育成公羊	20	50	0.7	5.4	84	1.3	1.0
		100	0.6	6.7	103	2.3	1.4
		150	0.8	8.8	121	3.3	1.9
	30	50	0.8	7.1	99	1.6	1.3
		100	0.7	8.4	117	2.6	1.8
		150	0.9	10.5	136	3.6	2.2
	40	50	0.9	8.3	122	2.1	1.7
		100	0.8	10.0	131	3.1	2.1
		150	1.0	12.1	149	4.1	2.5
	50	50	1.1	9.6	125	2.7	1.9
		100	0.9	13.8	143	3.6	2.3
		150	1.2	16.3	162	4.5	2.8

资料来源：中国美利奴羊饲养标准研究协作组，1992。

(5) 种公羊的补饲 种公羊的营养水平必须全年均衡或适中。在冬春枯草期对种公羊采取全舍饲加运动的饲养方式，在青草期以放牧为主，补饲混合精料。春末夏初，牧草含水量较高，采食的干物质和能量不足，应增加精料补饲量，随着牧草生长期推移，其干物质含量增加，可逐渐减少精料补饲量。应从配种前 1.5 个月逐渐增加含蛋白质较高（15%）的混合精料，补饲量为 1.0～1.4 千克，并应经常补饲食盐和石粉，并根据不同地域的特殊性给予不同的矿物质添加剂。

(6) 农区放牧羊的补饲 农区放牧绵羊的补饲和牧区绵羊相似。在秋末冬初可利用作物茬地放牧。粗饲料以作物秸秆为主，有条件的地方可对秸秆进行加工调制，如切短、粉碎（不要过细），氨化处理。补饲秸秆时应加喂一定数量的混合精料、少量青贮料和青干草，以提高秸秆的采食量和消化率。

4. 补饲方法和注意事项

粗饲料一般日补 1 次，归牧后先喂精料，然后补饲粗料。在牧草萌发期，可于出牧前增喂一次粗料。最好将长草铡短后置于饲槽，并应防止羊踏入饲槽，污染饲料，造成浪费。

氨化饲料应启封后 2～3 天，待氨味散尽再喂羊。饲喂氨化饲料要有半个月左右的适应期，每次喂量不能大，要和非氨化粗料按 7∶3 的比例混合饲喂。另须注意，氨化时不能加入糖蜜。

用尿素喂羊一定要控制给量，放牧羊日喂量应低于 10 克，分 2 次饲喂，最好均匀地混入含碳水化合物丰富的精料中喂给，且应增加饲粮中硫和磷的供给量。同时，要使羊采食均匀，防止少数羊抢食过多而中毒。

日补饲精料的次数决定于喂量，日补 0.4 千克以下可在归牧后喂 1 次，0.4 千克以上日喂 2 次，1 千克以上日喂 3 次。开始补饲精料时一定要逐渐增加喂量，须防止羊只拥挤，采食不均，最好将体弱和采食慢的羊分群补饲。

不宜给妊娠后期的母羊饲喂过多的青贮料，产前 15 天应停喂青贮料。饲喂多汁饲料时，应洗去泥沙，除去腐烂部分，切碎后与精料拌合饲喂或单独饲喂。

5. 补充饲料的参考配方

应选择来源广、价格便宜、适口性较好的饲料作为配制补充饲料的原料。补充饲料的配制，应参考绵羊饲养标准、饲料营养成分及营养价值表，考虑放牧地牧草质量及预测的放牧采食量进行。实际生产中，较难确定绵羊的放牧采食量，故将中国美利奴羊不同生理阶段冬春放牧采食的营养物质量列于表 6-12 中，供配制补料和确定补饲量时参考。

表 6-12 中国美利奴羊不同生理阶段冬春放牧采食的营养物质量

阶段	体重/千克	置信区间	物质/千克	代谢能/兆焦	粗蛋白质/克	钙/克	磷/克
妊娠前期	40	下	0.54	2.64	47.1	3.83	1.10
		中	0.76	4.11	54.9	6.51	2.40
		上	0.97	5.56	62.6	9.18	3.71
	50	下	0.64	3.13	55.7	4.53	1.30
		中	0.89	4.85	64.8	7.80	2.84
		上	1.14	6.57	74.0	10.85	4.39
	60	下	0.74	3.59	63.9	5.19	1.50
		中	1.02	5.57	74.3	8.82	3.25
		上	1.31	7.54	84.8	12.44	5.03
妊娠后期	40	下	0.40	2.28	40.7	3.49	0.96
		中	0.58	2.80	62.7	4.48	2.98
		上	0.78	3.00	84.7	5.46	5.00
	50	下	0.48	2.69	48.1	4.13	1.13
		中	0.68	2.80	74.1	5.30	3.52
		上	0.89	3.55	100.1	6.45	5.91
	60	下	0.55	3.08	55.2	4.73	1.30
		中	0.78	3.22	84.9	6.07	4.04
		上	1.02	4.07	114.7	7.40	6.78

续表

阶段	体重/千克	置信区间	物质/千克	代谢能/兆焦	粗蛋白质/克	钙/克	磷/克
泌乳前期	40	下	0.92	7.51	176.4	4.42	2.55
		中	1.12	7.72	237.9	9.09	3.97
		上	1.31	7.88	299.4	13.76	5.40
	50	下	1.09	8.88	208.5	5.23	3.01
		中	1.32	9.10	281.2	10.75	4.69
		上	1.55	9.31	353.9	16.27	6.38
	60	下	1.25	10.18	239.1	5.99	3.45
		中	1.51	10.44	322.4	12.32	5.38
		上	1.78	10.68	405.8	18.65	7.31
育成母羊	20		0.22	1.37	14.0	1.20	0.07
	30		0.30	1.84	18.9	1.63	0.10
	40		0.38	2.28	23.5	2.02	0.12
育成公羊	20		0.18	1.15	10.5	0.99	0.06
	30		0.25	1.54	14.2	1.35	0.08
	40		0.32	0.91	17.7	1.68	0.10
	50		0.37	2.26	20.9	1.98	0.12

资料来源：中国美利奴羊饲养标准研究协作组，1992。

将中国美利奴羊不同生理阶段母羊补饲饲粮配方列于表6-13。表6-13中妊娠期混合精料的配比（%）为：玉米50，葵花籽粕20，棉籽粕20，麸皮9，食盐1。每千克风干物质的代谢能为10.63兆焦，粗蛋白质16.9%。泌乳期混合精料配比（%）为：玉米75，葵花籽粕15，麸皮9，食盐1。每千克风干物代谢能为10.96兆焦，粗蛋白质为11.4%。

中国美利奴育成公、母羊补饲料配方见表6-14。表中育成公羊混合精料配比（%）为：玉米69，豆饼10，葵花籽粕10，麸皮7，贝壳粉1.5，尿素1.0，食盐1，硫酸钠0.5；每千克风干物代

表 6-13　中国美利奴母羊不同生理阶段冬春补饲饲粮配方范例

饲料名称	妊娠前期	妊娠后期	泌乳前期
禾本科青干草/千克	0.5	1.0	—
混合精料/千克	0.2	0.4	0.3
青贮玉米/千克	—	—	2.0
合计	0.7	1.4	2.3
营养水平			
干物质/千克	0.63	1.26	0.75
代谢能/兆焦	5.69	11.38	7.32
粗蛋白质/克	77	153	37
钙/克	2.5	4.9	4.1
磷/克	1.1	2.2	2.3

注：以 50 千克体重母羊为例。

资料来源：中国美利奴羊饲养标准研究协作组，1992。

谢能为 12.22 兆焦，粗蛋白质 13.4%。育成母羊混合精料配比（%）为：玉米 71，葵花籽粕 18，麸皮 7，骨粉 1，尿素 1.5，食盐 1，硫酸钠 0.5；每千克风干物代谢能为 11.84 兆焦，粗蛋白质含量为 12.4%。参考以上配方时应遵守中华人民共和国农业部《关于禁止在反刍动物饲料中添加和使用动物性饲料的通知》（农牧发［2001］7 号）和中华人民共和国农业行业标准《无公害食品——肉羊饲养饲料使用准则（NY/T 5151—2002）》中关于动物源性饲料使用的有关规定。

表 6-14　中国美利奴育成公、母羊冬春补饲料配方范例

月份	育成公羊/(千克/天)			育成母羊/(千克/天)		
	混合精料	青干草	草粉	混合精料	青干草	青贮玉米
11	0.40	0.50	—	0.15	0.35	—
12	0.80	0.50	—	0.15	0.50	—
1	0.80	0.50	0.60(青贮)	0.35	0.60	0.45
2～3	0.90	0.50	0.65	0.45	0.60	0.45
4	0.80	0.50	0.65	0.50	0.6	—
5～6	0.80	—	0.65	0.38	0.2	—

资料来源：中国美利奴羊饲养标准研究协作组，1992。

二、山羊的饲养与补饲

1. 放牧方式

放牧是山羊（除乳用山羊外）的主要饲养方式。山羊的放牧方式基本与绵羊相同，主要有固定区域自由放牧、季节性轮牧、划区轮牧和驱赶放牧。我国目前以固定区域自由放牧和季节性轮牧为主，驱赶放牧主要用于少量羊在林间草地及农村田间地边、路旁的放牧。从发展和合理利用草地的要求出发，应逐渐推行划区轮牧或小区轮牧的方式（参考绵羊放牧方式部分）。

2. 适宜规模组群

要根据山羊的数量、年龄、性别、生产性能、生理状态和牧地情况进行组群。合理组群有利于放牧管理和草地保护，可发挥羊和草地两方面的生产潜力。一般原则是公、母分群，成年羊和幼年羊分群，不同品种分群，杂交改良羊也应单独组群。农区羊群要小（50～60 只），半农半牧区可稍大（80～100 只），牧区可更大些（150～200 只），公羊群要小，育种核心群要比一般繁殖群小。

3. 四季放牧地选择和放牧要点

我国饲养的毛用山羊，多为从国外引进的安哥拉山羊，其弱点是体躯单薄、体质较弱、行动和攀登跳跃能力差、对不良环境和疾病抵抗力较弱、耐受营养不良的能力较差、采食速度较慢、容易发生营养性流产。其产毛量高，故对饲养条件的要求比绒山羊高。应将安哥拉山羊单独组群放牧，行走要慢，牧地要较平坦，草质较好，以免影响采食，导致营养不良。

4. 生态环境与山羊放牧

（1）山羊放牧与草地保护　我国多数山羊（含绒山羊）产区的生态条件较差，使山羊对不良环境的适应能力超过其他家畜（包括绵羊），能忍耐干旱和缺水的环境，可在干旱荒漠等贫瘠土地上觅食，甚至刨地吃草根，使草原生态环境恶化，加速了生态环境脆弱草地的沙化速度。有些地方将此归罪于山羊。事实上，这是人贪图眼前利益、盲目发展、超载过牧引发的后果。所以，在山羊放牧饲养中，要坚持以草定畜，控制羊只数量，提高其质量。应合理地利用草地资源，实行划区轮牧，一定要给牧草以恢复生机的时间和空间。在枯草期应减少放牧时间，采取半放牧半舍饲的方式，减少对草地的践踏与破坏。

（2）山羊放牧与放牧造林　山羊喜食树木枝叶，有的山羊还爱啃食树皮，带角山羊也常用角蹭脱树皮，损害幼小树木，影响造林效果。可采取以下办法减少或避免养羊与种树间的矛盾。统一规划林、牧坡地，划定林坡地和牧坡地。将林坡地封山育林，牧坡地供放牧；待林坡地的树木长大，不致被羊破坏时，开坡放牧，再将牧坡地封山育林，育林时，可在林地种植多年生牧草，供刈割和放牧。

建立和完善养羊和护林措施。在羔羊离乳时对有角山羊去角，以利保护幼树；在山羊数量较多的地区，选择一些羊不喜食的树种；对路旁、田边的树林可用羊粪泥或白灰涂抹（或刷树）；青草季节可集中放牧，放牧人员可到林地边看护，防止山羊采食树枝，啃树皮；加强管理，发现有羊只破坏树木，可用口令斥责及掷土块加以制止；育林时可妥当安排树木的株距和行距，采取林灌结合和林草结合，灌木可防止水土流失，也可供山羊采食。

5. 季节性补饲

从山羊本身来讲，冬春枯草期仅靠放牧不能满足山羊的营养需要，妊娠、泌乳和生长羊营养缺额更大。据南泥湾安哥拉山羊试验场测定，在林间草场放牧的公羊，12 月到翌年 4 月采食的消化能和可消化蛋白质分别为需要量的 43％和 16％，足见冬春补饲十分必要。另一方面，草原大范围退化、沙化、盐碱化，迫使人们不得不减轻草原放牧载畜量和缩短放牧时间，提出了“禁牧”、“半禁牧”，提倡放牧加补饲或全舍饲的饲养方式。

（1）适宜补饲时期　要适时补饲，补饲过早造成人力和饲料的浪费，过晚影响山羊的生长和生产。应根据地域和气候变化、牧草情况和山羊生理阶段决定补饲时间。妊娠母羊和育成羊的补饲宜早不宜晚，空怀羊和羯羊的补饲时间可推迟。若遇天气突变，草地被大雪覆盖，应立即补饲。

（2）补饲草料种类　冬春枯草期应以补饲粗饲料为主，搭配一定量的精饲料。牧区的基本饲草为人工栽培禾本科和豆科青干草，农区以农作物秸秆、秕壳、薯类藤叶等为主。制作青贮饲料是解决牧区或农区冬春青绿饲料的重要途径。在不喂干草时，成年山羊的青贮饲料日喂量为 2～2.5 千克、育成羊 1.0～1.5 千克、哺乳期羔羊 0.5～0.75 千克，喂量过多会引起羊腹泻，有干草补饲时，应适当减少其喂量。

常用精饲料为谷物籽实、豆类籽实、油饼粕及糠麸类。精饲料可补充粗饲料的营养缺陷与不足，虽占补料的比例不高，却是能量和蛋白质的重要来源。在饲喂低质粗饲料时，必须补充精料。注意补饲钙、磷和食盐及当地最易缺乏的微量元素。种公羊和羔羊的补料中应有维生素饲料（如胡萝卜），或添加维生素添加剂。

（3）补饲量　有条件的羊场，可根据放牧采食量来确定冬春山羊的补饲量。一般羊场或农户，可根据以往补饲经验和当年牧草生长情况制定补饲方案，也可参考有关研究结果和某些羊场的补饲方案。南泥湾安哥拉山羊试验场测出，12 月到翌年 4 月，体重 40～50 千克、日增重 50 克的安哥拉山羊，每日需补充消化能 9.67 兆焦（需要量的 57%）、可消化蛋白质 81.8 克（需要量的 84%），即每只羊日需补饲玉米青贮料 1 千克、混合精料（玉米 60%，棉籽饼 20%，大豆饼 20%，另加食盐 1%）0.5 千克。

（4）各类饲料的补饲方法　一般在归牧后补饲 1 次粗饲料；若粗饲料充足，可加补 1 次夜草；遇大雪或产羔期不能放牧时，应早晚各补饲一次。要用饲槽饲喂切短或粉碎的粗饲料，未切短的饲草须用于草架饲喂，防止羊只抢食时踏脏饲草，造成浪费。也可将粉碎或切短的秸秆用水拌湿，将精料混入拌匀饲喂。

每日喂 1 次青贮料，要现取现喂，防止结冻和霉变。母羊产羔前 15 天少喂或停喂青贮料。

宜将精料配制成混合料饲喂。日喂量 0.4 千克以下，应在归牧后 1 次喂完，超过 0.4 千克应分 2 次饲喂。开始补精料时每次给量不宜过多，以保证消化正常。

喂块根块茎类饲料时，喂前将泥土洗净，切去霉烂部分，切成块或条状单独饲喂或与精料混合饲喂。食盐和矿物质添加料可与精料混合饲喂，但一定要搅拌均匀，也可加辅料制成舔砖，让羊自由舔食。

第三节　种草养羊配套设施和设备

羊舍建筑材料以经济实用为原则，石头、砖均可，土木结构，冬暖夏凉。羊舍面积因羊的品种、性别有一些差异，羊舍的类型也因南方和北方的不同气候条件而不同。

一、羊舍设计面积的基本参数

羊舍面积大小，根据饲养羊的数量、品种和饲养方式而定。面积过大，浪费土地和建筑材料；面积过小，羊在舍内过于拥挤，环境质量差，有碍于羊体健康。各类羊只羊舍所需面积见表 6-15，供参考。产羔室可按基础母羊数的 20%～25%计算面积。运动场面积一般为羊舍面积的 2～4 倍。

表 6-15　各类羊只所需的羊舍面积

羊别	面积/(米^2/只)	羊别	面积/(米^2/只)
春季产羔母羊	1.1～1.6	成年羯羊和育成公羊	0.7～0.9
冬季产羔母羊	1.4～2.0	一岁育成母羊	0.7～0.8
群养公羊	1.8～2.25	去势羔羊	0.6～0.8
种公羊(独栏)	4～6	3～4 个月的羔羊	占母羊面积的 20%

二、北方羊舍基本类型

1. 封闭式羊舍

封闭式羊舍主要分布在长江以北寒冷、气候多变的地区。适用于温暖地区（1 月份平均气温－5～15℃）和寒冷地区羊的生产。舍前设有运动场（为羊舍建筑面积的 2～3 倍）。

封闭式羊舍是由屋顶、围墙及地面构成的全封闭状态的羊舍（图 6-1 和图 6-2）。羊舍跨度 5.5～8 米；羊舍高度 2.7～3.0 米；墙厚分为 24 厘米和 37 厘米。通风换气仅依赖于门、窗或（和）通风设备，该种羊舍具有良好的隔热能力，便于人工控制舍内环境。羊舍四面有墙，纵墙上设窗，跨度可大可小。可开窗进行自然通风和光照，或进行正压机械通风，也可关窗进行负压机械通风。由于关窗后封闭较好，防寒保暖效果较半开放式好。封闭羊舍外围护结构具有较强的隔热能力，可以有效地阻止外部热量的传入和羊舍内部热量的散失。羊舍空气温度往往高于舍外。空气中尘埃、微生物含量舍内大于舍外。羊舍通风换气差时，舍内有害气体（如氨、硫化氢等）含量高于舍外。

图 6-1 封闭式羊舍外观（有运动场）

2. 暖棚羊舍

塑料薄膜大棚式羊舍一般中梁高 2.5 米，后墙高 1.7 米，前墙高 1.2 米（图 6-3 和图 6-4）。中梁与前沿墙用竹片或钢筋搭成，可选用木材、钢材、竹竿、铁丝和铝材等，上面覆盖单层或双层膜，塑料薄膜可选用白色透明、透光好、强度大、厚度为 100～120 微米、宽度 3～4 米、抗老化、防滴和保温好的膜（如聚氯乙烯膜、聚乙烯膜、无滴膜等）。在侧面开一个高 1.8 米、宽 1.2 米的小门，供饲养人员出入。在前墙留有供羊群出入运动场的门。

在北方较寒冷地区，采用这种羊舍，可提高羊舍温度，基本能满足羊的生长发育要求。在一定程度上改善寒冷地区冬季养羊的生产条件，有利于发展适度规模经营，而且投资少，易于修建。

图 6-2 封闭式羊舍内部（无运动场）

图 6-3 夏季暖棚式羊舍外观

三、中原地区半开放式羊舍

半开放式羊舍三面有墙，以 37 厘米砖墙较多，前墙高 1.8～2.5 米，后墙高 1.5～1.8 米。正面全部敞开或有部分墙体，敞开部分通常在向阳一侧。多用于单列的小跨度羊舍，跨度多为 4～6 米，高度一般为 2.2～2.5 米。这类羊舍的开敞部分在冬天可加遮挡形成封闭舍（图 6-5 和图 6-6）。

半开放式羊舍外围护结构具有一定的隔热能力。由于一面无墙或为半截墙、跨度小，因而通风换气良好，白天光照充足，一般不

图 6-4　冬季暖棚式羊舍内部

图 6-5　半开放式绵羊舍

需人工照明、人工通风和人工采暖设备，基建投资少，运转费用小。

半开放式羊舍外围护结构具有一定的防寒防暑能力，冬季可以避免寒流的直接侵袭，防寒能力强于开放舍和棚舍，但空气温度与舍外差别不是很大。半开放式羊舍跨度较小，适用于冬季不太冷而夏季又不太热的地区使用，如中原肉羊优势区域、中东部农牧交错带肉羊优势区域等。

图 6-6　半开放式山羊舍

四、南方羊舍基本类型

1. 高架羊舍

高架羊舍俗称楼式羊舍，多用竹片或木条作建筑材料，安装漏缝板作为羊舍地板（羊床），板面横条宽 3～5 厘米，漏缝宽 1～1.5 厘米，离地面高度为 1.2～1.5 米，以方便饲喂人员添加草料。羊舍的南面或南北两面，一般只有 1 米高的墙，舍门宽 1.5～2 米。漏缝板朝阳面为斜坡进入运动场，斜坡宽度以 1.0～1.2 米为宜，坡度小于 45°。运动场一般在羊舍南面，其面积为羊舍的 2～2.5 倍。积粪斜面坡度应以 30°～45°为佳，以利于日常粪便排放冲洗（图 6-7 和图 6-8）。

2. 开放式羊舍

开放式羊舍是指一面（正面）或四面无墙的羊舍，后者也称为棚舍（图 6-9 和图 6-10）。其特点是独立柱承重，不设墙或只设栅栏或矮墙，其结构简单，造价低廉，自然通风和采光好，但保温性能较差。开放式羊舍可以起到防风雨、防日晒作用，小气候与舍外空气相差不大。前敞舍在冬季对无墙部分加以遮挡，可有效地提高羊舍的防寒能力。开放式羊舍适用于炎热地区和温暖地区养羊生产，但需作好棚顶的隔热设计。

图 6-7 无运动场高架羊舍

图 6-8 有运动场高架羊舍

3. 可移动式羊舍

近年来，随着人工种草养羊技术的发展，专家们根据当地的气候条件和羊只的生物学特性，国家现代肉羊产业技术体系专家、安徽农业大学张子军教授专门设计了一种可移动式羊舍。羊在草地上自由采食，移动式羊舍供羊只休息，或炎热季节、较冷季节提供遮

图 6-9 开放式绵羊舍

图 6-10 开放式山羊舍

阳、挡风雨的场所。同时，可根据羊粪积聚情况，移动至不同位置，羊粪过腹还田，实现羊—草—粪有机结合。目前在安徽、贵州、山东、河南等地使用（图 6-11 和图 6-12）。

五、饲料槽

种植的牧草刈割后调制成青干草和青贮料贮备起来，在缺草季节补喂，同时避免草料被践踏污染造成浪费，所以修建青贮池、草架和饲槽是舍饲饲养所必需的要求。

图 6-11　移动式羊舍外观

图 6-12　改造移动式羊舍内部结构

1. 饲料槽

封闭式羊舍饲料槽一般设在羊舍内，有的运动场设有饲料槽（图 6-13 和图 6-14）。

2. 草料架

草料架多采用木质材料，板缝以羊颈部粗细为准，适当宽一点，间距为 10～15 厘米，在板缝上半部 80～100 厘米的地方扩大

图 6-13　羊舍内的饲料槽

图 6-14　运动场上的饲料槽

成圆洞状，直径为 20 厘米，羊头能从圆洞处自由进出，这样羊在草架上采食时既互不干扰，且草料散落浪费极少（图 6-15 和图 6-16）。

六、青贮设备

可就羊群大小而定，以每立方米贮存 450～600 千克玉米秸秆，每只羊全年耗青贮料约 350 千克进行设计。青贮窖壁要光滑、坚实、不透水、上下垂直，窖底呈锅底状，直径一般为 2.5～3.5 米，

图 6-15 运动场上的补料架

图 6-16 羊舍内的补料槽

深 3～4 米。青贮壕为长方形，宽 3.0～3.5 米，深 3～40 米，长度不一，一般为 15～20 米，可长达 30 米以上。结构简单，成本低，易推广，但窖中易积水而引起青贮料霉烂，故必须注意周围排水（图 6-17）。

另外，近年来，我国大力推广袋装调制青贮料（图 6-18）。青贮袋为一种特制的塑料大袋，袋长可达 36 米、直径 2.7 米，塑料薄膜用两层帘子线增加强度，非常结实。目前，德国用一种厚 0.2

图 6-17　地上青贮池

图 6-18　塑料袋青贮

毫米、直径 2.4 米的聚乙烯塑料薄膜圆筒袋青贮。这种塑料袋长 60 米，可根据需要剪裁。袋式青贮损失少，成本低，适应性强，可推广利用。

第七章
羊的主要疾病防治技术

第一节　驱虫和药浴

一、驱虫

患有内外寄生虫病的羊只，重者日趋消瘦，甚至造成死亡；轻者也因羊体营养被消耗呈现不同程度的消瘦，导致幼龄羊生长发育受阻，成年羊繁殖力下降，羊毛和羊肉产量降低，羊皮品质受损。绵羊和山羊的寄生虫病制约着养羊生产的发展，因此，务必重视羊体内外寄生虫病的防治。

1. 寄生虫病的防治

寄生虫都具有自己特有的生活史、生存和传播条件。只要打断寄生虫生活史，消灭其生存和传播条件，就能预防寄生虫病。注意加强日常饲养管理，保持羊舍干燥，勤换垫草，保持羊的清洁卫生和饮水卫生。在有寄生虫感染的地区，如有肝片吸虫的草场，可采取排水、填平沼泽或用生物化学方法消灭中间宿主锥实螺，以切断其生活史。有条件的地区尽可能实行分区轮牧，使其虫卵或幼虫，在放牧休闲区内死亡。多数寄生虫的卵是随粪便排出体外的，因此对羊的粪便应做发酵处理，以杀灭寄生虫卵。对体外寄生虫的预防可定期进行药浴，对被体外寄生虫病污染过的圈舍和用具，须彻底消毒。对新购入的羊只，经隔离观察后或经预防处理后才能与原有的羊只合群饲养。

2. 寄生虫病的治疗

在有寄生虫感染的地区，每年春、秋季节进行预防性驱虫两次。大一点的羔羊也应驱虫。驱除体内寄生虫药物可选用丙硫苯咪唑，剂量为每千克体重 10～15 毫克。投药方法有：一是拌在饲料中让单个羊只自由采食；二是制成3.0%的丙硫苯咪唑悬浮液口服，即用3.0%的肥儿粉加热水煎熬至浓稠做成悬乳基质，再均匀拌3.0%的丙硫苯咪唑纯药作为悬浮剂，使每毫升含量30毫克，用20～40毫升金属注射器拔去针头，缓缓灌服。

药物治疗羊体内外各种寄生虫时，选用药物要准确，药物用量精确。必须作驱虫安全试验，在确定药物安全可靠和驱虫效果后，再进行大群驱虫。体外寄生虫治疗可使用伊维菌素注射液，每千克体重皮下注射0.2毫克，并同时用2%～3%的碱水对圈舍和用具进行消毒，5～7天后再重复一次。

二、药浴

药浴的目的是为预防和治疗羊体外寄生虫病，如羊疥癣、羊虱等。根据药液的利用方式，可分为池浴（图7-1）、淋浴（图7-2）和喷雾三种药浴方式。药浴池又有流动式和固定式两种，流动药浴又分为流动药浴车、帆布药浴池和小型浴槽等。羊只数量少，可采用流动药浴。

图7-1　洗浴式药浴池

1. 药浴的时间

在有疥癣病发生的地区，对羊只一年可进行两次药浴：一次是治疗性药浴，在春季剪毛后7～10天内进行；另一次是预防性药浴，在夏末秋初进行。每一次药浴最好间隔7天重复一回。冬季对

图 7-2　喷灌式药浴池

发病羊只，可选择暖和天气进行擦浴。

2. 药浴药液的配制

目前，我国羊常用的药浴药液有：蝇毒磷 20%乳粉或 16%乳油配制的水溶液，成年羊药液的浓度为 0.05%～0.08%，羔羊为 0.03%～0.04%；杀虫脒为 0.1%～0.2%的水溶液；敌百虫为 0.5%的水溶液等。

3. 药浴注意事项

(1) 药浴应选择晴朗、暖和、无风、日出后的上午进行，以便药浴后，中午羊毛能晒（晾）干。

(2) 药浴前，应先选用 3～5 只品质较差的羊只试浴。无中毒现象，才可按计划组织药浴。药浴前停止放牧和喂料，浴前 2 小时让羊充分饮水，以防止其口渴误饮药液水。

(3) 先浴健康羊，后浴病羊，有外伤的羊只暂不药浴。药液应浸满羊只全身，尤其头部，采用槽浴可用浴杈将羊头部压入药液内 2 次，但须注意羊只不得呛水，以免引起中毒。药浴持续时间，治疗为 2～3 分钟，预防为 1.0 分钟。

(4) 药浴后在阴凉处休息 1～2 小时即可放牧，但如遇风雨应及时赶回羊舍，以防感冒。

(5) 药浴期间，工作人员应佩戴口罩和橡皮手套，以防中毒。药浴结束后，药液应妥善处理，不能任意倾倒，以防牲畜误食中毒。

此外，羊群若有护羊犬，也应一并药浴。

第二节 主要普通疾病防治

一、口炎

口炎是口腔黏膜表层和深层组织的炎症。特征为口腔黏膜和齿龈发炎，造成采食和咀嚼困难，口流清涎，痛觉敏感性增高。

1. 病因

原发性口炎多由外伤引起，因采食尖锐的植物枝杈、秸秆、饲料中混进金属片、铁钉等刺伤口腔，或因接触氨水、强酸、强碱损伤口腔黏膜而发病。继发性口炎常见于羊口疮、口蹄疫、羊痘及霉菌性口炎、过敏反应和羔羊营养不良等。

2. 症状

原发性口炎表现采食减少或停止，咀嚼缓慢，流涎，口腔黏膜肿胀、潮红、疼痛，严重者有出血、糜烂、溃疡，进而引起消瘦。继发性口炎除表现口腔局部症状外，多见体温升高。如霉菌性口炎，常有采食发霉饲料的病史，除口腔黏膜发炎外，还表现腹泻、黄疸等。

3. 防治

(1) 预防 加强饲养管理，防止因口腔受伤而发生原发性口炎。饲喂富含维生素的青绿、多汁、柔软的饲草饲料，防止损伤口腔黏膜。不喂发霉腐烂的草料，饲槽经常用2%的碱水消毒。

(2) 治疗 首先消除病因、净化口腔，对症治疗防止感染。轻度病症，可用2%～3%的碳酸氢钠溶液或0.1%高锰酸钾溶液或2%食盐水冲洗口腔。发生溃疡时，用2%龙胆紫溶液或1∶9的碘甘油涂擦。全身反应明显时，应肌内注射青霉素40万～80万单位，链霉素100万单位，1次肌内注射，每天2次，连用3～5天。也可口服碘胺等药物。

中药疗法，青黄散：青黛100克、冰片30克、黄柏150克、五倍子 30 克、硼砂 80 克、枯矾 80 克，共为细末，蜂蜜调和，涂擦疮面。或用柳花散：黄柏 50 克、青黛 12 克、肉桂 6 克、冰片 2 克，研成细末，和匀，擦于疮面。

二、前胃弛缓

前胃弛缓是前胃兴奋性降低、收缩力减弱所引起的疾病。临床特征为消化障碍，食欲、反刍减退，嗳气紊乱，胃蠕动减弱或停止，可继发酸中毒。在冬末、春初饲料缺乏时容易发生。

1. 病因

原发性前胃弛缓主要由于羊体质衰弱，长期饲喂不易消化的饲料（如秸秆、豆秸、麦衣）或单一饲料，缺乏刺激性的饲料（如麦麸、豆面和酒糟等），突然改变饲养方法，供给精料过多，运动不足，饲料品质不良、霉败冰冻、虫蛀染毒等所致。也可继发于瘤胃臌气、瘤胃积食、创伤性网胃炎、真胃变位、肠炎、腹膜炎、酮病、外科及产科疾病和肝片吸虫病等。

2. 症状

急性病症表现为食欲减退或废绝，反刍停止。瘤胃内容物发酵腐败，产生大量气体，左腹增大，触诊柔软。粪便初期呈糊状或干硬，附着黏液，后期排出恶臭稀粪。慢性病例表现精神沉郁，倦怠无力，喜卧地，被毛粗乱，食欲减退，反刍缓慢，瘤胃蠕动减弱。如果因为采食有毒植物或刺激性饲料而发病，则瘤胃和真胃敏感性增高，触诊有疼痛反应，有的羊体温升高。若为继发性前胃弛缓，则常伴有原发病的症状。

3. 防治

（1）预防　合理配合日粮，防止长期饲喂过硬、难以消化或单一劣质的饲料，切勿突然改变饲料或饲喂方式。供给充足的饮水，防止运动过度或不足，避免各种应激。

（2）治疗　治疗原则是消除病因，加强护理，增强瘤胃机能，防腐止酵。病初可用饥饿疗法，禁食 2～3 次，多饮清水，然后供给易消化的多汁饲料，适当运动。

用促泻制酵药，成年羊用硫酸镁 20～30 克或人工盐 20～30 克，加石蜡油 100～200 毫升、番木鳖酊 2 毫升、大黄酊 100 毫升、加水500毫升，1次灌服。或用酵母粉10克、红糖10克、酒精10毫升、陈皮酊5毫升，混合加水适量，灌服。可用乙酰胆碱2毫克，1次肌内注射，或用2%毛果芸香碱1毫升，皮下注射，以刺激瘤胃蠕动。防止酸中毒可灌服碳酸氢钠10～15克。另外，还可用大蒜酊20毫升、龙胆末10克，加水适量，1次内服。

三、瘤胃积食

瘤胃积食又称前胃积食，中兽医称之为宿草不转，是瘤胃充满多量食物，胃壁急性扩张，食糜滞留在瘤胃引起严重消化不良的疾病。特征为反刍、嗳气停止，瘤胃坚实，疝痛，瘤胃蠕动极弱或消失。

1. 病因

饲养管理不当，使羊采食过多的质量不良、粗硬且难于消化的饲草或容易膨胀的饲料，或采食多量干料（如大豆、豌豆、麸皮、玉米）而饮水不足、缺乏运动以及突然更换饲料等导致瘤胃内容物大量积聚而发生此病。继发于前胃弛缓、创伤性网胃炎、瓣胃阻塞、真胃阻塞、真胃扭转、腹膜炎等疾病。

2. 症状

病初不断嗳气，反刍消失，随后嗳气停止，腹痛，精神沉郁。左侧腹下轻度膨大，肷窝略平或稍凸出，瘤胃蠕动音消失，触诊硬实。后期呼吸迫促，脉搏增数。黏膜呈深紫红色，全身衰弱。重者发生酸中毒和胃肠炎，若无继发症，则体温正常。

3. 防治

（1）预防　加强饲养管理，避免大量饲喂干硬而不易消化的饲料，饲料搭配要适当，不要突然更换饲料，饮水充足，加强运动。

（2）治疗　治疗原则是消导下泻，兴奋瘤胃蠕动，止酵防腐，纠正酸中毒，健胃补液。

消导下泻，排除瘤胃内容物：鱼石脂1～3克、陈皮酊20毫升、石蜡油100毫升、人工盐50克或硫酸镁50克，芳香氨醑10毫升，加水500毫升，1次灌服。

解除酸中毒：1次静脉注射5%碳酸氢钠100毫升，5%葡萄糖溶液200毫升，或1次静脉注射11.2%乳酸钠30毫升。

止酵防腐，可用鱼石脂 1～3 克、陈皮酊 20 毫升，加水 250 毫升，1 次灌服。也可用煤油 3 毫升，加水 250 毫升，摇匀呈油悬浮液，1 次内服。

心脏衰竭时，可用 10%安钠咖 5 毫升或 10%樟脑磺酸钠 4 毫升，静脉或肌内注射。呼吸系统和血液循环系统衰竭时，用尼可刹米注射液 2 毫升，肌内注射。

中药治疗：选用大承气汤（大黄 12 克、芒硝 30 克、枳壳 9 克、厚朴 12 克、玉片 1.5 克、香附子 9 克、陈皮 6 克、千金子 9 克、木香 3 克、二丑 12 克），煎水 1 次灌服。

当发生急性瘤胃积食，用药物治疗无效时，应采取瘤胃切开术，取出内容物，并用 1%的温食盐水冲洗。

四、瘤胃臌气

瘤胃臌气是羊采食了大量易发酵的草料，迅速产生大量气体积聚于瘤胃内，使其容积增大，内压增高，胃壁扩张并严重影响心、肺功能的一种疾病。多发生于春末夏初放牧的羊群。

1. 病因

由于采食了大量易发酵的饲料，如幼嫩的紫花苜蓿、豆苗、麦草等。冬春两季补饲精料时，群羊抢食过量、秋季放牧羊群在草场采食大量的豆科牧草、舍饲羊群因采食霜冻、霉变的饲料或酒糟喂量过多均可发病。也可继发于羊肠毒血症、食管阻塞、食管麻痹、前胃弛缓、创伤性网胃炎、瓣胃阻塞、肠扭转、慢性腹膜炎及某些中毒性疾病等。

2. 症状

病羊表现不安，回顾腹部，弓背伸腰，呻吟，反刍、嗳气停止，瘤胃蠕动音减弱，肷窝突起，高于髋结节或背水平线，腹围急剧膨大，触诊瘤胃紧张而有弹性，叩诊呈鼓音，听诊瘤胃蠕动力量减弱，次数减少。黏膜发绀，心律增快，呼吸困难。重者步态不稳，如不及时治疗，可因窒息或心脏麻痹而死亡。继发于食道阻塞、前胃弛缓、肠阻塞及创伤性网胃炎等（图 7-3）。

3. 防治

（1）预防　加强饲养管理，严禁在幼嫩的苜蓿地放牧，不喂霉

图 7-3 瘤胃臌气

烂或易发酵的饲料和露水草，少喂难以消化和易臌胀的饲料。合理贮藏饲草饲料，防止霉变。

（2）治疗 治疗原则为排除瘤胃气体，缓泻制酵，清理肠胃，恢复瘤胃机能。可插入胃管放气，缓解腹压。或用5%碳酸氢钠溶液1500毫升洗胃，以排出气体及胃内容物。也可用石蜡油100毫升、鱼石脂2克、酒精10毫升，加水适量，1次灌服。或者灌服50～100毫升植物油；或用氧化镁30克，加水300毫升，灌服。也可灌服100毫升8%的氢氧化镁混悬液。

中药治疗可用莱菔子30克、芒硝20克、滑石10克，煎水，另加清油30毫升，1次灌服。或用干姜6克、陈皮9克、香附子9克、肉豆蔻3克、砂仁3克、木香3克、神曲6克、萝卜子3克、麦芽6克、山楂6克，水煎，去渣后灌服。

必要时实行瘤胃穿刺术，先在左肷部剪毛、消毒，然后术者用拇指横压左肷部中心点，使腹壁紧贴瘤胃壁，用兽用套管针或16号针头垂直刺入腹壁并穿透瘤胃壁放气，在放气过程中要紧压住腹壁，勿使腹壁与瘤胃壁脱离，边放气边下压，防止胃液漏入腹腔引起腹膜炎。

五、羔羊白肌病

羔羊白肌病又称羔羊强直症、地方性肌营养不良症、硒和维生素E缺乏症。特征为骨骼肌和心肌发生变性和坏死。以出生后数周至2个月羔羊多发，常呈地方性同群发病，严重时死亡率高达40%～60%。

1. 病因

母羊在妊娠期或妊娠前期饲喂缺硒饲料所产羔羊出现肌营养不良，由于硒和维生素E有加成作用，所以也称硒和维生素E缺乏症。在缺硒地区，羔羊发病率很高。据研究，本病还与母乳中钴、铜和锰等微量元素缺乏有关。

2. 症状

病羔表现精神不振，心动过速，运动无力，站立困难，行走不便，共济失调，喜卧地。有时呈现强直性痉挛状态，随即出现麻痹、血尿。后期昏迷，终因呼吸困难而死亡。慢性病羔羊表现弓背、步态僵硬、经常躺卧不愿活动，驱赶时可引起呼吸急剧、心跳加快，有时突然死亡。剖检可见骨骼肌和心肌变性、色淡（图7-4），似煮过样或石蜡样，呈灰黄色、黄白色的点状、条状或片状。

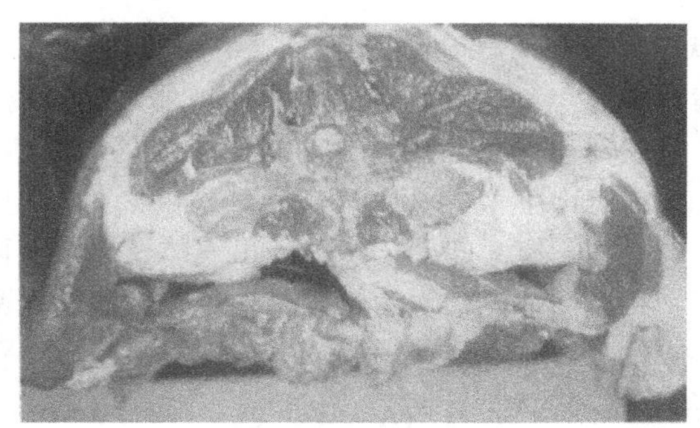

图7-4　患病羔羊肉腰肌变白

3. 防治

（1）预防　加强母羊饲养管理，供给豆科牧草，孕羊产羔前补硒。在缺硒地区，给妊娠羊皮下注射0.2%亚硒酸钠4～6毫克，新羔在出生后20天左右，皮下或肌内注射亚硒酸钠液1毫升，间隔20天后再注射1.5毫升。

（2）治疗　0.2%亚硒酸钠溶液2毫升，每月肌内注射1次，连用2次；病情严重者，5天1次，连用2～3次。或用亚硒酸钠维生素E注射液1～2毫升，肌内注射。如果饲料中含有维生素E的拮抗物（如多聚不饱和脂肪酸），则应将其除去或加入适量的抗氧化剂。也可适当使用维生素A、维生素B、维生素C等对症治疗。

六、酮病

酮病（妊娠毒血症）是由于蛋白质、脂肪和糖代谢紊乱而发生的以酮血、酮尿、酮乳、低血糖及视力障碍为特征的代谢性疾病。本病多见于妊娠后期和哺乳前期。

1. 病因

主要是由于饲养管理不当、饲料单一、碳水化合物和蛋白质含量过高、粗纤维不足所引起。妊娠后期或大量泌乳时，特别是母羊怀双胎、多胎或胎儿过大时，母体糖耗过高，引起代谢机能紊乱。继发性酮病见于微量元素钴缺乏和多种疾病引起的瘤胃机能、内分泌机能紊乱。

2. 症状

初期病羊掉群，食欲减退，前胃蠕动减弱，黏膜苍白或黄疸，视力减退，呆立不动，驱赶强迫运动时步态摇晃。后期意识紊乱，视力消失。头部肌肉痉挛，耳、唇震颤，空嚼，口流泡沫状唾液，头后仰或偏向一侧，有时转圈。病羊呼出气体及尿液有丙酮味。重者全身痉挛，突然倒地死亡。用亚硝基铁氰化钠法检验酮尿液，呈阳性反应。

3. 防治

（1）预防　加强饲养管理，避免母羊在妊娠早期肥胖，在妊娠后期应给予足够的精料。春季补饲青干草，适当补饲精料（以豆类为主）、食盐及多种维生素等。冬季防寒，补饲胡萝卜和甜菜根等。

（2）治疗　静脉注射25%葡萄糖50～100毫升，每天1～2次，连用3～5天，也可与胰岛素5～8单位混合注射。

七、氢氰酸中毒

氢氰酸中毒是由于羊采食富含氰苷的青饲料，在体内水解生成氢氰酸而引起的中毒性疾病。临床特征为发病急促，呼吸困难，伴有肌肉震颤。

1. 病因

由于羊采食过量的胡麻苗、玉米苗、高粱苗等含氰苷的作物而突然发病。饲喂机榨的胡麻籽、胡麻饼、木薯，也易发生中毒。若中药方剂中杏仁、桃仁用量过大时，也可致病。此外，接触氰化物、误食或吸入氰化物农药等均可引起中毒。

2. 症状

发病突然，多于采食含有氰苷的饲料后 15～20 分钟出现症状。病羊腹痛不安，瘤胃臌气，可见黏膜鲜红，呼吸极度困难，口流白色泡沫唾液。先呈兴奋状态，很快转入沉郁状态，出现极度衰弱，步行不稳或倒地。重者体温下降，后肢麻痹，肌肉痉挛，眼球颤动，瞳孔散大，全身反射减少乃至消失，心动徐缓，脉搏细弱，呼吸浅微，终因呼吸麻痹而死亡。

3. 防治

（1）预防　禁止在含有氰苷作物的地方放牧。若用含有氰苷的饲料喂羊时，宜先加工调制。妥善保管氰化物农药，严防误食。

（2）治疗　治疗原则是解毒、排毒与对症、支持疗法。发病后迅速用亚硝酸钠 15～25 毫克/千克体重，溶于 5%葡萄糖溶液中，配成 1%的亚硝酸钠溶液，静脉注射。或静脉注射硫代硫酸钠溶液，1 小时后可重复应用 1 次。排毒与防止毒物吸收可合用催吐、洗胃和口服吸附剂。

八、瘤胃酸中毒

瘤胃酸中毒是由于瘤胃内容物异常发酵，生成大量乳酸，发生以乳酸中毒为特征的消化机能紊乱性疾病。

1. 病因

主要是由于采食过量精料、谷类饲料、糖饲料、酸类渣料等，或者由放牧或粗料突然转为精料型日粮、或长期饲喂酸度过高的青贮饲料，引起瘤胃内酸过多，酸碱平衡失调所致。

2. 临床症状

特别急性症状，常在无任何症状的情况下，于采食后 3～5 小时内突然死亡。

急性病例，病羊行动迟缓，步态不稳，呼吸急促，心跳加快，气喘，常于发病后1～3小时死亡。

慢性病例通常在进食大量精料后6～12小时出现症状。病初精神沉郁，食欲废绝，反刍停止，鼻镜干燥，无汗，眼球下陷，肌肉震颤，走路摇晃。有的排黄褐色或黑色、黏性稀粪，有时含有血液，少尿或无尿，常卧地不起，最后昏迷而死。

3. 防治

（1）预防　加强饲养管理，精料量不宜过多。青贮饲料酸度过高时，要经过碱处理后再饲喂。饲料中精料较多时，可加入2%的碳酸氢钠、0.8%的氧化镁或适量的碳酸氢钠（小苏达）。羔羊进入肥育期后，改换日粮不宜过多，应有一个过渡期。加强临产羊和产后羊的健康检查，避免发生此病。

（2）治疗　治疗原则为排除内容物，中和瘤胃中的酸性物质，补充体液，对症治疗。可灌服制酸剂（碳酸氢钠、碳酸镁等），用450克制酸剂与等量活性炭混合，加温水4升，胃管灌服，每只每次0.5毫升，可同时灌服10毫升青霉素，以防止或消除炎症。也可用5%的碳酸氢钠溶液300～500毫升、5%的葡萄糖生理盐水300毫升和0.9%的氯化钠溶液1000毫升静脉注射。

九、异食癖

异食癖是指反刍动物（如牛、羊等）喜欢采食非饲料物质的现象。不管是什么原因造成的，都会对其机体健康和生长发育及生产性能的正常发挥产生严重的影响。各种季节都可能发生，群体较大，发生个体也较多，但是主要发生在羔羊、老弱病羊的比例较多，春季发病较夏秋季较多，枯草期较青草期发病较多，舍饲饲养较放牧条件下多，高产个体较低产个体多。

1. 症状

羊只发生不正常的采食行为，不正常的采食行为包括采食塑料、橡胶、砖块、布类、舔食人类粪尿、污水、金属围栏、啃食墙土、煤渣、污染的垫草、动物的骨骼等。

2. 病因

成年反刍动物，所采食的饲料已经满足其机体生长发育和生产性能发挥的要求，但此时如果圈中或饲槽中没有可采食的饲料，往往因环境单调无法满足“吃零食”的要求时，可能把注意力转移到非饲料物质，造成异食现象的发生。

因饲料中营养元素供给不平衡或某种营养物质供应不足时，会导致异食现象的发生。冬春季枯草期，特别是在舍饲的情况下，因羊只不能自由采食或采食的营养元素不足时或饲料种类单一，造成机体营养摄取不均衡，是发生异食现象的主要原因之一。例如，食毛（图 7-5），往往是饲料中缺乏含硫氨基酸；舔食金属围栏，往往是体内缺铁；采食垫草、粪尿，往往是食盐供给量不足；啃食泥土、砖瓦块，一般来讲是饲料中钙、镁或其他矿物质缺乏；啃食树干、垫草等多数情况下是采食量不足；拣食胎衣胎盘，是饮水不足和蛋白质缺乏的表现等。

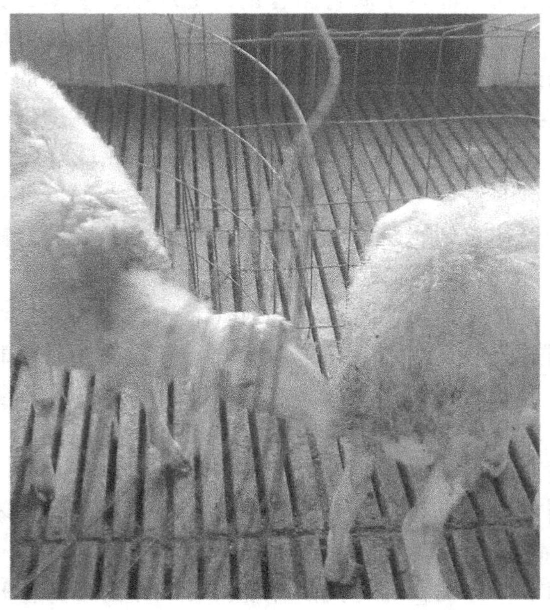

图 7-5 吃羊毛

异食现象也可能是反刍动物患有慢性疾病的外在表现，例如巴氏杆菌病、结核病、气肿病、寄生虫病；营养缺乏如白肌病、佝偻病、前胃疾病等，都可能导致神经反射异食，从而造成异食现象的发生。

管理因素也是造成羊发病原因，例如动物长期舍饲，无法进行圈舍外运动，违背了反刍动物边运动边采食的生活习惯，在其闲极无聊的情况下到处啃咬，实质是其多年的采食习惯造成的。

3. 防治

（1）做好饲料的合理搭配，满足其生理和生产的营养需要。应根据不同的经济用途、不同的生理阶段和不同的体重，提供必需的能量、蛋白质、矿物质、维生素和微量元素，同时做到饲料的多样化、加工科学化，提高饲料的适口性，增加采食量，提高营养物质的消化吸收率，是避免异食现象发生的重要措施。

（2）加强反刍动物的饲养管理工作。加强圈舍清扫工作。缩短圈舍清扫的时间间隔，及时将圈舍内的毛纤维、垫草、粪尿清除干净，防止采食。适当增加圈舍外的运动时间，并且在可供采食的牧地上放牧和运动。在非采食时间，保持料槽内一定量的可供采食的饲料对防止异食现象有一定的效果。为反刍动物提供户外运动，增加舍内采光度对防止钙磷缺乏具有一定的作用。在圈舍内吊挂盐砖，针对饲料的特点可以吊挂不同种类的盐砖，如以补充氯化钠为主的盐砖或以补充钙、磷等其他矿物质、微量元素的盐砖任反刍动物任意舔食。

（3）根据异食现象的特点，采取针对性的措施。家畜贫血，可补充铁制剂或硫酸铜制剂，发生白肌病，可肌内注射硒制剂或维生素 E 制剂，当出现啃墙皮拣食鸡蛋壳等缺钙现象，可在饲料中添加骨粉，口服维生素 A、维生素 D 或鱼肝油。

（4）定期驱虫和消除诱发异食现象的其他疾病。

（5）调节神经反射。用安溴合剂或普鲁卡因，根据不同品种动物和体重，酌量加入 10％葡萄糖溶液静脉注射。

（6）调节反刍动物瘤胃内的环境。可服用酵母片生长素、酶制剂、麦芽粉等，用量根据动物体重进行调整。

十、流产

流产是指母羊妊娠中断，或胎儿不足月就排出子宫而死亡。

1. 病因

普通病、传染病和寄生虫病等均可引起流产。见于子宫畸形、胎盘坏死、胎膜炎和羊水过多等产科病；肺炎、肾炎、有毒植物中毒、食盐中毒、农药中毒等内科病；无机盐缺乏，微量元素不足或过剩，维生素 A、维生素 E 不足等营养代谢病；外伤、蜂窝织炎等外科病；布氏杆菌病、弯曲菌病、毛滴虫病等疫病。此外，饲喂冰冻霉败饲料、长途运输、过于拥挤、水草供应不均等，也可诱发流产。

2. 症状

突然发生流产者，产前一般无特征表现。病羊精神不佳，食欲停止，腹痛起卧，努责咩叫，阴门流出羊水，待胎儿排出后稍为安静。发生隐性流产时，胎儿不排出体外，自行溶解，溶解物排出体外或形成胎骨残留于子宫内，受伤的胎儿常因胎膜出血、剥离，多于数小时或数天后排出。

3. 防治

（1）预防　加强妊娠母羊的饲养管理，重视传染病和寄生虫病的防治。疑为传染病时，应取羊水、胎膜及流产胎儿的胃内容物进行检验，深埋流产物，消毒污染场所。

（2）治疗　如母羊有流产先兆，先用黄体酮注射液 15 毫克 1 次肌内注射进行保胎。中药治疗宜用四物胶艾汤加减：当归 6 克、熟地 6 克、川芎 4 克、黄芩 3 克、阿胶 12 克、艾叶 9 克、菟丝子 6 克，共研末，开水调服，每天 1 次，灌服两剂。

对已经发生流产的母羊，应尽快促使子宫内容物排出。死胎滞留时，应采用引产或助产措施。胎儿死亡，子宫颈未开时，应先肌内注射雌激素，可用苯甲酸雌二醇 2～3 毫克，促使子宫颈开张，然后从产道拉出胎儿。母羊出现全身症状时，应对症治疗。

十一、子宫炎

子宫炎是包括子宫内膜炎、子宫周炎和子宫旁炎在内的整个子宫及其外周组织发炎的产科疾病，为母羊常见的生殖系统疾病之一，可导致母羊不孕。

1. 病因

子宫炎是由于分娩、助产、子宫脱、阴道脱、胎衣不下、腹膜炎、胎儿死于腹中，或由于配种、人工授精、胚胎移植及接产过程中消毒不严等因素导致细菌感染而引起的子宫黏膜炎症。此外，生殖器官的结核也可引起子宫旁炎及子宫周炎。

2. 症状

临床有急性和慢性两种。急性病初期病羊食欲减退，精神不振，体温升高，磨牙，呻吟，拱背，前胃弛缓，努责，时时作排尿姿势，阴门流出污红色内容物。严重时昏迷，甚至死亡。慢性患羊病程较长，子宫分泌物少，若不及时治疗可发展为子宫坏死，继而全身恶化，发生败血症或脓毒败血症而死亡。有时继发腹膜炎、肺炎、膀胱炎、乳房炎等。

3. 防治

（1）预防　保持羊舍和产房的清洁卫生。在配种、人工授精、胚胎移植及助产时，应注意环境、器具、术者手臂和母羊外生殖器的消毒。临产前后，对阴门及其周围组织应进行消毒。及时正确地治疗流产、难产、胎衣不下、子宫脱出及阴道炎等产科疾病，以防感染。

（2）治疗　清洗子宫，用0.1%高锰酸钾溶液300毫升冲洗子宫，每天1次，连续3～4次。冲洗后进行消炎，向子宫内注入碘甘油3毫升，或投放土霉素（0.5克）胶囊，或肌内注射青霉素、链霉素。用10%葡萄糖溶液100毫升、复方氯化钠溶液100毫升、5%碳酸氢钠溶液30～50毫升，1次静脉注射以解除自体中毒。

中药疗法：急性病例，可用银花10克、连翘10克、黄芩5克、赤芍4克、丹皮4克、香附子5克、桃仁4克、薏苡仁5克、延胡索5克、蒲公英5克，水煎候温，1次灌服。慢性病例，可用蒲黄5克、益母草5克、当归8克、五灵脂4克、川芎3克、香附子4克、桃仁3克、茯苓5克，水煎候温加黄酒20毫升，1次灌服，每天1次，2～3天一个疗程。

十二、乳房炎

乳房炎是乳腺、乳池和乳头的局部炎症。多发生于泌乳期。临床特征为乳腺发生各种不同性质的炎症，乳房发热、红肿、疼痛，影响泌乳和产乳量。

1. 病因

多由于挤乳人员技术不熟练，损伤乳头、乳腺体；或因挤乳人员手臂不卫生，使乳房受到细菌感染；或羔羊吮乳咬伤乳头。也见于结核病、口蹄疫、子宫炎、羊痘、脓毒败血症等病程中。

2. 症状

轻症者不表现临床症状，仅乳汁有变化。多为急性发病，乳房局部肿胀、硬结、热痛，乳量减少，乳汁中混有血液、脓汁或褐色、淡红色絮状物。炎症发展时，体温升高，可达41℃，母羊拒绝哺乳。脓性乳房炎可形成脓腔，使腔体与乳腺相通，若穿透皮肤可形成瘘管。

3. 防治

（1）预防　保持圈舍卫生，经常清扫污物，在母羊产羔季节要经常检查乳房。

（2）治疗　病初可用青霉素40万单位、0.5%普鲁卡因5毫升，溶解后用乳房导管注入乳孔内，然后轻揉乳房腺体部，使药液在腺体中分布均匀。也可用青霉素、普鲁卡因溶液行乳房基部封闭，或应用磺胺类药物抗菌消炎。为促进炎性渗出物吸收和消散，除在炎症初期冷敷外，2～3天后热敷，用10%硫酸镁溶液1000毫升，加热45℃，每日清洗后外敷1～2次，每次30分钟，连用4次。

中药疗法：用当归15克、蒲公英30克、山栀6克、生地6克、二花12克、川芎6克、连翘6克、赤芍6克、瓜蒌6克、龙胆草24克、甘草10克，共研细末，开水调服，每日1剂，连用5天，也可将中药煎水内服，同时治疗继发病。

对脓性乳房炎及开口于乳池深部的脓肿，可向乳房脓腔内注入0.02%呋喃西林溶液，或用0.1%～0.25%的雷佛奴尔液，或用

3%的过氧化氢溶液及0.1%的高锰酸钾溶液冲洗消毒脓腔，引流排脓。

第三节 常见传染病防治

一、口蹄疫

口蹄疫（Foot and mouth disease；FMD）是由口蹄疫病毒引起偶蹄兽的一种急性热性高度接触性的传染病。临床上以口腔黏膜、蹄部和乳房皮肤发生水疱和溃烂为特征。本病在世界各地均有发生流行。本病有强烈传染性，常传播快呈大流行，不易控制和消灭，对畜牧养殖业可造成重大经济损失。

1. 病原及其流行

口蹄疫病毒（FMDV）属于微RNA病毒科的鼻病毒属。多为哺乳动物呼吸道寄生病毒，病毒颗粒呈圆形，具有多型和易变的特点，目前研究已知，根据血清学特点分为7种主型，即O、A、C、SAT_1、SAT_2、SAT_3（即南非1、2、3型）和Asia（亚洲1型），以及65个亚型。各型之间抗原性不同，彼此不能互相免疫，使诊断变得复杂化。病畜和带毒动物是主要的传染源，可经消化道感染，无明显的季节性，一旦发生常呈大流行性。羊口蹄疫流行仅次于牛，羊发生口蹄疫病可波及整个羊群或某一地区。幼畜较成年畜易感，人可以感染。牧区的病羊在流行病学上值得重视，羊常是隐性带毒素者，绵羊是本病的贮存器。

2. 症状

潜伏期1周左右。病初表现体温升高，肌肉震颤，流涎，食欲下降，反刍减少或停止。常呈群发，口腔呈弥漫性口膜炎，水疱发生于硬腭和舌面，严重时可发生糜烂与溃疡。四肢的皮肤、蹄叉和趾（指）间产生水疱和糜烂，故发生跛行。以上变化也可发生于乳房。羔羊可见有出血性胃肠炎，多因继发心肌炎而致死亡。

3. 病理变化

除口腔、蹄部和乳房的皮肤处出现水疱和溃烂外，严重者咽喉、气管、支气管和前胃黏膜有时也见有烂斑和溃疡，皱胃和大小肠黏膜可见有出血性炎症。心包膜见有出血斑点，心肌切面有灰白色或淡黄色斑点或条纹，称为虎斑心，心脏似煮熟状。

4. 防治

发现疫情立即实行封锁，报告有关主管部门，对病羊处死深埋或焚烧；对疫区及周围地区的易感动物接种流行株灭活 FMD 疫苗；加强羊群圈舍防护消毒。可用 2%～4%碱水对畜舍、用具消毒，也可用强力消毒剂（二氧异氰尿酸钠为主原料的制剂）按 1∶(150～400) 浓度配成溶液进行消毒。防止继发感染可配合应用抗生素。本组多年在临床上应用鲁格液（5%碘溶液 100 毫升，加常用水 10 千克）喷洒口腔、蹄部、乳房部皮肤，每日 1 次，连用 3 天，防护羊群收到了良好的效果。

二、布鲁菌病

布鲁菌病（brucellosis）是由布鲁菌引起的一种人、畜共患传染病。临床主要表现以流产、不育、关节炎、睾丸炎等为其特征。该病在世界各国均有发生，给养羊业乃至畜牧业带来了巨大的经济损失。

1. 病原及其流行

本病原现已发现有马耳他布鲁菌（*Brucella melitensis*）、流产布鲁菌（*Br. abortus*）、猪布氏菌（*Br. suis*）、林鼠布鲁菌（*Br. neotomoe*）、绵羊布鲁菌（*Br. ouis*）和狗布鲁菌（*Br. canis*）这 6 个种及其生物型的特征，相互间各有差异。本菌为球杆状或短杆状，不运动，不形成荚膜和芽孢，呈革兰染色阴性。布鲁菌在土壤、水中和皮毛上可存活 60～100 天，在乳制品中达 60 多天，胎衣中可存活 120 多天。在 100℃高温下 10～15 分钟被杀死。

一般消毒剂能很快将其杀死。链霉素、庆大霉素、卡那霉素等对其有抑制作用。

几乎各种畜禽均可感染，而牛是主要宿主，羊有一定易感性。一般可称马耳他布鲁菌为羊布鲁菌，流产布鲁菌为牛布鲁菌。病畜和带菌动物，尤其是受感染的妊娠母畜流产或分娩时，将大量布鲁菌随胎儿、胎水、胎衣排出。主要传播途径是消化道，羊采食被病原菌污染的饲料与饮水而感染。山羊可通过交配发生感染。病羊的奶和尿中常含有细菌，病羊的分泌物和尿液可污染羊圈舍、场地及饮水源而扩大传染。

2. 症状

羊受病原感染，在潜伏期一般不显症状，当发生流产后才被人们注意。流产是最显著的症状，病羊流产前表现精神不振，食欲减退，发渴，委顿，喜卧，阴道流出黄灰色黏液，间或掺杂血液。流产多发生在妊娠后第 3 或第 4 个月内。此外，还可能表现关节炎及滑液囊炎而引起跛行，或继发乳房炎和支气管炎。公羊患睾丸炎、副睾和精索炎。母羊流产后可出现胎衣不下或滞留，慢性子宫内膜炎。发生乳房炎的母羊产乳量明显减少。早期流产的胎儿，在流产前已死亡。发育完全的胎儿流产后衰弱，很快死亡。山羊流产率可高达 40％～90％。

部分病羊可表现体温升高，后肢麻痹神经症状。流产后病羊可发生结膜炎、角膜炎。

3. 病理变化

查检常见胎衣，绒毛膜下组织呈黄色胶样浸润、充血、出血，有的见有水肿和糜烂，其上覆盖纤维素性渗出物。胎衣不下者，孕羊生殖道充血、出血、小面积坏死。流产胎儿胃中有淡黄色或灰白色黏液絮状物，肠胃和膀胱的浆膜下，可见点状或线状出血。

病羊发生关节炎时，腕、跗关节肿大，出现滑液囊炎病变。公羊睾丸硬结肿大，并显有坏死灶和化脓灶。肝、脾、肾出现坏死灶。有时可见到纤维素性胸膜炎、腹膜炎变化，局部淋巴结肿大。

4. 防治

（1）建立健康羊群，定期检疫。建立和坚持羊群的检疫制度，凡调购的羊只必须进行检疫，对阳性羊只隔离捕杀淘汰。在发病地区或羊牧场，应立即将病羊和可疑的羊只隔离，组成病羊群进行淘汰处理，而对其余的羊可认为暂时安全，组成健康羊群，待半年之后再进行复检，以致杜绝该病在羊群中传播扩散。

（2）加强消毒，净化环境。对病羊污染的牧场、圈舍、饲料、水源等进行严格的消毒净化。常用的消毒剂可选择 10％漂白粉、

3%来苏儿、5%石炭酸、20%生石灰乳剂进行消毒。对于病羊所产的羔羊经消毒处理后，分群隔离另外饲养，经过8～9个月后，进行两次检疫，如为阴性反应，方可归群饲养。

对病羊排出的粪便、污染废料应堆积进行生物发酵处理，方可利用。对病羊的胎衣、流产羔羊应深埋或烧毁处理，不可随意丢弃。

（3）做好免疫接种，确保羊群安全。对健康羊群认真做好预防接种，可使用羊型5号（M_5）菌苗免疫，一般采用气溶胶喷雾免疫法，用生理盐水稀释菌苗（500亿菌体/毫升），用3～4千克/厘米^{2}的空气压缩机在密闭羊舍内，进行30分钟的喷雾吸入，每只羊吸入50亿菌体的剂量。另外，也可在股部内侧皮下注射1毫升/只。目前我国也有猪型19号（S_{19}）菌苗和冻干布鲁菌猪2号弱毒菌苗，均可选用。

为了确保牧场工作人员的健康，应对接触羊只的人员进行检查和免疫预防接种，保证人身安全。

对病羊可使用盐酸四环素10～15毫克/千克体重，肌内注射或静脉注射，每日2次，连用2周。或用链霉素、氯霉素、诺氟沙星等药物。

三、羊痘

羊痘（pox）是痘病毒引起的一种急性热性传染病。主要表现皮肤和黏膜上发生特殊的丘疹和疱疹为临床特征。

1. 病原及其流行

绵羊痘是由山羊痘病毒属的绵羊痘病毒引起，而山羊痘是由与绵羊痘病毒同一属的山羊痘病毒引起。各种痘病毒均为单一分子的双股DNA病毒，多为砖形或卵圆形者。各种动物的痘病毒分属于各个属，其宿主虽然不同，但形态结构、化学组成和抗原性方面大同小异。自然情况下，绵羊痘只发生于绵羊，不传染山羊和其他家畜。病羊或带毒羊为传染源，病毒主要存在于痘疱之中，可通过呼吸道感染，也可经损害的皮肤、黏膜感染。绵羊痘是各种家畜痘病中最为严重的传染病之一，呈地方性流行或广泛流行。本病多发生在冬末春初，寒冷季节。

2. 症状

潜伏期平均为6～8天。临床上可分为典型性和典型性经过。典型经过：病初体温升高至40～42℃，呈稽留热。精神极度沉郁，食欲减退，伴以可视黏膜的卡他、脓性炎症。经1～2天后，在皮肤少毛处或无毛部位开始发痘，皮肤上出现绿豆至豌豆大的淡红色圆形充血斑点，此期为红斑期。经1～2天斑疹发展为豌豆大小，凸出于皮肤表面的苍白色坚实结节，为期1～3天，此时为丘疹期。再经过5～7天变为灰白色扁平、中央凹陷的多室水疱，病羊体温下降，此称水疱期。水疱很快化脓，形如脐状，化脓期间体温又可能升高，称为化脓期。其后，脓液渐渐干涸，形成褐黄—黑褐色痂皮，7天左右痂皮脱落，留有苍白的瘢痕。病期长达3～4周，多以痊愈告终。

非典型不出现上述典型症状或经过。常发展到丘疹期而终止，即所谓“顿挫型”经过，当脓疱期有坏死杆菌继发感染时，病变部痘疱融合，深达皮下乃至肌肉处形成坏疽性溃疡，发出恶臭气味，此为恶性经过，此期病死率可达17%、严重者达50%。羔羊可发生眼结膜、内脏器官的痘疱，并可继发肺炎、胃肠炎和脓血症。

山羊痘的症状和病理变化与绵羊痘相似，主要在皮肤和黏膜上形成痘疹。

本病应与羊的传染性脓疱鉴别。传染性脓疱一般无全身反应，主要在口唇和鼻周围皮肤上形成水疱、脓疱，后结痂。山羊痘耐过的病羊可获终生免疫。

3. 病理变化

除有上述体表所见病变外，尸检瘤胃、皱胃黏膜上，有大面积圆形、椭圆形或半球形白色坚实结节，单个或融合存在，严重者可形成糜烂或溃疡。口腔、舌面、咽喉部、肺表面、肠浆膜层也有痘疹。肺部可见干酪样结节和卡他性肺炎区。

4. 防治

应采取综合性措施进行防治。定期进行预防接种，应抓紧，不可松懈。

(1) 加强饲养管理，增强羊只的抵抗力。不从疫区进购羊只和购入畜产品等。引进羊只需隔离检疫 21 天。

（2）发生疫情应及时隔离、消毒，必要时进行封锁。封锁期 2 个月。可用 2%苛性碱、2%福尔马林、30%草木灰水、10%～20%石灰乳剂或含 2%有效氯的漂白粉液等进行消毒。

（3）两年以内曾发生羊痘的地区，以及受到羊痘威胁的羊群，均应进行羊痘苗免疫接种。有羊痘暴发时，对疫群中未发病的羊只及其周围的羊群进行痘苗的紧急接种，山羊可用细胞弱毒疫苗，以 0.5 毫升皮内或 1 毫升皮下接种，效果较好。这是行之有效的扑灭措施之一。绵羊可用鸡胚化羊痘弱毒冻干苗进行免疫，不论大小，在尾根部或股内侧皮内注射 0.5 毫升，注射后 4～6 天产生免疫力，免疫期 1 年。

（4）在加强饲养管理和隔离的情况下，对病羊进行如下治疗：皮肤上的痘疮，涂以碘酊或紫药水；黏膜上的病灶，用 0.1%高锰酸钾充分冲洗之后，涂以碘甘油或紫药水。有继发感染时，或为了防止并发症可使用抗生素和磺胺类药物等。必要时对症治疗，如心脏机能亢进时，可用强心剂等。

四、羊快疫

羊快疫（Braxy；Bradsot）是羊的一种急性传染病。病原为腐败梭菌（*Clostridium septicum*）。常以引起皱胃呈出血性炎症损害为特征。

1. 病原及其流行

病原为腐败梭菌（*Clostridium septicum*），为革兰阳性厌氧大杆菌，产生多种毒素。本菌根据毒素-抗毒素中和试验分为 A、B、C、D、E 五型，每一型魏氏梭菌产生一种毒素，一种或数种次要毒素。本菌能产生强烈的外毒素，现已知共 12 种在传染病学中最重要者为 α、β、ε 及 τ 四种。主要经消化道感染，突然发病，急性死亡。在每年春末至秋季多发。年龄多在 6 月龄至 1.5 岁。绵羊对羊快疫最易感染，发病的羊多为营养中等以上。山羊也有易感性，但较少发病。羊只营养稍差，气候突变，圈舍泥泞、饲喂冰冻或污染草料可诱发本病，多以散发为主。

2. 症状

发病突然，患羊在放牧时死于牧场或早晨发现已死在圈舍内。羊死前表现疝痛、腹胀、结膜发绀、磨牙，最后痉挛而死。病程长者表现虚弱，食欲废绝，离群独站，不愿走动，结膜苍白，鼻端干燥，体温升高41℃左右，腹痛、磨牙、口流带血泡沫，排粪困难，里急后重，粪便恶臭，粪中混有血丝和黏液，最后昏迷。病程极为短促，多于数分钟至几小时内死亡。也有少数可痊愈。

3. 病理变化

死于本病者羊尸体迅速腐败，天然孔流出血样液体。可视黏膜充血呈蓝紫色，皮下呈出血性胶样浸润。胸腔、心包腔、腹腔积有淡红色液体。肝脏肿大，呈黏土色，其浆膜下可见到黑红色界限明显的斑点，切面有淡黄色的病灶。因死后迅速腐败，成群分布的病灶不易辨认，因为这种变化存在故对本病有“坏死性肝炎”之称。因胆囊肿胀，有的地区将本病称为“胆胀痛”。除上述变化外，还有如下特征变化：前胃黏膜自行脱落，并附着在胃内容物上；瓣胃内溶物干涸，形如薄石片，挤压不易破碎；皱胃及幽门附近可见大小不等的出血斑点及坏死区；肠道充气，黏膜充血出血，个别病例严重者出现坏死溃疡，在一般情况下肠道的这种变化比肠毒血症为轻；肾脏“软化”。见有心内外膜出血，心肌颜色变淡，并布有出血斑点。肺出血为紫红色。

4. 防治

由于本病发病急，病程短促，往往来不及治疗。因此，必须加强平时防疫措施。对发病的羊场实行隔离病羊，转移牧场，杜绝继发传染、严禁饲喂冰冻、发霉饲料。每年在发病季节之前，定期注射1～2次羊快疫、猝击二联苗。或进行“羊快疫、羊猝击、羊肠毒血症”三联苗或五联苗全群预防注射。对一旦发病的羊群，立即隔离病羊，彻底清扫羊圈进行消毒。同时投服磺胺类药物治疗，有一定效果。

五、羊肠毒血症

羊肠毒血症（Enterotoxemia）又称“软肾病”、“类快疫”，是由D型魏氏梭菌（*Cl. welchii*）在羊肠道大量繁殖，产生毒素所引起的，是绵羊的一种急性致死性传染病。以死亡急、死后肾脏软化为特征。

1. 病原及其流行

本病病原为革兰阳性厌氧粗大杆菌，可形成荚膜，故称产气荚膜杆菌，可产生多种毒素，导致全身性毒血症。死后肾脏比平时更易于软化因此又称为“软肾病”。本病在临床上类似羊快疫，故又称“类快疫”。

芽孢可污染饲草、饮水和青嫩多汁的饲草，可诱发本病。大量未消化的淀粉颗粒经真胃进入小肠，导致 D 型菌迅速繁殖和产生大量 ε 原毒素，后变为 ε 毒素。发病年龄不等，从几个月到 1～3 岁，在常发区，2 岁以下的羊，尤以 4～12 个月膘情较好的羔羊发病较多。本病多呈散发性，绵羊发病较多，山羊较少。在一个疫群内的流行时间多半为 30～50 天。春末夏初秋季多发。

2. 症状

本病特点为突然发作，很少能见到症状，往往当发现症状时，绵羊很快死亡。根据吸收毒素的多少，可分为搐搦型和昏迷型。搐搦型：在倒毙前，四腹划动，肌肉抽搐，磨牙，眼球转动，流口水，头颈抽搐，2～4 小时死亡。腹部高度膨胀，腹痛。昏迷型：病羊在临死前，步态不稳，心跳加快，呼吸增数，全身肌肉颤抖。上下颌“咯咯”作响磨牙，倒地，体温一般不高，四肢及耳尖发凉，继而角膜反射消失，有的病羊腹泻常在 3～4 小时死去，并且多死于夜间，次日晨才被发现。

病情缓慢者，起初厌食，反刍、嗳气停止，流涎，腹部膨大，腹痛，排稀粪。粪便恶臭，呈黄褐色糊状或水样，其中混有黏液或血丝，1 ～2 天死亡。

3. 病理变化

胸、腹腔和心包积液。心脏扩张，心肌松软，心内外膜有出血点。肺呈紫红色，切面有血液流出。肝脏肿大，呈灰褐色半熟状，质地脆弱，被膜下有点状或带状溢血。胆囊肿大。除此以外，其他特征性变化表现在肠道，尤其回肠黏膜充血、出血，重病者整个小肠段肠壁呈血红色，或有溃疡，故称“血肠子病”。幼龄羊一侧或两侧肾脏软化，肾脏软化如稀泥样。全身淋巴结肿大，呈急性淋巴结炎，切面湿润，髓质部分黑褐色。

4. 防治

加强饲养管理，搞好圈舍卫生及消毒。要限制给羊饲喂高浓精料，在配合日粮中可加入磺胺类药物进行预防。发现病羊及时隔离，消毒病羊污染的圈舍。给羊群注射“羊快疫、羊猝击、羊肠毒血症、羔羊痢疾”四联疫苗。

六、羊猝击

羊猝击（Struck）是C型魏氏梭菌所引起的一种毒血症，以急性死亡、溃疡性肠炎和腹膜炎为特征。

1. 病原及其流行

病原为C型魏氏梭菌，两端稍钝圆的大杆菌，不游动，在动物体内有荚膜。在自然界广泛存在于土壤、污水、饲料及粪便中。经消化道感染，在小肠（十二指肠和空肠）里繁殖、产生β毒素，即引起发病呈毒血症的症状。常见于低洼、沼泽地区。多发生于冬、春季节，常呈地方流行性。

2. 症状

多发生于成年绵羊尤以1～2岁的绵羊发病较多。病程短促，未见出现临床症状，即引起突然死亡。病羊表现掉群，卧地，烦躁不安，机体衰弱，全身痉挛，在数小时内死亡。死亡是由于毒素侵害神经中枢的神经元所致。临床上常见有羊快变及羊猝击混合感染。常因发病病程急速，生前诊断较困难。如果羊死亡突然，死后又表现皱胃和十二指肠及空肠黏膜严重充血、糜烂、溃疡等处有急性炎症，肠内容物存在多量小气泡，肝脏、肿大而变为色淡。胸腔、腹腔，心包有积液，暴露空气中可形成纤维蛋白样凝结物，可怀疑是这类疾病，并进行微生物学和毒素检验以确诊。

3. 病理变化

病变主要发生在消化道和循环系统，十二指肠和空肠黏膜严重充血、糜烂，也可在不同肠段出现大小不等的溃疡。由于细菌和毒素的作用，血管通透性增加，浆膜上有点状出血。死后可见胸腔、腹腔和心包腔大量积液，积液可形成纤维素絮块。死后8小时，骨骼肌间隙积聚血样液体，肌肉出血，有气性裂孔。本病应与黑腿病鉴别。黑腿病也称气肿疽，病原为气肿疽梭菌，多因创伤感染，病变部肿胀。因病原繁殖可使局部发生典型的肌坏死，病变部肌肉变成暗红色到黑色，有捻发音及海绵样结构。

4. 防治

本病防治措施可参照羊快疫与羊肠毒血症。

七、羊黑疫

羊黑疫（Black disease）也称传染性坏死性肝炎（Infection necrotic hepatitis），是B型诺维氏梭菌引起绵羊、山羊的一种急性高度致死性毒血症。病的经过以肝实质的坏死病灶为特征。

1. 病原及其流行

病原为B型诺维氏梭菌（*Cl. novyi*），属梭状芽孢杆菌属。本菌分为A、B、C三型。广泛地存在于自然界中。本病可使1岁以上的绵羊感染，并且常以肥胖的2～4岁绵羊发病最多。本病主要在夏季发生于肝片吸虫流行的湿凹地区，当羊采食被细菌污染的饲料后，细菌随牧草进入胃肠道，通过胃肠壁进入肝脏，以芽孢形成潜伏于肝脏中，在未成熟的游走肝片吸虫损伤肝细胞时，存在于该处的芽孢迅速繁殖，产生毒素，进入血液循环，发生毒血症。进而损害神经和其他器官组织细胞、导致急性休克而死亡。

2. 症状

病羊突然死亡，少数病例病程可拖延1～2天，胸部皮下组织水肿。

3. 病理变化

胸腔、腹腔、心包腔积液，左心室心内膜有点状出血。皱胃幽门部和小肠黏膜充血和出血明显。肝脏充血肿胀，表现有数目不等的坏死灶，坏死灶灰黄色，呈不整齐圆形，周边见有一鲜红色的充血带，其直径2～3厘米，切开肝脏病灶可深入到肝实质，呈半圆形。肝脏的这种坏死变化特征具有诊断意义。羊快疫、羊肠毒血症、羊猝击、羊黑疫、炭疽的鉴别要点见表7-1。

4. 防治

预防此病重要的措施是控制肝片吸虫的感染。当发病时，迅速将羊群移至干燥地区，也可用抗诺维氏梭菌血清治疗。可用羊厌氧菌五联苗（羊快疫、羊肠毒血症、羊猝击、羔羊痢疾、羊黑疫）5毫升，肌内注射，免疫期可达1年。发病时，对病羊可用抗诺维氏梭菌血清（每毫升含7500国际单位）治疗。

表7-1 羊快疫、羊肠毒血症、羊猝击、羊黑疫、炭疽的鉴别要点

鉴别要点	羊快疫	羊肠毒血症	羊猝击	羊黑疫	炭疽
发病年龄	6～18个月的羊多发	2～12个月的羊多发	成年羊,1～2岁者多发	成年羊,2～4岁者多发	成年羊多发、羔羊较少发
营养状况	膘好	膘好	膘好	膘好	营养不良
发病季节	秋冬、早春	牧区春夏之交、秋季;农区夏收、秋收季节	冬、春	春、夏	夏、秋多发
发病诱因	多见于潮湿、气候剧变、阴雨季	吃了过多谷类,或青草,高蛋精料	多见于阴洼沼泽地区	多见于阴洼潮湿地区,肝片吸虫区	气温高、雨水多,吸血昆虫多
皱胃出血性炎症	弥漫性或斑块状	不特征	轻微	不特征	较显著、小点状
小肠溃疡性症			有		
肌肉气肿、出血			死后8小时内出现		
肾脏软化		死亡时间久者多见			一般无
脾脏急肿大					有
涂片染色检验	肝被膜下涂片有无节长丝状细菌 G^+	肾内具有D型魏氏梭菌,G^+粗大杆菌	体腔渗出物和脾涂片具有C型魏氏梭菌 G^+	肝坏死灶涂片见两端圆粗大的B型诺维氏梭菌,G^+	竹节样两端齐短杆菌 G^+

八、小反刍兽疫

小反刍兽疫（PPR）是由小反刍兽疫病毒（PPRV）引起的小反刍类动物的一种急性、烈性传染病，发病率和致死率均非常高。世界动物卫生组织（OIE）将该病列为A类动物传染病，我国也将其列为Ⅰ类动物疫病。

1. 病原及其流行

PPRV属副黏病毒科、麻疹病毒属，有囊膜。麻疹病毒属：牛瘟病毒（RPV）、小反刍兽疫病毒（PPRV）、犬瘟热病毒（CDV）、海豹瘟病毒（PDV）、牛麻疹病毒（MVK）和人麻疹病毒（MV）。目前发现PPRV仅有1个血清型，但根据基因组序列差异可分四群：Ⅰ、Ⅱ、Ⅲ群源于非洲，Ⅳ群源于亚洲。主要感染绵羊、山羊和野生小反刍兽（如小鹿瞪羚、努比亚野山羊、长角羚以及美国白尾鹿等），山羊高度易感。猪和牛也可感染，但通常无临床症状，也不能将该病传染给其他动物。PPRV主要通过直接或间接接触传播，多雨和干燥季节易发生。早在20世纪40年代，PPR首先爆发于西非，随后扩散到东非，经中东传至亚洲。近年来，我国周边的老挝、孟加拉、印度、尼泊尔、俄罗斯、巴基斯坦和缅甸等国家先后爆发PPR并严重流行。

2007年7月，在我国西藏阿里地区首次发现PPR疫情，对我国动物卫生安全构成严重威胁。

2. 症状

潜伏期4～5天；体温骤升至40～41℃，持续5～8天后体温下降；唾液分泌增多；鼻腔分泌物初为浆液性、后为脓性；常呈现卡他性结膜炎；后期口腔坏死，常伴有支气管肺炎、孕畜流产、出血性腹泻，随之动物脱水、衰弱、呼吸困难、体温下降，发病后5～10天死亡；发病率和死亡率分别为90%和50%～80%，严重时，均可达100%。

3. 病理变化

消化道糜烂性损伤；支气管肺炎；淋巴结肿大，脾脏坏死；皱胃出血、坏死；偶尔可见瘤胃乳头坏死；回盲瓣区、盲结肠交界处和直肠严重出血，盲结肠接合处有特征性的线状出血或斑马样条纹；鼻黏膜、鼻甲骨、喉、气管可见小淤血点。

4. 防治

(1) 加强研究，做好检测、免疫等防制方法的技术储备。

(2) 在与 PPR 流行国家接壤的边境地区强制免疫接种，建立免疫保护带。

(3) 加强边境及内地地区疫情监测，严防该病发生流行，一旦发现并确诊，应立即启动动物疫病防控应急响应机制，采取以扑杀为主的控制措施。

九、羔羊痢疾

羔羊痢疾（lamb dysentery）是初生羔羊的一种急性毒血症，以剧烈腹泻和小肠发生溃疡为其特征。本病常可使羔羊发生大批死亡，给养羊业带来重大损失。

1. 病原及其流行

本病病原为B型魏氏梭菌。初生羔羊感染魏氏梭菌可通过吮乳，或人工补奶环节和粪便污染而进入羔羊消化道。当寒冷、潮湿使羔羊抵抗力降低，细菌在小肠（特别是在回肠）大量繁殖，产生毒素（主要是β毒素），引起发病。传染途径除经消化道外，也可通过脐和伤口侵入机体。母羊孕期营养不良，春乏饥饿体质消瘦，缺乏乳汁，而给羔羊人工补乳不定时、不定量，且奶温忽凉都是造成羔羊发病的诱因。

本病多危害7日龄以内的羔羊，又以2～3日内羔羊发病率最高，7日龄以上很少见。纯种培育品种的适应性较差，发病率、死亡率高。土种羊相对较少。

2. 症状

羔羊患病之后，精神萎靡，低头拱背，停奶不久发生腹泻。粪便恶臭，黏稠度像面糊，稀者如水，颜色有黄绿色、黄白色，到了后期成为血便。病羔逐渐虚弱，卧地不起，若不及时治疗，常在1～2天内死亡；只有少数病轻的可能自愈。有的病羔，腹胀而不下痢，或只排少量稀粪（也可能带血或呈血便）。病性严重者表现神经症状，四肢瘫软，卧地不起，呼吸急促，口流白沫，最后昏迷，头向后仰，体温降至常温以下，若不抓紧救治，常在数小时到十几小时内死亡。

3. 病理变化

死亡病羔最显著的病理变化是在消化道，皱胃内往往存有未消化的凝乳块，胃黏膜水肿充血，有出血斑点。小肠黏膜充血发红，有的有出血点，病程较长的还可能有溃疡，有的肠内容物呈血色。大肠的变化与小肠类似，但程度较轻，肠系膜淋巴结肿胀充血，间或出血。此外肝常肿大而稍软，呈紫红色，心包积液，心内膜有时有出血点，肺常有充血区域或淤斑。

4. 防治

根据发病情况和病理变化可作出初步诊断，确诊需作病毒分离，检测毒素。本病发病因素复杂，应综合实施防治，才能收到较好的效果。应采取抓膘、补饲。加强母羊饲养管理，合理哺乳，严格消毒隔离，选用有效的抗生素药物防治。认真做好三联疫苗或五联疫苗免疫接种。

十、绵羊链球菌病

绵羊链球菌病（Streptococcosis ovinum）是由羊溶血性链球菌引起的急性热性败血性的传染病。临床上以颌下淋巴结肿大、咽喉肿胀、各脏器出血、大叶性肺炎、胆囊肿大为特征。

1. 病原及其流行

羊溶血性链球菌为兼性需氧菌，在有氧和无氧环境下均可生长。本菌无运动性，不形成芽孢，革兰染色阳性。本菌可存在于病羊的各个组织器官之中，而在鼻液、鼻腔、气管和肺中最多。病羊和带菌羊是本病的主要传染源，自然感染主要经由呼吸道，其次是皮肤创伤。新疫区多在冬、春季流行，常发区呈散发流行。

2. 症状

病程最急性者 24 小时内死亡，一般为 1～3 天，延至 5 天者少见。初起体温升高达 41℃以上，精神不佳，拒食，反刍停止。眼结膜充血、流泪，流有脓性分泌物。鼻腔分泌物为黏脓性。咽喉肿胀，颌下淋巴结肿大，口流泡沫状涎液，呼吸短促，50～60 次/分钟，心跳达 130 次/分钟左右，便血。妊娠母羊多有流产症状，也见有头部和乳房肿胀。临死前有磨牙、抽搐、惊厥等神经症状。

3. 病理变化

各脏器的广泛出血。淋巴结肿大、出血，喉和气管出血，肺脏水肿和出血，并呈现肝变区。胸、腹腔和心包积液，各脏器浆膜表面附有纤维蛋白性渗出物。心内外膜出血。肝肿大，呈泥土色，似煮熟样，表面有出血点，胆囊肿大 2～4 倍。肾脏变软，有贫血性梗死区。浆膜、大网膜、肠系膜、胃肠黏膜肿胀和出血。膀胱内膜出血。

4. 防治

首先应认真做好抓膘，保膘，防冻和避暑。在病区，要加强消毒工作。在发生本病时，要做好封锁、隔离、消毒、检疫、疫情预报。严格消毒被病羊污染的场地，处理好粪便。确诊有赖于细菌分离及鉴定。

预防免疫可用羊链球菌氢氧化铝甲醛菌苗，预防接种。

治疗可用抗生素和磺胺类药物。未发病者也可用青霉素注射，能起到良好的预防效果。应做好尸体处理，严防病菌扩散，杜绝传播。

十一、羊口疮（传染性脓疱）

羊口疮，又名传染性脓疱性皮炎（Contagious pustular dermotitis），是由传染性脓疱病毒引起的一种急性接触性的人畜共患病，主要危害羔羊。其特征为口唇等处黏膜和皮肤形成丘疹、脓疱、溃疡和疣状厚痂物。

1. 病原及其流行

病原是一种传染性脓疱病毒又称羊口疮病毒，属于痘科病毒科、副痘病毒属（*Parapoxvirus*）。本病多发于秋季，无性别和品种差异。病毒的抵抗力很强。干燥病理材料在冰箱中可保持传染力达三年以上，存在于羊群中，可多年连续发生本病，可直接接触或者经污染的羊舍、饲养用具、草场、饲料、饮水等而间接传染。感染门户是皮肤、黏膜，皮肤和黏膜的损伤（例如炎症、芒刺刺伤、擦伤、咬伤、坚硬不平的道路所致的肢端损伤等）。潮湿环境及羊消瘦抵抗力减弱为发病诱因。

2. 症状

潜伏期为 4～7 天，本病临床上分为唇型、蹄型和外阴型三型，也偶见有混合型。

（1）唇型　发生在各种年龄的绵羊羔及山羊羔，而以 3～6 月龄多发。是本病的主要病型。一般在唇部、口角和鼻镜上出现散在的小红斑，很快形成大麻籽大的小结节。继而成为水疱和脓疱，脓疱破溃后结成黄棕褐色的疣状硬痂，牢固地附着在真皮层形成红色乳头状增生物，这种痂块可经 10～14 天脱落而痊愈。严重病例，由于不断产生的丘疹、水疱、脓疱痂垢互相融汇，在整个口唇周围及颜面、眼睑和耳郭皮部，形成大面积具有龟裂和易出血的污秽垢痂。痂下伴以肉芽组织增生，极大地影响羔羊采食。同时常有化脓菌和坏死杆菌等继发感染，引起深部组织的化脓和坏死（图 7-6）。

图 7-6　羔羊口疮

口腔黏膜也常受害，在唇内面、齿龈、颊、口腔黏膜、舌和软腭上，发生被红晕所围绕的灰白色水疱，继之变成脓疱和烂斑或愈合而康复。当坏死杆菌继发感染，可发生深部组织坏死，有时甚至可见部分舌坏死脱落。少数严重病例可继发肺炎而死亡。

(2) 蹄型　几乎发生在绵羊，通常单独发生在1个或4个蹄叉、蹄冠和系部皮肤上，出现痘样湿疹。从丘疹到扁平水疱脓疱，直至破裂后形成溃疡。继发感染成为腐蹄病。病期缠绵，严重者衰弱而死亡。

(3) 外阴型（本型一般少见）　在公羊，阴鞘肿胀，阴鞘口及阴茎上发生小脓疱和溃疡。在母羊，有黏性或脓性阴道分泌物。阴唇及其附近皮肤肿胀并有溃疡。乳房和乳头皮肤上或者同时、或者单独（多是病羔吮乳时有传染）发生疱疹、烂斑和痂块。

3. 防治

病羊（包括潜伏期及痊愈后数周的羊只）是主要的传染来源，病毒主要从病变部渗出液排毒。因此，本病的防治应从下列几方面着手：加强饲养管理，保护黏膜、皮肤，不使发生损伤。严禁从疫区引进羊只和购买畜产品，做好引进羊群的检疫消毒工作。发病时做好环境的消毒。特别注意羊舍、饲管用具、病羊体表和蹄部的消毒。消毒剂可参照羊痘一节。在本病流行地区，可使用羊口疮弱毒疫苗进行免疫接种。所用疫苗株型应与当地流行毒株相同。

病羊应在隔离的情况下进行治疗，也可应用本场病羊病料作触染性脓疱性皮炎活菌划线接种免疫。对患口疮的羊用强力消毒灵消毒剂，按1∶300比例溶液喷洗鼻、唇、口腔，每天1次，连用3天。另外，还可用0.75%聚维酮碘溶液涂擦患部，每天1次，连用3天。

第四节　常见寄生虫病防治

一、肝片吸虫病

羊肝片吸虫病俗称为羊肝蛭，是养羊业中广泛存在而且危害较大的一种寄生虫病。肝片吸虫寄生的主要部位是羊的肝脏和胆管内，致使羊表现慢性或急性肝实质和胆管发炎，肝硬化并伴发全身性中毒现象，营养代谢障碍。严重时，可引起羊的大批死亡。

1. 病原及其流行

肝片吸虫病（Fascioliasis）是由肝片吸虫（F. hepatica linnaeus，1758）和大形吸虫（F. gigantica cobbld，1855）感染羊。以慢性胆管炎、间质性肝炎、慢性营养不良与中毒为临床特征。虫体为棕红色，呈叶片形和长叶片形。肝片形吸虫体长 20～35 毫米、宽 5～13 毫米。大片形吸虫体长 33～36 毫米、宽 5～12 毫米，虫卵金黄色，呈椭圆形，一端有卵盖。成虫寄生于羊的肝脏胆管和胆囊中，虫卵可随胆汁排入消化道至体外，卵在水中孵出毛蚴后，钻入椎实螺体内（中间宿主），发育成尾蚴，尾蚴离开螺体，随处漂游，附着在水草上，变成囊蚴，羊吞食含有囊蚴的水草而感染。囊蚴进入动物的消化道，在十二指肠内形成童虫脱囊而出，穿过肠壁，进入腹腔，经肝包膜至肝实质，童虫再进入胆管，发育成成虫。

本病呈地方流行性，中间宿主为椎实螺。河流、小溪和低洼沼泽地带较易发生，每年夏秋雨季，是肝片吸虫幼虫生长活跃和羊感染的季节。我国北方在 8～9 月、南方在 9～11 月感染最为严重。

2. 症状

绵羊最敏感，最常发生，死亡率也高。患羊常引起肝炎和胆囊炎。临床常见急性型，多发生在夏末和秋季，严重感染者，体温升高，废食，腹胀，腹泻，贫血，几日内死亡。慢性型，多发生消瘦，黏膜苍白，贫血，被毛粗乱，眼睑、颌下、腹下出现水肿。一般经 1～2 个月后，发展成恶病质，迅速死亡。也见有拖到翌年春季，饲养条件改善后逐步恢复，形成带虫者。

3. 病理变化

可见肝脏肿大，质硬，颜色变浅；胆管扩张，管壁变厚。胆管内充满黏稠的胆汁和一些虫体。组织学变化见有慢性实质性肝炎病变，肝胆管上皮组织坏死糜烂，致部分肝小叶萎缩。

4. 防治

预防消灭中间宿主椎实螺是预防本病的重要措施：改善羊饮水和饲草卫生，避开椎实螺生长的牧场放牧，在流动的河水中饮水，以防感染。治疗用硫双二氯酚（别丁），每千克体重 60～100 毫克，先用少量面粉拌入水中，混匀，再加药灌服。苯咪唑，每千克体重20毫克，1次灌服；赞尼尔（Znnil oxyclozanide），每千克体重10～15毫克，1次灌服；硝氯酚，每千克体重4～6毫克，1次灌服；丙硫苯咪唑，每千克体重15毫克，1次灌服；肝蛭净，每千克体重10毫克，1次灌服；5%氯氰碘柳胺钠，每千克体重5～10毫升，皮下或肌内注射。

二、痒螨病

痒螨病又称疥癣、羊癞，是由痒螨寄生于羊的体表引起的接触性高度传染性皮肤病。特征为患部脱毛、皮肤炎症。

1. 病原

痒螨寄生于皮肤长毛处，呈长圆形，较大，长0.5～0.9毫米，肉眼可见。口器长，呈锥形，足较长。卵呈椭圆形，灰白色。

2. 流行特点和临床症状

（1）流行特点　本病的传播是由于与病羊直接接触，或通过与被痒螨及其卵所污染的圈舍、饲料、饮水、用具等所致。多发于冬季、秋末和初春。

（2）临床症状　痒螨主要侵害有毛部位，如背部、臀部、尾根等处。羊感染螨病后，皮肤剧痒，不断在围墙、栏柱等处摩擦，患部皮肤出现丘疹、结节、水疱，甚至脓疱。渗出液增多，结痂，最后龟裂，毛束脱落，甚至全身毛脱光。病羊食欲降低，日渐消瘦，贫血和极度营养障碍，常引起羊只大批死亡。

（3）实验室诊断　对可疑病羊，刮取皮肤组织检查病原，即可确诊。

3. 防治

（1）预防　每年定期对羊群进行药浴。加强检疫，对新引进的羊经隔离检查，确定无螨后再混群饲养。保持圈舍干燥、通风，定期清扫和消毒。严格隔离病羊，饲养员接触病羊后，必须彻底消毒，更换衣物后再离去。

（2）治疗　皮下注射伊维菌素。若病羊数量多且气候适宜的条件下，用二嗪农溶液、双甲脒或溴氰菊酯等抗寄生虫药进行药浴，既可治疗也可预防。当病羊少、患部面积小，特别是寒冷季节，可涂擦药物治疗，每次涂药面积不得超过体表的 1/3。涂药前，先剪毛去痂，然后擦干患部用药。

可用干烟叶硫黄治疗（干烟叶 90 克、硫黄末 30 克、加水 1500 克），先将干烟叶在水中浸泡一昼夜，煮沸，去掉烟叶，然后加入硫黄，使之溶解，涂抹患部；也可用苦参 250 克、花椒 60 克、地肤子 9 克，水煎取汁，擦洗患部。

三、脑包虫病

脑包虫病又称脑多头蚴病，是由多头绦虫的幼虫——多头蚴寄生于羊、人和多种动物的脑与脊髓内所致的人兽共患绦虫病。特征为脑炎和脑膜炎的症状。

1. 病原

脑包虫成虫寄生在狗、狼等肉食动物的小肠内，卵随粪便排出，污染牧地，羊采食牧草时感染。成虫长 40～80 厘米，节片 200～500 个，头节有 4 个吸盘，顶突上有 22～32 个小钩，分两圈排列。成熟节片呈方形。卵为圆形，直径 20～37 微米。多头蚴呈囊泡状，囊体由豌豆至鸡蛋大，囊内充满透明液体；囊内膜附有 100～250 个原头蚴，直径 2～3 毫米。

2. 流行特点和临床症状

（1）流行特点　2 岁内的羊多发，无季节性。犬是主要传染源，散发于全国各地，以犬活动频繁的地方多见。

（2）临床症状　主要表现为急性脑炎和脑膜炎症状，出现流涎、磨牙、垂头呆立、前冲后退或向虫体寄生的一侧转圈、对侧视力障碍甚至失明。病羊体质逐渐消瘦，易惊恐，共济失调，后肢瘫痪，卧地不起，可因极度衰竭而死亡。

（3）实验室诊断　常用变态反应诊断，也可用 X 光或超声波设备确诊。

3. 防治

（1）预防　加强对牧羊犬的管理，消灭野犬。深埋或烧毁犬粪，禁用病羊的脑和脊髓喂犬。

（2）治疗　手术摘除，根据羊转圈方向和运动状态，确定虫体寄生的部位。术部剪毛消毒，用刀片对皮肤作 V 形切口，在切开

V形口的正中用圆骨钻或外科手术刀将骨质打开一个直径约1.5厘米的小洞，用针头将脑膜轻轻划开，一般情况下，包虫即可向外鼓出，摘除即可，也可用注射器吸出囊中液体，囊体缩小后，再摘除虫体。最后在V形切口下端作一针缝合，消毒后用纱布或绷带包扎。术后3天内连续注射青霉素。

四、羊狂蝇蛆病

羊狂蝇蛆病又称鼻蝇幼虫病，是由羊狂蝇的幼虫寄生于羊的鼻腔及鼻窦内所引起的以慢性鼻炎为特征的疾病。主要危害绵羊，严重流行地区感染率高达80%以上。

1. 病原

羊狂蝇又称羊鼻蝇，属于节肢动物门、昆虫纲、狂蝇科、狂蝇属，是一种中型的蝇类。成虫呈淡灰色，略带金属光泽，形如蜜蜂，体长10～12厘米，在羊鼻孔中生产幼虫。

2. 流行特点和临床症状

(1) 流行特点　羊狂蝇的成虫活动于5～9月份，以夏季最多。雌蝇在炎热清朗无风的天气活动频繁。

(2) 临床症状　成虫侵袭羊群产幼虫时，羊群骚动，惊慌不安，表现为摇头、喷鼻、低头或以鼻孔抵于地面，或以头部藏伸在其他羊只的腹下或腿间，严重影响羊只的采食和休息。当羊狂蝇的幼虫钻进羊的鼻腔或额窦时，刺激损伤其黏膜，引起鼻黏膜肿胀和发炎，有时出血，分泌浆液性鼻液。临床表现呼吸不畅，打喷嚏，甩鼻子，磨牙，摇头，食欲减退，消瘦，眼睑浮肿和流泪等急性症状。个别幼虫还会进入颅腔，引发神经症状，患羊表现为运动失调，经常发生旋转运动，或发生痉挛、麻痹等症状。

3. 防治

(1) 预防　鼻蝇活动季节，在羊鼻孔周围涂上1%的滴滴涕软膏、木焦油等，可驱赶鼻蝇。发现有鼻蝇幼虫病羊及时治疗，并消灭喷出的幼虫。

(2) 治疗　将螨净配成0.3%的水溶液，鼻腔喷注，每侧鼻孔6～8毫升；用2%～3%来苏儿液冲洗鼻腔，用喷雾器向鼻孔内喷洒。或用敌百虫内服，每千克体重0.1克，加水适量，1次内服；

或口服碘醚柳胺，或者皮下注射伊维菌素。

五、羊蜱

蜱属于节肢动物门、蛛形纲、蜱螨目、蜱总科。蜱总科又分为硬蜱科、软蜱科和纳蜱科；寄生于绵羊和山羊的蜱为硬蜱（俗称“草爬子”、“壁虱”），是寄生于羊体表的一种外寄生虫，以羔羊和青年羊易患。

1. 病原

蜱发育过程分卵、幼虫、若虫和成虫四个时期。成虫吸血后交配落地，爬行在草根、树根、畜舍等处，在表层缝隙中产卵。产卵后雌蜱即干死，雄蜱一生可交配数次。卵呈球形或椭圆形在适宜条件下可在2～4周内孵出幼虫。幼虫经1～4周蜕皮为若虫。若虫再到宿主身上吸血，落地后再经1～4周蜕皮而为成虫。硬蜱完成一代生活史所需时间由2个月至3年不等；硬蜱大多数在白天吸血，在整个生活史需要1～4个宿主，寿命一般为1～10月不等。

2. 流行特点和临床症状

(1) 流行特点　该病除直接侵袭羊群外，还常常成为多种重要的传染病和焦虫病的传播者，其危害不可低估。经蜱传播的疾病主要有森林脑炎、新疆出血热、莱姆病、Q热、无浆体病、巴贝斯虫病、泰勒虫病及斑疹伤寒和布氏杆菌病等。羊狂蝇的成虫活动于5～9月份，以夏季最多。雌蝇在炎热清朗无风的天气活动频繁。

(2) 临床症状　圈养羊感染硬蜱较少，放牧羊群感染严重，可能与长期缺雨、环境干燥等气候因素有关。轻者羊头面部、耳部内外侧密布大小不等的硬蜱（图7-7），严重者羊耳肿胀变厚、发炎、溃烂，病羊精神不振，食欲不佳，严重消瘦、贫血。

3. 防治

(1) 预防

① 杀灭羊体和环境中的蜱：用敌杀死、杀灭菊酯等拟除虫菊酯类或1%～2%马拉硫磷、辛硫磷、敌百虫等喷洒羊体、畜舍和运动场等灭蜱；间隔15天左右再用药1次。有条件者，对羊群进行药浴，杀蜱效果更好。

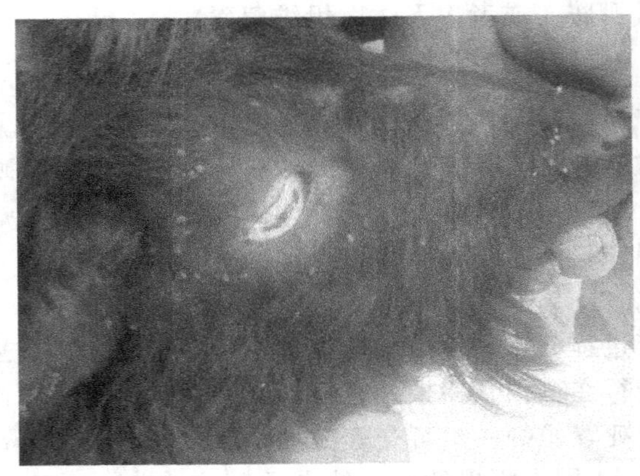

图 7-7 羊面部的硬蜱

② 引入或调出羊只，先隔离检疫，经检查无血液原虫和蜱寄生时再合群或调出。

③ 及时治疗病羊，防止病原散播。

④ 有梨形虫病发生的羊群，除及时治疗发病羊外，对全群羊肌内注射贝尼尔 1 次，可起到预防性治疗、保护羊群的效果。

(2) 治疗 应及早确诊，及时治疗，并注意加强饲养管理和对症治疗。

① 杀灭羊体上的硬蜱 用 2.5%敌杀死乳油 200～250 倍水稀释，或 20%杀灭菊酯乳油 2000～3000 倍稀释，或 1%敌百虫水溶液喷淋、药浴、涂擦羊体灭蜱；或用伊维菌素按每千克体重 0.2 毫克皮下注射，对各发育阶段的蜱均有良好杀灭效果。

② 杀灭羊体内的巴贝斯虫 贝尼尔按每千克体重 3.5～3.8 毫克，配成 5%水溶液深部肌内注射，1～2 天 1 次，连用 2～3 次；或阿卡普啉（硫酸喹啉脲）按每千克体重 0.6～1 毫克，配成 5%水溶液，分 2～3 次间隔数小时皮下或肌内注射，连用 2～3 天效果更好。

③ 杀灭羊体内的泰勒虫 贝尼尔按每千克体重 5～6 毫克，配成 5%水溶液深部肌内注射，每天 1 次，连用 3 次；或磷酸伯氨喹啉按每千克体重 0.75～1.5 毫克内服，每天 1 次，连用 3 天。

④ 加强对症治疗　对巴贝斯虫病和泰勒虫病羊，在应用贝尼尔等药物杀虫的同时，应给予安钠咖、葡萄糖生理盐水等强心补液；便秘时投以盐类泻剂缓泻和用温水灌肠等，以改善胃肠机能。

第八章
种草养羊经济效益分析

第一节 北方部分地区种草养羊案例分析

一、青海省环青海湖地区种草养羊模式

海北藏族自治州是青海省主要畜牧业生产基地之一，是环湖主要养羊区，平均海拔3100～3500米，气候属高原大陆性气候，冷季长达7～8个月，雨热同季，昼夜温差大。光照充足，太阳辐射强，干湿季分明，雨热同季，多夜雨和大风。平均气温－5.7～－1.3℃，降水量年均290～580毫米，年蒸发量1850毫米，牧草生长期为135天左右，无绝对无霜期。

1. 经济效益

在本地区通过建设优质高产人工草地，种植高产燕麦与箭豌豆，利用混播技术，饲草捆裹青贮技术等，发展种草养羊(图8-1和图8-2)。经过舍饲半舍饲方式，对当年羔羊进行6～7个月强化育肥，经3个月育肥测定，实验2组平均活体重为41.05千克，屠宰率为45%，胴体重为18.47千克；对照组平均活体重为30.00千克，屠宰率为45%，胴体重为13.50千克；实验组比对照组增加4.97千克。按现有市场价42元/千克计，每只羔羊平均增加产值208.74元；实验组3个月舍饲，每只羔羊共计饲喂青饲料270千克，按0.50元/千克计，费用为135元，扣除生产成本，实验组比对照组净增产值73.74元。经济效益显著。

2. 社会效益

种草养羊技术的实施，一是开拓养羊业发展新空间，从传统放牧养羊转向舍饲、半舍饲饲养，减轻草场压力，增加饲养量，促进

图 8-1　青海湖岸放牧羊群

图 8-2　青海湖地区放牧羊群

绵羊产业持续发展；二是通过优质高产饲草料种植加工、调制饲喂技术、暖棚养羊技术及牲畜疫病防治技术和牧业机械化使用等技术组装配套集成应用，促进畜牧业增产增效，农牧民增收，同时对维护民族团结、建设新农村新牧区，构建和谐社会具有重大的现实意义和深远的历史意义，其社会效益明显。

3. 生态效益

通过种草养羊技术的实施，实现了本地区从数量增长型畜牧业向质量效益型畜牧业转变。利用发展肥羔生产，转变生产观念，通过羔羊育肥出售，减轻了冬春草场的压力，有利于天然草原植被的恢复，可有效地改善环湖地区的生态环境。同时，进行优质饲草料的种植，加大了绵羊舍饲半舍饲育肥力度，加快了牲畜出栏，减少了天然草场载畜量，确保了天然草场水土流失、草原沙化程度，不断提高草地生产能力，促进了生态畜牧业的可持续发展，具有明显的生态效益。

二、陕西省靖边县种草养羊模式

陕西省靖边县全县拥有耕地 10 万公顷、草地面积 17.3 万公顷，其中人工草地 7.7 万公顷，牧草品种主要为紫花苜蓿，占牧草的 85%以上，已成为农民养羊的主要饲草来源。其次为沙打旺牧草，占 10%左右，是一种多年生耐瘠薄、耐干旱的高蛋白牧草，产草量高，是舍饲养羊的理想牧草品种之一。全县种植玉米 2 万公顷，包括水地种植和旱地薄膜覆盖种植两部分，平均每亩产秸秆以 3 吨计，年产玉米秸秆 90 万吨。此外，6.7 万公顷天然草场所采野草加上树叶、作物块茎及各种糟粕等，全县每年可产各种饲草 250 万吨，可养羊 250 万只。目前全县养羊 116 万只，其中山羊 92.7 万只，绵羊 23.3 万只，年出栏 38 万只。山羊品种主要为陕北白绒山羊，平均产绒量 0.35 千克。绵羊主要品种为小尾寒羊和陕北细毛羊，以及近年来该县从外地引进的世界著名肉羊萨福克、无角陶赛特、杜泊等肉用羊新品种。2005 年全县年产羊毛 670 吨、山羊绒 163 吨、羊肉 4400 吨，养羊产值 10479 万元，养羊人均纯收入 456 元，占全县畜牧业产值的 50%。

全县耕地种植，实行“三三制”，即三分之一种玉米、三分之一种苜蓿、三分之一种洋芋和杂粮。

饲草种植，全县年种植玉米 4 万公顷，亩产鲜秸秆 4000 千克，每亩养羊 2 只，可养羊 120 万只；10 万公顷耕地，除种 4 万公顷玉米外，再退耕种草 1.7 万公顷，加上原有 7.7 万公顷人工草地共 9.4 万公顷，以种植苜蓿、沙打旺饲草为主，每亩养一只羊，可养羊 140 万只，以上两项可养羊 260 万只。

养羊数量，肉羊养殖应占羊总数的三分之一，人均养 2 只小尾寒羊母羊，进行二元杂交，年产两胎，全年肉羊饲养量为 92 万只。

绒山羊养殖占羊总数的三分之二，人均养5只，产羔率以100%计，山羊年饲养量为172万只。推行“玉米—苜蓿—养羊”的模式。玉米秸秆，亩产鲜草4000千克，苜蓿亩产鲜草可达5000千克，蛋白质含量高，与玉米等禾本科牧草搭配饲喂，才能满足羊只对饲草营养的需要，效果更佳。

第二节　南方部分地区种草养羊案例分析

一、石漠化山区种草养羊技术开发

2000—2006年，贵州晴隆县采取灵活多样的科技扶贫方式，在全县14个乡（镇）68个村开展种草养羊科技扶贫，遏制了水土流失，使陡坡荒地变成了保土、保肥、保水的四季绿色牧场，解决了喀斯特岩溶地区生态建设与扶贫开发有机结合的问题，农民人均纯收入由2000年的1156元增加到2006年的1527元。取得了显著的经济效益和生态效益，推进了晴隆县建设社会主义新农村和农民致富奔小康的进程。

1. 创新示范中心机制

种草养羊要形成产业，草地建设必须有规模，首先要考虑农民的利益，特别是种草养羊当年的利益。总体思路是县草地畜牧中心对农户承诺，每年每户现金收入不低于5000元，农民饲养出来的商品羊最低保护价不低于10元/千克，让农户放心干。农户成片土地60%以上被征用，耕地一次性付给补助费，该农户进基地放牧。其他农户通过农户间土地转让或在基地季节性劳务获得收入，并得到技术培训；派往其他基地工作，或到草地面积较大的地方办基地，管理基础羊群40～60只，月基本工资350～800元，羊群增长率在95%以上的，每增1只羔羊，奖农户80元、技术员20元，少1只罚技术员80元、农户20元。农户收入在8000元以上，畜牧中心为农民担保每户贷款5000～6000元，养羊20只左右；帮助农户选购基础母羊，调换生产性能差的基础母羊，无偿提供种公羊，成本价防治疫病；负责农户技术培训和商品羊销售，利润分配中心占 20%，农户占 80%。边远、贫困、基础设施薄弱但荒山较多的地区，集体转产、整村推进，由种植业转向养殖业，农民转变成牧民。土地全部重新统一规划、统一指挥、统一种草、分区管理、分户核算。中心提供草种、种羊和配套技术服务，负责商品羊的销售，技术人员长期蹲点。农户负责种草、放牧，按标准管理草地，协会协助农户管理，并与中心共同销售商品羊。销售一只羊，协会得 4 元管理费。第 1 年销售收入全部归农户，中心第 2 年按 3 比 7 与农户分成，第 3 年按 4 比 6 分成，联合 3～5 年。

2. 实施种草养羊的效果

不同区域种植混播草地采用不同底肥和草种，牧草四季生长，羊群控制牧草生长，羊粪产沼气，沼液为牧草追肥，建成现代草地农业系统，草畜兴旺（图 8-3）。全县种草养羊受益 10086 户，户均收入 6000 元左右，有的高达 3.5 万元，共创收 4000 多万元，提供财政税收 78 万元，安置农村富余劳动力 4560 人，辐射带动 1 万多贫困户、5 万多人脱贫致富。江满村五组以前是全县最贫困的村组，农户最高年产值 1860 元，最低 560 元；海拔较高，气候寒冷，广种薄收，粮食产量 350 千克/公顷左右，水电路不通，21 户农户相继迁走了 11 户。种草养羊后，建植栽培草地 386.7 公顷，调出商品羊 1800 余只，存栏羊 1260 多只，带动周边农户养羊 3668 只。该组农户年收入最高 1 户 35000 元，最低户 8200 元，经济收入全县最高，全村实现水、电、路三通。修建了楼房，迁出农户大部分回迁，生态效益显著提高。

二、河谷滩涂地区种草养羊模式

百色右江河谷地处广西西部山区腹地，属南亚热带季风气候，温暖干热，年平均气温 21～22℃，最冷月 1月，平均气温 13～13.3℃，最热月 7月，平均气温 28.2～28.6℃，大于或等于 10℃ 的活动积温为 7700～7900℃，无霜期 356～361 天；年平均降水量 1100～1200 毫米，雨热同季，冬暖春早，春季回暖快。右江河谷地区涵盖右江区与田阳、田东及平果 3 县，盛产芒果、龙眼、柑橙等热带、亚热带水果，果园面积达 7.83 万公顷，是享誉全国的

图 8-3 贵州晴隆地区羊群

“中国芒果之乡”，现芒果种植面积已达 2.67 万公顷。但这些果园大都分布于垦荒坡地红壤地带，年复一年的园地耕除杂草和荒芜，致使水土流失、土地越发贫瘠，果园生产成本有增无减。通过实施“百色右江河谷山羊圈养技术熟化”科技开发项目，其中有 42 个圈养山羊示范农户在芒果、龙眼、荔枝果园里和园边修建羊舍及运动场，走“果—草—羊—肥（沼）”循环发展模式，利用果园间套种优良牧草、果树疏剪的枝叶和农作物秸秆等饲草资源，喂养山羊，不争地、成本低，实现生态养殖，取得了很好的效果（图 8-4）。

图 8-4 河谷滩涂地区放牧羊群（四川）

1. 经济效益分析

按照“百色右江河谷山羊圈养技术熟化”项目设计每户饲养基础母羊30只和种公羊1只，建羊舍50米^2、运动场125米^{2}的投入与收益测算，户均年直接经济收入为21704.26元，间接经济收入约为10485元。

（1）年总收入

① 肉羊出栏收入　按1只隆林山羊母羊1年产1.83胎、产羔率199.72%计，年育成羔羊3.3只，每户育成羔羊99只。据饲养试验，饲养7个月出栏，体重25.75千克/只，每户出栏总重2549.25千克，按2006年当地活羊市价11元/千克计，每户收入28041.75元。

② 羊粪收入　据有关资料，1只成年羊1年产粪约600千克，相当于3.3只育成羊的产粪量，即每户种羊及其育成羊1年产粪量约37.2吨。据测算，1吨羊粪＝47千克硫酸铵＋18.4千克过磷酸钙＋17千克硫酸钾，参照2006年化肥市场售价计算，羊粪的价值约101.46元/吨（花农收购150～200元/吨），每户羊粪收入为3774.31元/年。

（2）年总支出

① 牧草种植。每户需鲜草135.8吨。按果园产鲜草52.5吨/公顷计，应种草2.59公顷，草种和人工共投入约4320元，草地利用4年后换茬，每年摊销1080元。

② 购进种羊。共购进种羊31只，338元/只，共计10478元。种羊利用5年后淘汰，1年摊销2095.6元。

③ 建造羊舍。羊舍建造按120元/米^{2}计，50米^{2}羊舍计6000元；运动场均按30元/米^2，125米^{2}运动场均计3750元，建造羊舍支出共计9750元，按10年折旧，1年摊销975元。

④ 建造食槽、水槽和草架等共650元，1年摊销65元。

⑤ 精料费用。种羊每只每天耗精料0.15千克，精料按1.6元/千克计，31只羊每天共计花费7.44元，育成羊精料耗费相当于种羊，1年费用共计5431.2元。

⑥ 免疫、保健费。种羊1年费用为10元/只×31只＝310元，

育成羊耗费为种羊的一半，即为155元，共计花费465元。

⑦ 其他费用。人工饲养费、水费开支与果园中耕除草劳力、保水肥土（固氮、改土）及提升水果品质等增值增效相抵消。

（3）总利润　由上可知，年总收入为31816.06元，年总支出为10111.8元，则总利润为21704.26元。

（4）间接收入

① 水果新增收益。据试验，间种牧草果园一般增产12.5%左右。按2006年右江河谷芒果平均产量8880千克/公顷，间种牧草及施用山羊粪后可增产1110千克/公顷，以平均收购价3.5元/千克计，收入增加3885元/公顷，2.59公顷果园共新增收入10062.15元。

② 节省化肥、液化气。按每户在果园或庭院建8～10米^{3}沼气池，羊粪经沼气池厌氧发酵产生沼气用于炊事、照明，沼液、沼渣用于果树、农作物等，羊粪重复利用，节约农田化肥（0.33～0.4公顷）和液化气（4罐/年）；折合费用分别为761元、400元，1年共节约1161元。

2. 生态效益分析

果园种植豆科牧草能够固氮改土、涵养水肥。据有关资料，柱花草、圆叶决明等牧草具有耐瘠、耐酸土壤、抗逆性与固氮能力强等特点，种1公顷草1年可固定空气中的氮素150千克（相当于33千克尿素）以上，能留在土壤中供其他作物利用。据研究表明，果园间套种圆叶决明后，土壤中（0～20厘米）有机质提高74%，速效氮提高79%，速效磷提高291%，速效钾提高213%；40～60厘米土层含水率提高4%～8.5%。柱花草、圆叶决明等牧草的根系密集发达，大多集中分布于0～30厘米的表土层中，可有效拦截雨滴、减少地面径流，保持地表水土及遏制土壤侵蚀，同时能改善土壤理化性质，避免土壤板结。这些牧草枝叶茂密，当年即形成植被，能有效抑制其他杂草生长，尤其对低产果园改造和初建果园改良土壤、保持水土等生态效益更显著。

3. 社会效益分析

（1）开拓养羊业发展新空间　从传统放牧养羊转向舍饲圈养，

可减轻牧地压力，增加饲养量，促进山羊产业持续发展，能尽快地提高草食动物比例。目前百色市的柑橙、芒果、龙眼、桃李等果园总面积达15.33万公顷以上，如以5.3万公顷间套种草养羊，年可增加山羊饲养量320万只。

（2）能有效增加农民收入　果园间套种豆科牧草，以草养羊，以短养长，1公顷果园牧草1年可喂养15只母羊以及45只育成羊，纯收入723.48元/只。而且，经营规模可大可小，根据自己的情况而定，羊粪能够满足1公顷农作物或果园的肥料，既增加了果园的产出率，又使果园经营每年都有稳定的经济收入，规避了市场风险，促进了农业生态的良性循环。

（3）带动特色产业发展　羊粪是农家肥中肥分最浓、颗粒空隙丰富、透气性好的肥料，比较适合作蔬菜、花卉栽培的肥料，右江河谷盛产芒果、龙眼、番茄、四季豆、青椒和花卉等，利用羊粪施基肥，能增进水果甜度和口感，开花艳丽，且病虫害少，有效提高了果蔬产品的品质与产量。

参 考 文 献

[1] 赵有璋. 种草养羊技术 [M]. 北京：金盾出版社，2004.

[2] 赵有璋. 羊生产学 [M]. 北京：中国农业出版社，2013.

[3] 赵有璋. 中国养羊学 [M]. 北京：中国农业出版社，2013.

[4] 薛慧文等. 肉羊无公害高效养殖 [M]. 北京：金盾出版社，2004.

[5] 张克山. 羊常见疾病诊断图谱与防治技术 [M]. 北京：中国农业科学技术出版社，2013.

[6] 张英杰. 羊生产学 [M]. 北京：中国农业大学出版社，2010.

[7] 王玉琴. 肉羊生态高效养殖实用技术 [M]. 北京：化学工业出版社，2014.

[8] 王玉琴. 种草养羊技术手册 [M]. 北京：金盾出版社，2013.

[9] 王金文. 小尾寒羊种质特性与利用 [M]. 北京：中国农业大学出版社，2010.

[10] 王金文，崔绪奎. 肉羊健康养殖技术 [M]. 北京：中国农业大学出版社，2013.

[11] 王玉琴. 当代优秀肉羊品种——波德代羊饲养管理配套新技术 [M]. 北京：中国农业出版社，2008.

[12] 全国畜牧总站. 肉羊标准化养殖技术图册. 北京：中国农业科学技术出版社，2012.

[13] 李秉龙，李金亚. 我国肉羊产业的区域化布局、规模化经营与标准化生产 [J]. 中国畜牧杂志，2012，48（2）：56-58.

[14] 赵明义. 环青海湖地区种草养羊技术与效益分析. 草食动物，2013，（7）：71-73.

[15] 田文涛，孙进军. 靖边县种草养羊产业化发展思路. 畜牧兽医杂志，第 2007，26（2）：61-62.

[16] 吴佳海，牟琼，唐成斌等. 石漠化山区种草养羊技术开发. 草业科学，2009，26（1）：126-128.

[17] 黄进说. 百色右江河谷果园种草养羊技术与效益分析. 现代农业科技，2007，（22）：151-153.

[18] 张秀芬. 饲草饲料加工与贮藏. 北京：中国农业出版社，1992.

[19] 董宽虎，沈益新. 饲草生产学. 北京：中国农业出版社，2002.

[20] 苏加楷，张文淑，李敏. 牧草高产栽培. 北京：金盾出版社，1993.

[21] 耿华珠. 饲料作物高产栽培. 北京：金盾出版社，1993.

[22] 洪齐，陈青. 草地建植与牧草栽培技术. 武汉：湖北科学技术出版社，1995.

[23] 余世俊. 江西牧草. 北京：中国农业出版社，1997.

[24] 全国牧草审定委员会. 中国牧草登记品种集. 北京：中国农业出版社，1999.

[25] 王跃东. 三叶草. 昆明：云南科技出版社，2000.

[26] 陈默君，贾慎修. 中国饲用植物. 北京：中国农业出版社，2002.
[27] 全国牧草审定委员会. 中国审定登记草品种集（1999—2006）. 北京：中国农业出版社，2008.
[28] 负旭疆. 中国主要优良栽培草种图鉴. 北京：中国农业出版社，2008.
[29] 赵其国，谢为民. 江西红壤. 南昌：江西科学技术出版社，1988.

化学工业出版社同类优秀图书推荐

ISBN	书　名	定价(元)
19820	生态高效养殖实用技术丛书——肉羊生态高效养殖实用技术	29.8
20073	畜禽常见病诊治彩色图谱丛书——牛羊常见病诊治彩色图谱	58
20275	羊高效养殖关键技术及常见误区纠错	35
20147	畜禽养殖饲料配方手册系列——羊饲料配方手册	29
19055	如何投资养殖项目系列——投资养肉羊－你准备好了吗?	35
17523	羊病诊治原色图谱	85
17010	农业专家大讲堂系列——肉羊高效养殖技术一本通	18
15969	规模化养殖场兽医手册系列——规模化羊场兽医手册	35
16398	如何提高畜禽场养殖效益——如何提高羊场养殖效益	35
14923	肉羊养殖新技术	28
14014	畜禽安全高效生产技术丛书——羊安全高效生产技术	25
13787	标准化规模养羊技术与模式	28
18419	无公害畜禽产品安全生产技术丛书——无公害羊肉安全生产技术	23
21678	中小型肉羊场高效饲养管理	25
18054	农作物秸秆养羊手册	22
17594	图说畜禽养殖关键技术——图说健康养羊关键技术	22
13754	家庭养殖致富丛书——肉羊规模化高效生产技术	23
13601	畜禽养殖科学安全用药指南丛书——养羊科学安全用药指南	26
13353	科学自配畜禽饲料丛书——科学自配羊饲料	20
12781	畜禽疾病速诊快治技术丛书——牛羊病速诊快治技术	18
12667	马头山羊标准化高效饲养技术	25
11677	动物疾病诊疗丛书——羊病诊疗与处方手册	28
9046	种草养羊手册	15

续表

ISBN	书　名	定价(元)
8353	畜禽高效健康养殖关键技术丛书——高效健康养羊关键技术	25
5148	新编畜禽养殖场疾病控制技术丛书——新编羊场疾病控制技术	29.8
4155	新编畜禽饲料配方600例丛书——新编羊饲料配方600例	27
4231	简明畜禽疾病诊断与防治图谱丛书——简明羊病诊断与防治原色图谱	27
2232	农村书屋系列——羊病防治问答	19.8

邮购地址：北京市东城区青年湖南街13号化学工业出版社(100011)

服务电话：010-64518888/8800（销售中心）

如要出版新著，请与编辑联系。联系方式：010-64519829，E-mail:qiyanp@126.com。

如需更多图书信息，请登录www.cip.com.cn。